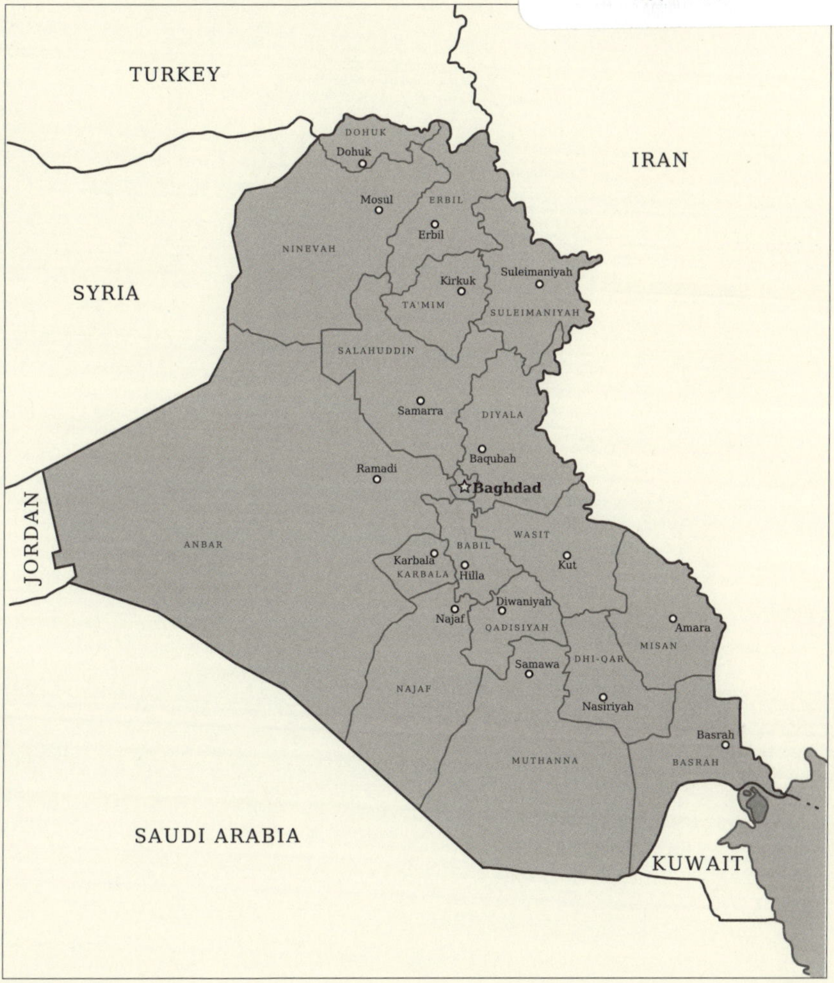
TURKEY
IRAN
SYRIA
JORDAN
SAUDI ARABIA
KUWAIT
DOHUK
Dohuk
Mosul
ERBIL
Erbil
NINEVAH
Kirkuk
TA'MIM
Suleimaniyah
SULEIMANIYAH
SALAHUDDIN
Samarra
DIYALA
Baqubah
Ramadi
Baghdad
ANBAR
WASIT
BABIL
Karbala
KARBALA
Hilla
Kut
Diwaniyah
Najaf
QADISIYAH
Amara
MISAN
Samawa
DHI-QAR
NAJAF
Nasiriyah
Basrah
MUTHANNA
BASRAH

이라크 지도

배반당한 평화
한국의 베트남·이라크 파병과 그 이후

서보혁 지음

진인진

배반당한 평화
한국의 베트남·이라크 파병과 그 이후

초판 1쇄 발행 | 2017년 6월 25일

지   음 | 서보혁
편   집 | 배원일
발행인 | 김영진
발행처 | 진인진
등   록 | 제25100-2005-000003호
주   소 | 경기도 과천시 별양상가 1로 18, 614호(별양동 과천오피스텔)
전   화 | 02-507-3077~8
팩   스 | 02-507-3079
홈페이지 | http://www.zininzin.co.kr
이메일 | pub@zininzin.co.kr

ⓒ 서보혁 2017
ISBN 978-89-6347-333-8 93300

이 저서는 2010년 정부(교육과학기술부)의 재원으로 한국연구재단의 지원을 받아 수행된 연구임(NRF-2010-361-A00017).

목차

간행사 ·· 13

Ⅰ. 문제제기와 연구목적 ································· 16
  1. 문제제기 ··· 17
  2. 연구목적 ··· 22
  3. 책의 구성 ··· 25

Ⅱ. 이론적 배경과 분석틀 ································· 28
  1. 선행연구 검토 ··· 29
    1) 이라크 파병 연구 ···································· 29
    2) 이라크 파병반대운동 연구 ······················ 33
    3) 베트남 파병 연구 ···································· 37
  2. 이론적 배경 ··· 43
    1) 제한적 합리성 ··· 43
    2) 위기 ··· 47
    3) 양면게임 ·· 49
  3. 분석틀 ·· 51

Ⅲ. 파병 결정요인 ·· 56
  1. 대외적 요인 ··· 57

      1) 파병 지역의 상황··57

      2) 한반도 안보 상황··65

      3) 한미 동맹관계··76

  2. 대내적 요인··86

      1) 정치적 요인··86

      2) 경제적·군사적 요인··92

      3) 사회적 요인··99

  3. 소결: 공통점과 차이점·· 103

Ⅳ. 파병 결정과정·· 106

  1. 상황 규정·· 107

  2. 반테러전 개시와 파병 요청··································· 109

  3. 파병반대운동의 등장과 파병안 통과······················ 113

  4. 전투병 파병 요구를 둘러싼 해석···························· 119

  5. 한국의 선택지들·· 123

  6. 최적의 선택?··· 128

      1) 1단계: 합리성 훼손 가능성 통제···························· 128

      2) 2단계: 기대효용의 극대화····································· 130

  7. 1차 파병 대 2차 파병·· 137

  8. 파병 연장과 철수 결정·· 145

  9. 베트남 파병 결정과정·· 152

      1) 1, 2차 파병 경과··· 152

      2) 3, 4차 파병 경과··· 158

  10. 소결: 이라크 파병 대 베트남 파병······················ 167

Ⅴ. 파병 결과 · 170

1. 한반도 · 171

   1) 럭비공 같은 북핵문제 · 171

   2) 베트남 파병과 한반도 위기 · 181

2. 이라크와 베트남 · 190

   1) 이라크 전쟁의 충격과 상흔 · 190

   2) 이라크 파병의 명암 · 202

   3) 베트남전에서의 희생과 오점 · 217

Ⅵ. 이라크 파병반대운동 · 226

1. 평화운동 연구의 필요성 · 227

2. 분석의 틀과 범위 · 230

3. 파병반대의 명분과 실리 · 233

   1) 파병의 기대효과 · 233

   2) 파병 반대의 명분 · 238

   3) 파병 반대의 실리 · 241

4. 파병반대운동의 전개 · 247

   1) 1차파병 반대운동(2002.10-2003.8) · 247

   2) 추가파병 반대운동(2003.9-2004.4) · 254

   3) 파병연장 반대운동(2004.4-2005.12) · 262

5. 파병반대운동의 평가 · 267

   1) 미시적 평가 · 268

   2) 거시적 평가 · 272

Ⅶ. 파병정책의 쟁점과 전망 ··········· 276
- 1. 해외 파병 현황 ··········· 277
- 2. 파병정책의 쟁점 ··········· 282
  - 1) 파병 확대 찬성 ··········· 282
  - 2) 파병 확대 반대 ··········· 293
- 3. 파병정책의 전망 ··········· 303

Ⅷ. 결론 ··········· 312
- 1. 요약과 평가 ··········· 313
- 2. 평화주의적 파병의 길 ··········· 318

부록 ··········· 325

참고문헌 ··········· 359

찾아보기 ··········· 373

표 목차

표 1. 노무현 정부기 한미 정상회담 ················· 80
표 2. 국가별·연도별 베트남전 참전 현황 ················· 166
표 3. 2000년 남북정상회담 이후 남북 당국간 대화 ················· 172
표 4. 남북회담 및 남북합의서 현황 ················· 175
표 5. 한국정부의 대 이라크 지원 규모 ················· 204
표 6. 자이툰 부대 예산으로
      쿠르드 정보·경찰기관에 지급된 물품 ················· 216
표 7. 한국군의 해외파견 현황 ················· 279
표 8. UN PKO군과 다국적군의 비교 ················· 289

그림 목차

그림 1. 파병정책 결정 분석틀 ················· 52
그림 2. 6자회담의 파동 ················· 177
그림 3. 이라크 전쟁 사망자 추세 ················· 196
그림 4. 한국의 이라크 파병 갈등 구도 ················· 233
그림 5. 한국군의 해외파견 지역 ················· 281

사진 목차

사진 1. 베트남에 고엽제를 살포하는
       미군기와 그 후 황폐해진 대지 ················· 83

사진 2. 이라크 전쟁 결정의 3인방:
　　　　부시 대통령, 체니 부통령, 럼즈펠드 국방장관 ············· 112
사진 3. 파병 한국군에 관한 베트남의 시각 ······················· 157
사진 4. 1968년 북한군의 청와대 기습 침투로 ···················· 188
사진 5. 전쟁 이후 폐허가 된 이라크 ······························ 191
사진 6. 자이툰부대를 방문한 노무현 대통령 ······················ 207
사진 7. 국내외 이라크전쟁 반대운동 ······························ 256

간행사

21세기 한반도는 다양한 문제들과 역동적인 가능성이 공존하는 현장이다. 탈냉전과 세계화의 격랑 속에서 통일과 평화로 나아가지 못하고, 해묵은 불신과 대립이 반복되는 상황이 국내뿐 아니라 남북한과 동아시아에서도 재연되고 있다. 이런 복합적인 역내 상황 속에서 북한의 미래와 한반도 비핵화 및 평화체제 구축의 문제가 가로놓여 있다. 한반도의 분단과 정전체제가 세계 냉전구조와 관련이 있다면, 미래 통일과 평화는 한민족의 특수과제인 동시에 세계 보편사적인 의미를 함께 갖고 있다.

서울대학교 통일평화연구원은 이런 상황을 정확하게 분석하고 최선의 대안을 모색하기 위하여 2006년 설립되었다. 우리는 통일과 평화를 연구하고 교육하는데 국내적인 차원과 세계적인 차원을 함께 고려하고, 냉철한 분석과 지혜로운 대안을 제시하기 위하여 기초적인 자료를 수집하고, 학제간 접근을 진행하고 있다. 2010년부터는 한국연구재단의 인문한국(HK) 사업의 일환으로 평화인문학연구단을 구성하여 한반도 문제에 기초한 새로운 평화학 정립을 위해 노력하고 있고, 2014년부터는 서울대학교에서 통일과 평화에 관심을 갖고 있는 연구자와 연구기관들 간의 유기적 협력을 위한 네트워크를 구성해 운영하고 있다. 이에 기초하여 2015년부터는 연구 기반을 확충하는 통일기반 조성사업을 시작하였고, 2016년부터는 통일교육을 선도하는 대학으로서의 면모를 갖추어 나가고 있다.

평화인문학연구단은 '한반도발 평화학 정립'을 목표로 그동안 관련 기초조사와 연구체계를 구축해왔다. 평화인문학은 21세기 인류가 필요로 하는 평화의 총체성을 구현하기 위한 종합 지식체계로서 사회과학과 인문학, 자연과학과 예술까지 포함하는 융합학문이다. 물론 평화연구는 학술작업은 물론 평화교육, 평화문화, 평화운동과 손잡고 나아갈 때 본연의 목표를 풍부하게 실현할 수 있다. 평화인문학연구단은 반전평화, 녹색평화, 민주평화, 연대평화 등 평화학의 보편적인 연구 어젠다를 한반도에 적용하는 한편, 그것을 종합해 통일평화를 구현할 방안을 찾고 평화학의 지평을 확대하는데 기여하고자 한다. 그 과정에서 모아진 연구결과는 평화인문학 총서, 파라파첵 시리즈, 평화학 아카이브, 그리고 평화교실 총서 등으로 간행되어 독자들과 만나고 있다.

파라파첵 시리즈의 하나로 출간되는 서보혁 교수의 이 책은 한반도 평화와 세계평화가 긴밀히 연관되어 있음을 잘 드러내주는 비교연구서이다. 이 책은 한미 동맹관계와 맞물려 진행된 두 차례 한국군의 해외파병을 관련 이론을 적절히 적용해 분석한 수작으로서, 향후 바람직한 파병정책을 수립하기 위해 '평화주의적 시선'에서 성찰하고 대안까지 탐색하고 있다. 대단히 중요하면서도 민감한 주제를 객관적으로 다뤄나가는 한편, 기존에 다루지 않은 시각이나 논의를 하고 있어 관련 연구자들은 물론 정책결정자들과 관심 있는 독자들의 일독을 권한다.

오늘날 한반도는 대단히 위험한 상황에 처해있다. 모든 사람들이 평화를 말하고 있다. 그렇지만 유감스럽게도 평화를 추구하는 모든 논의와 방법들이 반드시 평화에 기여하지 않을 수도 있고, 경우에 따라서는 평화를 더욱 멀리할 수도 있음을 직시할 필요가 있다. 이런 인식하에 통일평화연구원의 연구진은 통일평화의 길을 닦고 평화학의 발전에 기여한다는 목적의식을 갖고 한반도발 평화학을 정립하는 작업에 더 정진해나갈 것을 다짐한다.

2017년 6월

서울대학교 통일평화연구원 원장 겸 평화인문학연구단 단장
정근식

I

문제제기와 연구목적

1. 문제제기

냉전이 해체되기 전까지 한국은 우물 안 개구리였는가? 냉정히 말해 그런 측면을 부정할 수 없을 것이다. 북한과 체제경쟁하며 산업화의 길에 매진했으니까 말이다. 그렇다면 냉전이 한창이던 1960-70년대에 수만 명의 군대를 인도차이나반도에 보낸 것은 어떻게 설명할 수 있을까? 세계 공산화의 위협을 막기 위해서였을까?

또 다른 질문 하나. 세계질서 변화를 떠나 남한은 북한의 남침 위협 때문에 세계를 품을 수 없는 운명인가? 물론 그렇지는 않을 것이다. 한국은 새천년 들어 세계 10대 무역 대국의 반열에 올랐고 급속한 민주화와 정보화로 세계적인 주목을 받아왔다. 물론 부정적인 측면에서도 위 질문에 대답할 수 있다. 2003년부터 시작한 미국 주도의 이라크 전쟁에 파병을 한 사례는 한반도 평화를 위해 미국의 '침략전쟁'에 동조한 것으로 평가되기도 한다. 그렇다면 한국은 언제, 왜 파병을 하는가?

국가 보위와 국민 보호를 임무로 하는 일국의 군대를 해외에 파견하는 경우를 연구하는 일은 국제안보 혹은 세계평화에 관심 있는 사람이라면 한번쯤 생각해볼 만한 주제이다. 평화와 안보 문제에 관심 있는 사람을 곧 이 분야의 연구자로 한정하지 않는다면 이 연구주제는 보편적인 관심사라 할 수 있다. 이 책 제목에 '평화'를 포함시킨 이유 중 하나도 여기에 있다. 그렇지만 어떤 명분과 목적으로도 처음부터 자국이 직접 연루되지 않은 전쟁에 군대를 보내는 일은 대단히 민감하고 위험한 일이다. 경제적 보상이 아무리 커도, 또 아무리 영웅으로 떠받들어도 목숨을 내놓는 파병은 어려운 결정이다. 특히, 침략전쟁이라 불리는 무력분쟁에 관여하는 경우는 더욱 민감하다. 베트남 파병과 이라크 파병 때 국내에서 많은 논란이 일어난 것은 당연한 일이었다. 냉전 시대 군사독재정권이 단행한 일련의 베트남 파병은 전쟁의 성격과 결합해 한국군은 물론 베트남 민간인들에게도 막대한 피해를 입혔다. 민주정부 하에서 이루어진 이라크 파병은 상대적으로 신중하게 결정되었지만 논란은 더 격렬했다. 대통령부터 정부 고위 관료들과 국회의원들, 많은 국민들까지 진지하고 뜨거운 토론에 참여했다. 그 과정에서 파병반대 여론에서는 파병 찬성론자들이 이라크에 가면 될 일이라고 주장하기도 했다.

그럼 한국은 언제, 왜 파병을 하는가? 이 질문은 파병의 주체, 시점, 목적으로 구성되어 있다. 이 책에서 다루는 두 차례의 파병 사례를 볼 때 파병이 이루어진 시점과 주체는 냉전기와 탈냉전기, 박정희 군사독재정권기와 노무현 '참여정부' 시기로 각각 다르다. 물론 그런 차이에도 불구하고 미국의 요청이 있었던 경우라는 공통점이 있다. 미국의 요청 없이 한국 스스로 국제사회의 요청에 응답하는 방식으로 파병을 할 경우도 생각해볼 수 있다. 그렇다면 파병의 목적은 무엇인가? 바로 위에서 파병의 시점을 말할 때 미국의 요청을 언급했는데, 한미 동맹관계 강화를 파병의 이유 중 하나로 꼽을 수 있을 것이다. 사실 두 파병의 경우에도 동맹관계 강화가 주요 파병 요인으로 거론됐다. 그럼 파병하는 현지의 평화 회복, 나아가 세계평화는 단지 명분에 불과한 것인가? 또 파병을 결정하는 정권과 파병 임무를 수행하는 군, 그리고 파병에 관심을 두는 사회에서는 파병의 목적을 찾을 수 없는가?

달리 보면 한국은 언제, 왜 파병을 하는가하는 질문은 어제와 내일로 구성되어 있다. 과거 파병 사례를 다시 평가하고 성찰함으로써 미래 파병의 가능성을 예측하거나 적절한 파병정책의 방향을 모색할 수 있을 것이기 때문이다. 이 책이 서로 같지만 다른 두 파병 사례를 비교 분석하는 이유도 장래 파병정책을 예측, 전망할 필요성에 따른 것이다. 그 예측과 전망에는 파병 여부와 함께 파병시 그것이 평화에 기여하느냐는 근본적인 질문을 포함하지 않을 수 없다.

한국의 베트남전 파병과 이라크전 파병은 본질적으로 같은 파병이지만, 파병의 성격, 시점, 규모, 결정집단과 결정방식에 걸쳐 작지 않은 차이를 발견할 수 있다. 비교연구방법으로 차이법method of difference이 필요한 지점이다. 또 그런 차이에도 불구하고 파병이 이루어지는 공통적인 원인이 있을 것이다. 일치법을 적용할 대목이다. 이 두 측면 모두에 궁금증이 생긴다면 혼합법을 적용해야 할 것이다.

대학학술자원서비스 기관인 RISS^{Research Information Sharing Service}에서 '파병'을 검색본 결과(2017년 5월 1일 기준), 학위논문이 463편, 단행본이 1,189권으로 나타났다. '이라크 베트남 파병'으로 검색해보니 학위논문이 25편, 학술지논문이 10편, 단행본은 없었다. 개별 파병 사례나 파병정책에 관한 연구는 대량 출간되어 있는데, 종합적인 비교 연구는 앞으로의 과제라는 의미다. 물론 특정 측면에 관한 비교연구가 없는 것은 아니다. 예를 들어 외교정책이론을 적용해 베트남 파병과 이라크 파병을 비교하고 있는 연구와 국가이익의 구성요소들 사이의 우선순위에 초점을 둔 비교 연구가 있다. 하지만 그런 경우에 파병정책에 대한 오독과 이론 적용상의 문제를 나타내고 있다. 무엇보다도 기존 관련 연구는 파병이 평화와 민주주의에 어떤 의미를 가지는지를 깊이 있게 논의하지 않고 있는 가운데 국가이익 담론 혹은 위로부터의 시각에 갇혀있다.

파병 연구는 행위자와 분석 영역이 단순하지 않다. 행위자 면에서 보더라도 파병 국가와 그 국가 내의 관련 행위자들, 파병 대상 국가, 동맹국, 그리고 다양한 국제사회의 행위자들이 있다. 분석 영역 혹은 파병정책이 일어나는 공간도 파병 국가만이 아니라 파병 현지와 동맹국, 국제기구 등 여러 곳이다. 또 파병은 다양한 결정 요소들을 포함하고 있고, 정치외교적 민감성과 관찰자의 주관을 완전히 통제하기 어려운 특성도 있다. 그렇지만 각각의 연구는 연구 대상의 복잡성을 포괄하지 못하고 특정 측면에 초점을 맞추는 한편, 객관적 연구태도를 상실하는 경우가 적지 않다. 체계적이고 종합적인 비교 연구가 필요한 이유다.

파병에 관한 체계적인 비교 연구가 필요한 이유가 학술적인 차원에서만 있는 것은 아니다. 파병이 미치는 다양한 사회적 영향, 특히 평화와 민주주의에 주는 의미가 크기 때문이다. 한국의 파병이 동맹국과 파병 대상국과의 관계, 경제적 이익, 군사적 이익, 국제적 지위에 미치는 영향 등 그 관심사가 다양하다. 거기에 한국의 독특한 이해관계도 추가로 작용하니 동맹국과의 관계, 파병과 한반도 평화의 상관관계가 그것이다.

2003년 이후 국내에서 파병 찬반을 가른 최대의 질문은 단연 파병으로 한반도 평화가 가능한가였다. 그 과정에서 정부, 국회, 시민사회 내에서, 그리고 정부-국회-시민사회 간에 커다란 논쟁이 일어났고, 그런 논란은 국회의 세력분포에도 영향을 미쳤다. 700여 시민사회단체들이 이라크전 및 파병 반대를 위한 연합조직을 결성한 것이나, 국회에서 파병동의안이 수차례 연기되면서 개원 사상 처음으로 국회 전원회의가 열려 열띤 토론이 벌어진 것은 한국 민주주의의 발전을 보여준 것이자, 그만큼 파병을 둘러싼 논의가 치열했음을 말해준다. 그 과정에서 이라크전을 지지하고 파병을 해서 한반도에 평화를 가져올 수 있느냐, 또 파병으로 한반도에 평화를 유지할 수 있다고 하더라도 이라크는 무엇이냐는 질문이 논란을 증폭시켰다. 파병으로 한미 동맹관계가 발전하는 것이 곧 한국의 국익 증진을 보장하는가도 중대한 논쟁거리였다. 말하자면 국제정치에서 평화는 목적인가 아니면 명분에 불과한 것인가 하는 질문을 하지 않을 수 없는 것이다.

어떤 경우든 한국군의 해외파견이 생명, 국익, 동맹과 직결된 일이라는 점에서 외교안보정책 결정 방식이나 유형 연구에 그치지 않고, 파병 결정 및 집행 과정이 평화와 민주주의에 미친 영향을 분석 평가하고 교훈을 찾는 일은 매우 중요한 연구 과제이다. 이 점에 대한 연구가 기존의 파병 연구에서 크게 미흡하다. 이 책을 집필하게 된 또 다른 동기이다. 파병에 관한 평화학의 개입이 이 책의 집필 동기이자 기존 연구와 구별되는 바이다.

이 책은 한국의 파병정책 방향에 대한 활발한 논의가 필요하다는 문제의식에 기반하고 있다. 국민들의 목숨과 재산, 그리고 국가의 명성과 직결된 파병을 결정함에 있어서, 혹은 이를 논의 평가함에 있어서 민주적 결정과 거버넌스governance 구축이 필수 요건이다. 그런데 파병 논의는 파병을 추진하려는 정부와 일부 전문가들이 주도하는 대신, 국민들의 알권리는 '국가안보'의 이름으로 차단당하는 경우가 자주 발생해왔다. 한국군의 해외파병은 1991년 걸프전시 의료지원부대 및 공군수송단 파병을 시작으로 지금까지 50여 차례 이루어져 28개국에 48,000명 이상이 파병되었다. 2017년 4월 4일 현재, 한국군은 12개국에 1,100명이 파병되어 있다. 앞으로도 정부는 세계평화에 기여하고 한국의 국위를 선양하기 위해 파병을 적극 추진한다는 방침이다.

베트남 파병에 이어 이라크 파병은 많은 논란 후 국회 동의를 거쳐 이루어졌다. 그러나 한국의 파병은 정당성을 상실했고, 합법성에도 의문을 산 미국의 침략전쟁에 동조한 것이라는 비판을 받기도 했다. 두 경우의 파병이 헌법에 입각하여 합법적으로 전개되었는가? 또 파병 후 그 결과가 합리적으로 평가되고 국민에게 보고되었는가? 이런 성찰적 질문은 향후 바람직한 파병정책은 무엇인가 하는 문제의식과 맞닿아 있다.

2. 연구목적

제Ⅱ부의 선행연구에서 밝히겠지만 국내 파병 연구의 주류는 한국, 미국 같은 파병국의 입장, 특히 파병을 결정하고 수행한 정부의 입장에 서 있다. 그 결과 연구 내용은 대부분 파병 결정이 국가이익에 얼마나 부합했는가, 결정방식이 어떠했는가에 집중되어 있다. 파병이 이루어지는 현지 상황과 그곳 주민의 입장은 물론 파병국 내 국회, 시민단체, 언론 등 다양한 행위자들의 입장과 그들이 정부와 가진 상호작용이 충분하고도 객관적으로 다뤄지지 않고 있다. 그 결과 많은 파병 연구는 연구대상에 대한 종합적인 묘사에 이르지 못할 뿐만 아니라, 파병의 결과를 성찰하고 장래 파병정책을 객관적으로 전망하는데 한계를 보일 수밖에 없다. 파병은 불가피한 것이고 나아가 파병은 국익에 유용한 수단이라는 암묵적인 공감대가 관련 연구집단 내에서 존재해 왔다. 이는 연구 자금을 제공하는 측, 주로 정부의 영향이 작용하기 때문이기도 하지만, 연구자들의 연구 자세에도 문제가 없지 않다. 그런 가운데서 최근 들어 소수의 연구자들이 베트남 전쟁과 한국의 파병에 관한 비판적이고 성찰적인 연구결과를 내놓고 있는 점은 반가운 일이 아닐 수 없다.[1] 그럼에도 이라크 파병에 관한 연구는 아직 그런 수준에 미치지 못하고 있고, 한국사회에 큰 파장을 일으킨 두 파병 사례에 관한 종합적이고 체계적인 비교연구는 찾아보기 어려운 실정이다.

이런 문제의식 아래 이 연구는 두 가지 목적을 갖고 진행하며 기존 연구와 차별성을 가지는 동시에 기존 연구를 보완하고자 한다. 하나는 한국의 베트남, 이라크 파병이 '평화'에 기여했는지를 분석 평가하는 작업이다. 이때 '평화'는 세 곳의 평화, 곧 한반도 평화, 한국사회의 평화, 파병 현지의 평화를 말한다. 분석영역이 세 곳인 셈이다. 이들 분석을 통해 안과 밖, 위와 아래, 말하자면 복합 평화구축의 관점에서 파병을 평가하고 가능한 교훈을 도출해보고자 한다. 여기서 평화는 한반도와 파병 현지의 경우 소극적 평화 negative peace 로, 한국사회에서는 적극적 평화 positive peace[2]에 초점을 두고 논의할 것이다. 그리고 파병정책 결정은 한국사회에, 정책 집행은 한반도와 파병 현지를 주 대상으로 다룰 것이다.

파병 사례에 대한 연구는 파병정책 결정요인, 결정과정, 결정, 결정

---

[1] 박태균, 『베트남 전쟁: 잊혀진 전쟁, 반쪽의 기억』(서울: 한겨레출판, 2015); 윤충로, 『베트남 전쟁의 한국 사회사: 잊힌 전쟁, 오래된 현재』(서울: 푸른역사, 2015).

[2] '소극적 평화'는 전쟁이 없는 상태를 말하는데 비해, '적극적 평화'는 전쟁이 일어나는 정치적 억압, 경제적 불평등, 사회적 차별, 군사적 적대관계 등 구조적, 문화적 폭력을 전환시켜 지속가능하고 조화로운 사회를 건설하는 과정을 말한다. Johan Galtung, *Peace by Peaceful Means: Peace and Conflict, Development and Civilization*(London: SAGE, 1996).

이 미친 영향 등 크게 네 범주에서 전개될 것이다. 파병 결정요인은 대내외적 요인들, 결정과정은 주객관적 요소들을 각각 다룰 것이다. 결정은 가능한 파병 선택지들 중에서 이루어진 최종 파병 방안을 말하고, 결정이 미친 영향은 파병이 위에서 언급한 세 영역에서 나타난 결과를 의미한다.

두 번째 연구목적은 파병정책의 방향을 제시하는 일이다. 이 작업은 첫 번째 연구목적의 연장선상에서 자연스럽게 일어나는 바이다. 파병은 한국은 물론 다른 나라들에서도 확대될 추세이다. 세계화에 따른 지구적 문제들에 대한 국제사회의 공동 대응의 일환으로 평화유지활동PKO: peace keeping operation에 대한 수요가 증대하고 있기 때문이다. 거기에 자국의 안보 이익과 국제적 위신, 경제적 이익 등 다양한 요소들이 개입하면서 파병은 증대할 것이다. 한국의 경우 파병은 횟수의 증대는 물론 파병 목적과 형태에 있어서도 다변화 하는 양상이다. 여기에 정부의 적극적인 파병정책 의지가 실리면서 현행 PKO 파병법을 개정하거나 추가적인 파병법 제정이 불가피하다는 주장이 나올 정도이다. 그러나 기존 파병 사례에 대한 평가가 엇갈려 파병 확대를 둘러싸고 정부와 시민사회에서 찬반 논란이 일고 있다. 한국의 베트남, 이라크 파병 사례를 객관적이고 체계적으로 평가할 이유가 더 커지는 이유다.

본 연구는 주로 한국이 베트남 전쟁과 이라크 전쟁에 파병한 사례를 다루고 있다. 그에 따라 연구의 시간적 범위는 1964-1973년, 2002-2008년이다. 그 중에서도 본 논의가 1-2차 이라크 파병 결정에 초점을 두고 있기 때문에 위 연구범위 중에서도 2003-2004년에 집중하게 될 것이다. 물론 본 연구의 범위가 위 두 시기로 한정되지는 않는다. 왜냐하면 본 연구는 위 사례분석만이 아니라 그것을 통해 한국의 파병정책을 평가하고 현재의 쟁점과 향후 전망을 포함하고 있기 때문이다.

이 연구의 공간적 범위는 크게 네 곳인데, 한국사회, 한반도, 파병 현지, 그리고 미국이다. 한국사회는 파병 논의가 일어나고 결정되는 공간으로서 여기에는 대통령, 정부, 국회, 사회 등을 포함한다. 파병이 결정되는 과정에서 이들 국내 행위자들의 입장과 영향력, 그리고 행위자들 간 상호작용을 파악하는 일이 일차 작업이 된다. 둘째, 한반도는 한국사회와 겹칠 수도 있겠지만 여기서 한반도는 남북관계와 파병 관련 북한의 반응이 일어나는 공간으로 간주한다. 셋째, 파병 현지는 두 사례에서 베트남과 이라크를 말하는데, 파병 한국군이 작전을 전개하고 전쟁으로 발생한 현지 사정을 다루는 공간이다. 넷째, 미국은 한국군의 파병을 요청한 미 행정부의 입장과 태도, 그리고 한미간 외교 교섭의 공간으로 이해할 수 있다.

3. 책의 구성

이 책은 모두 8개의 부로 구성되어 있다. 이라크 파병과 베트남 파병 사례를 다루면서 파병 결정요인과 결정과정, 그 영향에 걸쳐 비교분석을 시도할 것이다.

Ⅰ부에 이어 Ⅱ부에서는 이론적 배경과 분석 모형을 다루고 있다. 먼저, 파병 관련 국내의 선행연구를 검토한 후에 합리성, 위기 등 관련 이론을 근거 삼아 분석틀을 수립할 것이다. 분석 모형에는 파병 정책 결정

요인, 결정과정, 결정, 결정 결과 등을 하나의 흐름으로 제시하고 있다.

Ⅲ부부터 본격적인 비교사례 연구를 수행할 것인데, Ⅲ부에서는 파병정책 결정요인을 다루고 있다. 먼저 대외적 요인으로 한미 동맹관계, 한반도 안보 상황, 파병 현지의 안보 상황을 다룰 것이다. 이어 대내적 요인으로는 최고 정책결정자와 결정집단, 그리고 국회와 시민사회의 여론을 분석할 것이다. 이를 묶어 베트남과 이라크 사례를 비교할 것이다.

Ⅳ부는 파병정책 결정과정을 다루는데, Ⅱ부에서 제시한 이론들을 적용해 두 파병 결정과정 사례를 상세히 분석할 것이다. 북핵위기 상황에서 이라크 파병이라는 민감한 안보 이슈를 제한된 시간과 정보 속에서 어떻게 결정해나갔는지를 평가하고 있다. 이를 1차 파병 결정과정, 2차 파병 결정과정, 파병 연장과 철수 등 3단계로 나누어 살펴본 후에 베트남 파병 결정 사례와 비교하고 있다.

Ⅴ부에서는 파병으로 발생한 결과가 한국사회, 한반도, 그리고 파병 현지에 어떻게 나타났는지를 다면적으로 비교 평가한다. 그럼으로써 기존 파병 연구의 한계를 극복하고자 파병에 대한 종합적인 평가를 시도하는 한편, 장래 파병을 전망하고 적절한 정책방향을 논의할 기초를 제공하고자 한다.

Ⅵ부는 이라크 파병반대운동을 다루고 있는데, 이는 박정희 정권때 단행된 베트남 파병 사례와 확연하게 구별되는 경우다. 베트남 파병 결정때는 국회에서 논란이 있었을 뿐 언론, 시민단체 등 시민사회에서 뚜렷한 반대여론이 일어나지 않았다. 그에 비해 노무현 정부때의 이라크 파병 결정은 전국적으로 격렬한 논쟁이 일어났는데, 이것이 파병 결정과정에서는 전반적인 영향을 미친 변수로 작용했다. 물론 그에 대

한 평가는 정부와 파병반대운동진영 사이에 큰 차이가 있다.

Ⅶ부는 한국의 파병정책 현황과 전망을 다루고 있다. 먼저 한국의 해외 파병 현황을 살펴본 후에 해외파병 확대를 초점으로 쟁점을 다룰 것이다. 그리고 나서 파병정책의 변화를 전망해볼 것이다.

Ⅷ부 결론에서는 이상의 논의를 파병의 결정 요인과 과정, 그리고 그 결과를 포함해 요약하고 교훈을 찾아보고자 한다. 평화주의적 파병은 가능한가라는 질문을 갖고서. 평화주의적 파병이 가능하다면 어떤 과제를 풀어야 하는가를 마지막으로 생각해볼 것이다. 그 방안의 하나로 파병정책 재수립의 공론화 방향을 제시할 것이다.

이 연구는 제Ⅱ부에서 소개할 이론들을 적용한 분석 외에도 문헌분석과 비교연구 방법을 채택하고 있다. 활용한 문헌에는 선행 관련 연구물은 물론 대통령을 포함한 정책결정집단의 공식 발언 자료와 국회 회의록, 그리고 언론보도 기사가 포함된다. 비교연구는 박정희 정부의 베트남전 파병 결정과 노무현 정부의 이라크전 파병 결정을 주로 차이법으로 분석하는 것을 말한다. 두 사례 모두 파병을 결정했지만 세부 결정 내용과 그 결과가 다르게 나타난 점에 주목하기 때문에 차이법을 적절한 비교연구 방법으로 채택하였다. 물론 그럼에도 파병 자체가 이루어진 점과 파병이 초래한 공통점도 논의할 수 있어 그럴 때는 일치법을 활용할 것이다.

II
이론적 배경과 분석틀

1. 선행연구 검토

1) 이라크 파병 연구

노무현 정부 시기 한국의 이라크 파병에 관한 연구는 단일사례연구, 비교사례연구, 정책연구 등의 형태로 나타나는데 그 수가 많지는 않다.

그 중 본 연구의 목적 및 이론적 자원과 관련이 깊은 선행연구가 몇 편 있다. 김장흠의 연구는 퍼트남$^{Robert\ Putnam}$의 양면게임이론, 앨리슨$^{Graham\ Allison}$과 젤리코$^{Philip\ Zelikow}$의 세 정책결정 모델, 로즈노$^{James\ Rosenau}$의 외교정책결정에 관한 예비이론을 이용해 통합모형을 개발한 후 이를 한국의 해외파병정책 사례에 적용하였다. 분석 결과, 베트남 파병 결정의 경우 합리적 행위자 모델에 근접한데 비해, 이라크 파병 결정 과정은 정부정치 모델에 가까웠다고 본다. 두 사례에서 대통령의 결정이 가장 크게 작용했다는 점은 공통점이지만 결정과정 상의 우선순위는 달리 나타났다. 이라크 파병의 경우는 개인 〉 사회 〉 정부 〉 체제의 순으로 나타났다는 것이다.[1] 이 글은 모델 개발의 참신성과 분석의 깊이가 돋보이지만 결정모델과 실제 파병 결정과정에서의 우선순위를 혼동하고 있다. 다만, 결정모델을 달리 적용해 두 사례를 구별하는 시도가 실제 파병 결정의 전모를 파악하는데 유용한지는 검토해볼 일이다.

우경림의 논문은 노무현 정부의 1차 및 추가 파병 결정과정을 앨리슨과 젤리코의 정책결정 모델 중 조직행태 모델과 정부정치 모델을 적

---

[1] 김장흠, "한국군 해외파병정책 결정에 관한 연구: 통합적 모형의 개발 및 적용을 중심으로," 한성대학교 대학원 행정학과 박사학위논문(2010).

용해 분석하고 있다. 분석 결과, 1차 파병 결정은 관련 정부 부처들의 표준행동절차의 가동, 추가 파병 결정은 정부 내 두 정책연합 간의 경쟁과 홍정을 각각의 특징으로 도출하고 있다.[2] 이 논문은 그러나 표준행동절차를 제시하지 못하고 있고 정책 '홍정'을 통제한 총괄조정기구의 역할을 무시하고 있다.

비교사례연구에서는 김관옥의 연구가 대표적이고 정확도가 높다 하겠는데, 양면게임이론을 적용해 한국의 베트남 파병과 이라크 파병을 평가한다. 연구 결과, 베트남 파병 결정과 달리 이라크의 경우는 파병반대세력의 등장과 국내정치제도의 다원주의화, 그리고 대미 안보 의존도의 완화 등으로 한국의 윈셋$^{win\ set}$이 축소돼 정책 결정과정이 상당히 갈등적이었고 그 내용은 미국의 요구와 한국의 선호가 상호 절충된 것으로 파악한다.[3]

이병록도 한국의 베트남전 파병과 이라크전 파병을 로즈노 이론을 적용해 비교 분석하고 있다. 두 사례를 파병 결정요인을 갖고 비교해 보면 베트남 파병은 개인과 역할 변수가 결정을 주도한 반면, 이라크 파병은 5개 요인들이 결정과정에 모두 영향을 미친 것으로 평가했다. 특히 베트남 파병 사례의 경우는 군사권위주의 체제 하의 결정을 반영해 개인변수가 절대적인 영향을 미쳤고, 그 반면 이라크 파병은 민주

---

2 우경림, "노무현 정부의 1차 및 2차 이라크 파병정책 결정과정 분석: 앨리슨의 정책 결정 모델을 중심으로," 울산대학교 교육대학원 석사학위 논문 (2010).

3 김관옥, "한국파병외교에 대한 양면게임 이론적 분석: 베트남파병과 이라크파병 사례비교," 『대한정치학회보』, 제13권 1호(2005), pp.357-385.

화 이후 탈권위주의를 표방한 정권의 성격을 반영해 사회변수의 영향력이 높아보였다.[4] 이 연구는 깊이 있고 정확도가 높지만 충분히 예견된 결론으로 보여 참신성이 떨어진다.

계운봉의 비교사례연구는 한국의 해외파병을 국가이익구조로 평가하고 있는데, 국가이익구조란 생존, 번영, 영향력 등 국가이익 간의 우선순위 형성을 말한다. 분석 결과 베트남 파병은 경제 〉 생존 〉 영향력 이익 순으로 선호도 배열을 보인데 비해, 이라크 파병은 생존 〉 영향력 〉 경제 이익의 순서를 보였다. 이 연구는 국력과 무정부 성격을 변인으로 삼고 있다는 점에서 합리적 행위자 모델에 바탕을 두고 있지만, 정치적 이익이 논의에서 배제된 한계가 있다.[5]

장율래는 탈냉전시기 한국과 일본의 해외파병을 네 가지 요인을 대입하여 분석 평가하고 있다. 분석 결과, 한국의 이라크 파병 결정요인은 동맹관계가 직접적 요인으로, 국내정치과정, 군사력, 위협 요인은 간접적인 영향을 미친 것으로 나타났다. 양국의 파병 결정요인에서 공통적으로 나타난 동맹관계에서도 한국의 경우는 동맹관계 개선을 목표로, 일본은 동맹구조 강화를 목표로 한 점도 차이점이다. 국내정치에서 한국은 진보와 보수의 갈등이 한미 동맹관계에 간접적인 영향을 미친 반면, 일본은 보수화로 인해 국론이 분열되지 않았다. 이처럼 파

---

4 다만, 사회변수는 개인변수에 의해 영향력이 상승한 반면, 체제변수와 상쇄관계에 있는 것으로 분석됐다. 이상 이병록, "한국의 베트남·이라크전 파병정책 결정요인에 관한 연구: 로즈노 이론을 중심으로," 경남대학교 대학원 박사학위 논문(2015).

5 계운봉 "한국의 해외파병에 나타난 국가이익구조에 관한 연구," 경기대학교 정치전문대학원 박사학위논문(2012).

병 관련 비교연구는 동맹관계, 국내정치제도, 국가이익 등이 주요 요인으로 분석되었다.[6] 이상 살펴본 노무현 정부의 이라크 파병 결정과정에 관한 학술 연구는 계운봉의 연구를 제외하면 모두 합리적 행위자 모델과 거리가 멀다.

박동순은 1991년 한국의 유엔 가입 후 이루어진 네 차례의 주요 파병정책결정을 비교연구하고 있는데, 이들 파병 사례는 각각 다른 정부에서 추진한 서로 다른 유형의 파병으로 약 5년여의 시간차를 두고 실시된 것이다. 이 연구는 양면게임이론을 이용해 파병정책결정의 참여자인 대통령, 정부관료, 국회, 여론 등 4개의 주요변수들이 어떻게 상호작용 했는지를 규명하고 있다.[7]

한편 이인섭 등은 이라크 파병 이후 한국의 이미지에 미친 영향을 비교연구한 참신한 연구를 수행한 바 있다. 이들은 중동지역 내 5개 아랍 국가들을 대상으로 한국의 국가이미지 현황을 한국 주변 3개국과 비교하여 분석하였다. 분석 결과, 한국의 국가이미지는 양호한 것(M=3.64)으로 나타났으며 특히, 조사 대상 아랍국 중에서는 아랍에미레이트가 다른 국가에 비해 한국에 대한 이미지가 높은 것으로 조사되었다. 이라크 전쟁 및 한국의 파병으로 한국의 국가이미지가 낮게 평가될 것으로 예상되었던 이라크는 오히려 전체 평균보다 높은 국가 이미지를 가지고 있었다. 그러나 한국의 이라크 파병에 대한 태도에 대

---

6 장율래, "탈냉전시기 해외파병 비교 연구: 한국과 일본의 이라크 파병을 중심으로," 고려대학교 대학원 석사학위 논문(2008).

7 박동순, 『한국의 전투부대 파병정책: 김대중 노무현 이명박 정부의 파병정책결정 비교』(서울: 선인, 2016).

한 조사에서는 다른 응답이 나왔다. 한국의 국가이미지에 부정적인 응답을 한 이들은 그 원인을 한국의 이라크 파병이 미국의 종속 또는 힘에 굴복했기 때문이거나 미국의 힘을 빌려 반사이익을 추구했기 때문이라고 보았다.[8]

이밖에도 국제법의 시각에서 파병을 연구한 결과도 나오고 있는데, 가령 김동욱은 이라크 파병을 사례연구하면서 현대전에서의 점령이 과거와는 다른 양상을 보이고 있다고 하면서, 인도적 간섭 내지 국가재건이라는 명목 하에 다국적군에 의한 점령이 앞으로도 계속 될 것이라고 전망하고 있다. 그리고 점령의 정치적 정당성 확보를 위해 유엔의 승인이 더욱 긴요해질 것이라고 보면서, 한국도 해외 파병에 있어서 헌법이 요구하는 국회의 동의를 통한 국내법상의 적법성 확보는 물론 유엔 안전보장이사회의 결의라는 국제법적 절차의 중요성도 높아지고 있다고 전망하고 있다.[9] 참고로 미국의 이라크 침공과 한국의 최초 이라크 파병은 유엔 안보리 결의 없이 단행된 것이다.

2) 이라크 파병반대운동 연구

다음은 이라크 파병반대운동과 관련한 연구 결과이다. 이들 연구는 다시 파병 결정과정에서 사회운동이 미친 영향에 관한 연구, 파병반대운

---

8 이인섭·유홍식·김능우·윤용수·장세원·황성연, "이라크 파병이 '한국이미지'에 미친 영향에 관한 연구: 중동지역 5개국을 중심으로," 『지중해지역연구』, 제8권 제2호(2006), pp.169-198.

9 김동욱, "해외파병과 점령법: 이라크 전쟁을 중심으로," 『국제법학회논총』, 제52권 제3호(2007), pp.45-67.

동 자체에 관한 평가, 파병반대운동에 관한 규범적 논의 등으로 나눠 볼 수 있다.

첫째, 파병 결정과정과 관련한 파병반대운동 연구는 파병 결정과정에서 한국정부의 자율성, 사회운동의 영향력 등을 다룬다. 우경림은 노무현 정부의 1차 및 추가 파병 결정과정을 앨리슨$^{Graham\ Allison}$의 정책결정 모델을 적용해 살펴보고 있다. 두 차례의 파병 결정은 한국의 외교안보정책에서 대통령과 미국 같은 전통적 변수의 영향력을 확인하면서도 새로운 변수들의 영향이 혼재한 사례로 평가할 수 있는데, 그런 변수로 시민사회단체를 국회, 국제여론과 함께 꼽고 있다.[10] 박병주는 파병반대운동이 노무현 정부의 파병 여부를 결정하는데는 영향을 미치지 못했다고 하면서도, 파병 규모 및 시기에는 적지 않은 영향을 미쳤다고 평가하고 있다.[11] 그에 비해 박원희는 노무현 정부의 이라크 파병정책 결정과정을 국가 자율성 개념으로 분석하고 있는데, 국가 자율성이 대내적으로는 감소하고 대외적으로는 과거에 비해 증가하는 경향을 보였다고 평가했다.[12]

둘째, 파병반대운동의 성격과 전개과정을 평가하는 연구이다. 이 연구에는 파병반대운동에 대한 객관적 분석과 운동의 당위성에 대한 옹호론이 포함될 수 있다. 파병반대운동에 대한 분석을 김현미는 정치

---

10   우경림(2010).

11   박병주, "정책논변모형의 적용을 통한 한국군 이라크 파병정책에 대한 해석," 경기대학교 행정대학원 석사학위논문(2005).

12   박원희, "이라크파병 결정과 국가자율성," 충남대학교 행정대학원 석사학위논문(2006).

과정론의 관점에서 하고 있다. 그는 이라크 파병반대운동을 "한국 최초의 대중적 반전운동"으로 평가하면서 그 운동에 영향을 끼친 각 요인들 사이의 관계와 상호작용에 주목하였다. 구체적으로 한국과 미국, 북한이 군사적 정치적으로 복잡하게 얽혀있는 국제 정치상황과 '참여정부'의 출범과 같은 국내 정치상황, 반공주의와 국가주의 이데올로기가 강한 한국사회의 조건을 다루고 있다. 결과적으로 파병반대운동은 파병을 저지하지는 못했지만 운동의 명분과 정당성을 정부와 대중으로부터 인정받고 전반적인 의식 변화를 가져왔다는 점에서 성공적이라고 평가하고 있다.[13] 정여진도 이라크 추가파병 과정에서 '이라크파병반대비상국민행동'이 이끈 운동의 영향력을 조직, 수단, 환경 등 세 측면에서 정밀하게 분석하고 있다. 분석 결과, 한국의 파병 결정은 미국의 요구를 절대적으로 따르지 않았다는 점에서 냉전시대의 타성에서 벗어났다고 볼 수 있지만, 그 주요 요인이 정부 내 관련 부서들 간의 정책 갈등이었다는 점에서 이라크 파병반대운동의 독자적인 영향력은 행사되지 못했다고 평가하고 있다.[14] 서보혁의 연구는 이라크 파병반대운동이 '이상주의적'이라는 통념과 달리 현실주의적 시각도 갖고 있었다는 논지를 편다. 그는 파병 찬성 측이 현실주의, 반대 측이 이상주의라는 통념을 반증하고 있는데, 파병반대운동의 주장이 동맹, 평화, 군사이익, 경제이익의 측면에서 현실주의적 성격이었음을 드러

---

[13] 김현미, "이라크파병반대운동의 전개와 그 동학에 관한 연구 - 정치과정론적 관점에서," 성공회대학교 NGO대학원 석사학위논문(2007).

[14] 정여진, "한국의 외교정책 결정과정에서 NGO의 영향력 분석: 이라크 추가파병 사례를 중심으로," 숙명여자대학교 대학원 석사학위논문(2005).

내주고 있다.[15]

셋째, 이라크 파병반대운동을 옹호하는 규범적 논의가 있다. 이런 연구는 강정구에 의해 선명하게 제시된 바 있는데, "이라크 전쟁과 파병: 미국의 야만성과 한국의 자발적 노예주의"라는 글의 제목에서 논지가 잘 드러나 있다.[16] 황인성은 미국의 이라크 침공을 계기로 일어난 반전평화운동을 객관적으로 평가하면서도 발전 전망에 무게를 싣고 있다. 그는 분단국가로서 냉전이데올로기에 짓눌려 있던 한국사회에서 '평화'와 '반전'이란 용어가 생경하게 들릴 수도 있음을 인정한다면서도, 평화운동세력이 해외의 전쟁 문제에 깊은 관심을 갖고 세계평화운동과 연대해 직접 현지활동까지 하며 전쟁반대, 파병반대운동을 벌인 것은 이전과는 다른 변화라고 평가하고 있다.[17] 김승국은 미국이 세계패권 유지를 위해 이라크 전쟁을 일으켰다고 규정하고 그 반인도적, 반평화적 결과를 고발한다.[18] 나아가 김엘리는 페미니즘feminism의 시각에서 이라크 파병문제를 다루며 파병 찬반을 넘어 보다 근본적인 문제를 제기하고 있다. 그는 이라크 전쟁을 힘의 우위와 이원화된 사고구조를 바탕으로 한 군사안보에 의존하는 폭력으로 규정하고, 파병반대운동을 국가의 군사동원체제를 거부하고 세계평화에 동참하는

---

15 서보혁, "현실주의 평화운동의 실험: 한국의 이라크 파병반대운동 재평가," 『시민사회와 NGO』, 제12권 제1호(2014), pp.105-132.

16 강정구, "이라크 전쟁과 파병: 미국의 야만성과 한국의 자발적 노예주의," 『경제와 사회』, 제63호(2004), pp.281-309.

17 황인성, "이라크 파병반대운동을 통해 본 한국 반전평화운동," 『시민과세계』, 제4호(2003), pp.108-122.

18 김승국, 『이라크 전쟁과 반전평화 운동』(파주: 한국학술정보, 2008).

일이라고 주장한다.[19] 이라크 파병을 헌법에 비추어 판단하는 규범적 논의도 일어났다. 이경주는 이라크 파병이 대한민국 헌법이 천명하고 있는 평화주의를 위반하는 위헌적 조치라고 평가하고 있다. 현실적으로도 파병 거부가 과연 국가의 안전보장에 어떤 영향을 미치는지, 또 파병이 국가안보에 기여할지 의문이라는 주장도 덧붙이고 있다.[20]

이상과 같은 파병반대 담론은 평화주의, 페미니즘, 헌법 등을 근거로 제시하고 있다. 다만, 파병반대운동에 관한 연구는 전적으로 이라크 파병반대운동 사례에 국한되어 있고, 베트남 파병의 경우에는 사례연구가 전무하다. 베트남 파병 때는 반대운동이 일어날 수 있는 정치적 환경이 아니었기 때문이다. 반전평화운동은 이상주의로 특징 지어지거나 그렇게 비판받아 왔다. 즉 반전평화운동의 대의와 주장이 잘못된 것은 아니지만 그 현실성이 약하다는 점에서 결정적인 약점을 갖는다는 것이다. 그러나 위 사례연구들에서 보듯이 다른 주장도 충분히 가능할 것이다.

3) 베트남 파병 연구

박정희 정부 시기 단행된 한국군의 베트남전 파병의 배경과 그 전개과정에 관한 논의는 우선, 권위주의 시기 정부 간행물과 관변 학자들에 의해 홍보성으로 많이 제시되어왔다. 파병의 불가피성과 긍정적 측면

---

19 김엘리, "여성주의적 관점에서 본 이라크 파병과 평화," 『여성과평화』, 제3권(2003), pp.17-30.
20 이경주, "이라크 파병과 헌법," 『기억과 전망』, 제8권(2004), pp.111-127.

을 파병의 전체로 간주하고 있는 것이다. 베트남 파병에 관한 객관적이고 자유로운 연구도 리영희와 같은 선각자의 예외적인 경우[21]를 제외하고는 민주화 이후에야 가능했다.

사실 민주화를 거치고 나서도 베트남 전쟁과 파병 관련 연구는 국가안보의 관점, 위로부터의 시각이 주를 이루었기때문에, 전쟁과 파병이 한국사회와 한반도에 미친 영향, 참전 군인을 포함한 전쟁에 대한 전반적인 이해는 더 많은 시간을 필요로 했다. 말하자면 평화주의 시선, 피해자의 입장으로 보완된 베트남 전쟁과 파병에 대한 종합적인 이해는 2010년대에 이르러서야 빛을 보게 되었다. 한국의 베트남전 파병 50주년에 즈음한 두 저작이 그것이다. 박태균은 한국이 베트남 전쟁에 참전한 이유는 물론, 서로 죽여야만 하는 처지에 놓였던 베트남 사람들의 이야기, 미군 철수 과정과 미국의 아시아 동맹국들의 변화를 살펴본다. 전쟁포로와 실종자 문제, 참전 군인과 베트남 피해자에 대한 보상, 이를 둘러싼 역사 인식까지 다룸으로써 베트남 전쟁에 관한 전모를 성찰적 관점에서 평가한다. 이 연구에서는 그동안 전쟁 특수에 가려진 파병 전사들과 민간인 학살 문제를 다루고 있다.[22] 윤충로의 베트남 전쟁 연구는 보다 더 아래로 내려가 전쟁의 사회사를 완성해내고 있다. 이 저작도 베트남 전쟁에 관여해왔지만 그동안 크게

---

21 리영희, 『베트남 전쟁』(서울: 두레, 1994). 기자로서 리영희의 객관적인 베트남 전쟁 보도에 관해서는 백승욱, "'해석의 싸움'의 공간으로서 리영희의 베트남 전쟁: 「조선일보」 활동시기(1965~1967)를 중심으로," 『역사문제연구』, 제32권(2014), pp.45-105.

22 박태균(2015).

관심을 두지 않고 지나쳐왔던 이야기에 귀를 기울인다. 저자는 파월장병, 파월기술자, 대학생 위문단, 전쟁 당시 한국군에게 피해를 입은 베트남인 등 전쟁을 직간접적으로 경험한 다양한 주체와 집단의 목소리를 담으면서 새로운 베트남 전쟁을 엮어낸다. 저자는 전쟁을 경험한 사람들, 전쟁과 더불어 변해갔던 사회, 전쟁의 기억이 만들어내는 개인적 회한과 사회적 갈등 등 다양한 이야기를 55명의 참전자들과 가진 구술 면담으로 엮어냈다.[23]

한편, 한국 정부의 베트남 파병 결정에 관한 많은 연구가 있지만 최근 연구로는 구성주의론을 적용한 김관옥의 분석이 눈에 띈다. 베트남 파병 결정요인이 처음부터 주어져 있었던 것이 아니었다고 보는데, 애초 파병 결정은 '안보 취약국'인 한국이 '안보 제공국'인 미국과의 군사동맹을 강화시켜 '물리적 생존'을 보장받기 위한 것이었다고 평가한다. 그러나 역할 정체성의 변화는 한국의 파병 행태를 변화시켰다면서 3, 4차 파병에서 나타난 조건부 파병은 베트남 전쟁 전개과정에서 변화된 한국군의 역할 정체성에서 비롯되었다고 본다. 즉 한국군의 추가 파병에 대한 미국의 필요성 증대와 한국군의 '활약'에 근거한 인식의 변화가 보호 대상국이었던 한국의 정체성을 지원국으로 변화시키면서 한국이 선호하는 바를 보다 강하게 요구하게 되었다고 평가한다.[24] 그러나 국가안보를 미국에 의존하는 구조적 조건이 변화하지 않은 상태에서 파병의 성격이 파병 전개과정에서 변했다고 보는 것은 무리가 아

---

23   윤충로(2015).

24   김관옥, "베트남 파병정책 결정요인의 재논의: 구성주의 이론을 중심으로," 『군사연구』, 제137집(2014), pp.9-38.

닐까 싶다. 또 역할 정체성 변화를 파병정책의 변화 요인으로 보는 것은 원인과 결과를 혼동한다는 비판을 살 수 있다.

한관수는 베트남 파병이 남긴 과제를 참전 군인과 유가족 보훈의 시각에서 되돌아보고 있다. 그는 파병이 자유수호나 한국전쟁 시 미국의 지원에 대한 보은報恩은 명분에 불과하고 국가발전의 초석에 기여한 것에 본질적인 의의가 있다고 주장했다. 그에 따라 참전용사에 대한 명예선양과 예우증진, 부상으로 인한 장애자 및 고엽제 환자에 대한 대책, 그리고 참전용사에 대한 자부심 고취사업 등과 같은 보훈사업을 과제로 제시하고 있다.[25] 이런 언급은 새삼스러운 것이 아닐뿐더러 베트남전 개입 이후 한국의 과제를 지나치게 좁게 파악한다는 지적을 살 수 있다.

베트남 파병 결정과정에서 국회의 역할은 크지 않았지만 관련 연구가 심화되면서 관심이 일어났다. 마상윤은 야당의 경우, 특히 일부 강경파는 선명 야당의 기치 아래 파병을 강력히 반대했지만, 사회 각계의 의견 수렴을 통해 사회적 합의를 형성해가려는 노력은 기울이지 않았다고 평가하고 있다.[26] 장재혁은 국회가 정부 주도의 베트남 파병 결정에 견제 역할을 하지 못한 이유들로 박정희 정권의 권위주의적 태도와 거대 여당 중심의 국회 의석 분포 외에도 파병문제를 국가 쟁점으로 부각시키지 못한 야당의 무능과 당시 한일국교정상화 문제에 집

---

25 한관수, "한국군 베트남 파병의 영향과 남겨진 과제,"『한국보훈논총』, 10권 3호(2011), pp.131-156.

26 마상윤, "한국군 베트남 파병 결정과 국회의 역할,"『국제지역연구』, 제22권 제2호(2013), pp.59-86.

중된 여론, 파병 반대시 용공주의자로 몰릴 위험, 사회 전반적인 대미 안보의존 심리, 파병을 통한 경제적 이익 획득에 대한 기대감 등이 두루 작용했다고 평가하고 있다.[27]

베트남 파병 관련 연구에서 결정적인 기여는 단연 한국군의 민간인 학살에 관한 연구다. 이런 연구는 민주화라는 국내 정치적 환경의 변화를 필요로 했지만 참여 연구자의 양심과 현장조사, 언론의 협력이 없었다면 불가능했을 것이다. 금기시 되거나 잊혀져온 이 분야에 관한 연구는 진상규명의 형태를 나타냈다. 파병 결정에 관한 연구가 사회과학자들 주도로 이루어진 것과 달리 이에 관한 연구에 참여한 이들은 문학가, 언론인, 사학자, 수학자 등이다. 특히, 구수정 박사,[28] 김현아 작가, 그리고 한겨레신문사는 한국군의 베트남 양민학살의 진상을 최초로 심층조사 해 한국사회에 알리고 베트남 전쟁을 재조명하는데 크게 기여하였다. 베트남 현지조사를 통한 〈한겨레〉 신문의 심층보도에 참여한 고경태 기자는 1968년 2월 12일, 베트남 퐁니·퐁넛 마을에서 '청룡부대'로 알려진 한국 해병대에 의한 74명의 민간인 학살을 현미경 같은 렌즈로 다룬 하루의 기록을 단행본으로 출간했다.[29] 소설가 김현아는 관심 있는 시민들과 함께 학살의 현장을 두루 답사한 후 전

---

27 장재혁, "제3공화국의 베트남 파병 결정과정에 관한 연구: 파병 논의에서 국회의 역할을 중심으로," 『동원논집』, 제8집(1995), pp.143-175.

28 구수정, "20세기 광기와 야만이 부른 베트남전 한국군 양민학살," 한국인권재단 편, 『일상의 억압과 소수자의 인권』(서울: 사람생각, 2000), pp.293-317.

29 고경태, 『한마을 이야기 퐁니 퐁넛(1968-2016)』(서울: 보림, 2016).

쟁의 기억을 반추하며 연대의 책을 출간했고,[30] 수학자 이규봉은 자전거 여행을 하며 베트남 현지를 답사한 후 비교의 시선으로 학살을 성찰하고 있다.[31] 참고로 한국군의 베트남 민간인 학살에 관해 한국정부가 사과한 것은 김대중 대통령이 유일하다. 김 대통령은 한-베트남 수교(1992) 10년 만인 2001년 8월 서울에서 열린 한-베트남 정상회담에서 베트남 국가원수로서 한국을 처음 방문한 쩐 득 르엉Tran Duc Luong 국가주석에게 "우리가 불행한 전쟁에 참여해 본의 아니게 베트남 국민들에게 고통을 준 점을 미안하게 생각한다."고 말했다.[32]

이와 같이 다양한 시각과 접근을 통해 한국의 베트남전, 이라크전 개입에 관한 연구가 다량으로 나왔다. 이런 기존 연구결과는 개별 파병 과정에 관한 풍부한 이해와 역사적 성찰에 대단히 유용한 자양분을 제공해주고 있다. 그럼에도 불구하고 파병정책의 관점에서 파병 결정의 배경과 요인, 결정과정과 그 결과 파병이 미친 영향 등을 종합해 비교론적으로 연구한 저작은 아직 나오지 않고 있다. 파병정책에 관한 종합적인 비교 연구는 그 자체로 의미 있는 작업이지만, 파병 정책의 추세와 전망에 필수적인 연구주제이기도 하다. 이 책은 파병정책의 어제와 오늘, 그리고 내일을 함께 생각해보는데 도전하고 있다.

---

30 김현아, 『전쟁의 기억, 기억의 전쟁』(서울: 책갈피, 2002).

31 이규봉, 『미안해요 베트남: 한국군의 베트남 민간인 학살의 현장을 가다』 (서울: 푸른역사, 2011).

32 그에 앞선 1998년 12월 김대중 대통령은 베트남 방문시 "양국간에 한 때 불행한 시기가 있었다."고 유감 표명을 한 바도 있다. 김현아(2002), p.288.

2. 이론적 배경

본 연구의 이론적 배경은 제한적 합리성, 위기, 양면게임 등에 관한 이론이다. 이 중 행위자의 제한적 합리성을 기본 이론으로 삼고 있다. 그리고 대외적 맥락으로서 위기, 대내적 맥락으로서 양면게임을 통한 비준을 제시한다. 이들 이론적 배경은 파병정책 결정의 대내외적 요인과 결정자의 속성을 지지해주며 결정과정 전반을 설명하는데 유용하다.[33]

1) 제한적 합리성

국제정치이론의 발전을 주도해온 두 시각은 현실주의와 자유주의다. 아래에서 살펴보겠지만 둘은 많은 차이를 보이면서도 공통점도 있다. 공통점은 국제정치가 무정부 상태에 있어 갈등이 쉽게 예측된다는 가정이다. 이를 전제로 무정부상태에서 무엇이 중요한가, 협력이 가능한가에 관해 두 시각은 입장이 갈린다. 또 하나의 공통점은 국가를 비롯한 국제정치 행위자들이 합리적이라고 본다. 적은 비용으로 최대의 이익을 추구하는 공리주의적 견지에서 국가가 자신의 이익을 극대화 한다는 가정이다. 다만 자유주의 시각에서는 정책 결정과정이 결정자의 세계관, 인식, 편견 등과 같은 요소들의 개입으로 그 합리성이 제한될 수 있다는 점에 주목한다.

---

33 이 장의 1-2절과 Ⅲ-Ⅳ부에서 이라크 파병 관련 논의는 서보혁, "결정의 합리성: 노무현 정부의 이라크 파병정책 재검토," 『국제정치논총』, 제55권 3호(2015), pp.235-270을 수정·보완한 것이다.

외교정책결정을 설명하는 이론들은 국제정치학이 시작된 이래 무수히 제시되어 왔다.34 수많은 이론들을 크게 묶어 결정과정과 그 특징을 비교 설명하는 틀을 정립한 데는 앨리슨과 젤리코의 공이 두드러진다. 두 사람이 쿠바 미사일 위기를 사례로 외교정책 결정과정을 세 가지 모델로 설명한 『결정의 본질 Essence of Decision』이 그것이다.35 세 모델은 합리적 행위자 모델(제1모델), 조직행태 모델(제2모델), 정부정치 모델(제3모델)을 말한다. 이들 세 모델은 각각 분석의 기본단위, 조직개념, 지배적인 추론, 일반적 명제, 증거 등을 제시하고 그에 따라 동일한 사례가 달리 설명된다.

앨리슨과 젤리코에 따르면, 분석의 기본단위인 정부의 행동은 제1모델에서는 전략적 목표 극대화로서의 선택인데 비해, 제2모델에서는 조직의 산출로, 제3모델에서는 정치적 흥정으로 간주한다. 제1모델에서 행위자는 합리적이고 단일한 의사결정자로 국가 혹은 정부를 가정하는데 비해, 제2, 제3모델에서는 서로 느슨하게 연결된 여러 조직들의 연합체이거나 다수의 경기자들이다. 그에 따라 제1모델의 지배적

---

34 물론 구조적 현실주의는 외교정책이론과 국제정치이론을 구별하지만 그에 대한 비판도 적지 않다. Kenneth Waltz, *Theory of International Politics*(New York: McGraw-Hill, 1979); James Fearon, "Domestic Politics, Foreign Policy, and Theories in International Relations," *Annual Review of Political Science*, 1(1998), pp.289-313. 앨리슨과 젤리코는 두 이론의 구별에 비판적 입장이다.

35 Graham Allison and Philip Zelikow, *Essence of Decision: Explaining the Cuban Missile Crisis*, 2nd edition(Austin: Pearson Education Inc., 1999); 김태현 역, 『결정의 에센스』(서울: 모음북스, 2005).

인 추론 패턴은, 국가의 행동은 국가이익을 극대화하는 방향으로 선택된다는 것이다. 그에 비해 제2모델에서 정부의 행동은 미리 존재하는 조직의 표준행동절차로 설명되고, 제3모델은 경기자들의 선호와 그들 간의 흥정과 경쟁이다. 요컨대, 과학철학의 논법을 빌어 말하면 제1모델은 결과의 논리logic of consequence를, 제2모델은 적절성의 논리, 제3모델은 불확정성의 논리를 취한다.

이 글의 목적을 감안할 때 위 세 모델 중 합리적[36] 행위자 모델에 먼저 관심이 갈 수밖에 없다. 물론 합리적 행위자 모델이 본 연구를 지지할 것이라고 전제하지는 않는다. 그럼에도 본 연구가 합리적 행위자 모델을 채택해 논지를 전개하는 이유는 연구목적이 결과의 논리에 주목하기 때문이다. 선택지의 검토와 결정은 선호하는 결과에 대한 예측, 곧 기대효용에 따른다. 가령, 한국 정부의 파병 결정이 정부가 기대하는 결과에 얼마나 부합하느냐를 설명하는 것이 본 연구의 목적이라면 적절성의 논리나 불확정성의 논리보다는 결과의 논리가 적합하다. 물론 제2, 제3 모델은 문제를 분해함으로써 결정의 대내적 측면을 상세하게 살펴봄으로써 결정의 단일성과 합리성을 약화시킬 수도 있다. 그럴 가능성에 맞서 제1모델은 합리성 가정에 현실성을 부여하기 위해 포괄적 합리성과 제한적 합리성을 구별한다.

포괄적 합리성의 경우 주어진 상황에서 행동 목표와 상황에 대한 지식만 있으면 합리적 판단을 할 수 있다고 본다. 행위자의 속성에 대

---

36 합리성에 관한 과학철학적 논의는 신중섭, "과학의 합리성," 조인래·박은진·김유신·이봉재·신중섭,『현대 과학철학의 문제들』(서울: 아르케, 1999), pp.319-386 참조.

해서는 알 필요가 없다는 것이다. 그러나 현실은 그렇지 않다. 제한적 합리성은 행동 목표와 상황에 대한 정보만이 아니라 상황에 대한 규정과 정보로부터 추론할 능력도 알아야 한다.[37] 제한적 합리성 개념을 제안한 사이먼Herbert Simon은 그것을 외부 상황과 결정자의 능력이 부과하는 제약 내에서의 적응으로 보고, 인간 행동을 이해하는데 있어 합리성에 대한 제약을 고려할 필요성을 강조한 바 있다.[38] 즉 결정자가 처한 상황으로 자신의 선택 틀은 제한된다.[39] 제한적 합리성에서 합리적 행동을 구성하는 요소들-목적, 대안, 결과, 선택 규칙-은 행위자에 대한 가정과 증거에 의해 보완된다. 결정과정에 영향을 미치는 행위자의 가치관, 신념, 인식 등을 있는 그대로 수용한다. 따라서 어느 행위자가 상황을 잘못 인식했다고 하여 비합리적이라고 보지는 않는다.[40] 제한적 합리성에 근거한 결정과정은 '상황 규정'의 절차에 주목한다.

---

37 Allison and Zelikow(2005), p.61.

38 Herbert A. Simon, "Human Nature in Politics: The Dialogue of Psychology with Political Science," *American Political Science Review*, 79(1985), pp.293-304.

39 Derek H. Chollet, and James M. Goldgeier, "The Scholarship of Decision-Making: Do We Know How We Decide?" in *Foreign Policy Decision-Making Revisited*, Richard C. Snyder et al.(New York: Palgrave Macmillan, 2002), p.157.

40 Jack Levy, "Misperception and the Causes of War: Theoretical Linkage and Analytic Problems," *World Politics*, 36(1983), pp.76, 79-80; Allison and Zelikow(2005), pp.60-61에서 재인용.

2) 위기

본 연구는 또 위기 이론을 보조적으로 활용하는데 위기 상황과 관련 사안을 다룰 때 합리적 결정이 가능한지의 문제와 관련된다. 위기에 관한 세부 정의는 다양하지만 국제정치학에서 위기는 기본가치에 대한 위협, 대응 시간의 제약, 높은 물리적 충돌 가능성을 요건으로 한다.[41] 이들 모두 정책결정자의 인식과 관련되어 있다는 점에서 위기시, 그리고 위기 관련 이슈에 있어 결정의 합리성은 제약받을 수밖에 없다. 일국의 외교정책결정은 결정집단의 상황에 대한 규정과 커뮤니케이션communication, 정보, 동기의 상호작용을 포함한다.[42] 위기 상황에서 오는 시간 제약과 결정자의 스트레스 및 주관적 인식이 결합돼 오판을 할 수도 있다. 가령, 사실에 대한 선택적 태도와 상대방에 대한 주관적 판단이 결합돼 현상유지국가를 현상변경국가로 혹은 그 반대

---

41 Michael Brecher and Jonathan Wilkenfeld, *A Study of Crisis*(Ann Arbor: The University of Michigan Press, 1997), p.3; Glenn H. Snyder and Paul Diesing, *Conflict among Nations: Bargaining, Decision Making, and System Structure in International Crises*(Princeton: Princeton University Press, 1977), p.7; Charles F. Hermann, "International Crisis as a Situational Variable," in *International Politics and Foreign Policy*, James N. Rosenau, ed.(New York: Free Press, 1969), p.414.

42 Richard C. Snyder, H. W. Bruck, Burton Sapin, "Decision-Making as an Approach to the Study of International Politics," in *Foreign Policy Decision-Making Revisited*, Richard C. Snyder et al.(New York: Palgrave Macmillan, 2002), pp.90-144.

로 잘못 범주화 할 수도 있다.[43] 이런 지적은 포괄적 합리성의 보조가정들이 합리성을 훼손시킬 개연성을 말해준다.

그럼에도 젠슨[Lloyd Jensen]의 다음과 같은 설명은 위기시 정책결정이 곧 비합리적이라는 가설의 문제점을 지적하고 있다. 위기시 외교정책결정의 특징 중 하나는 결정이 행정부, 그 중에서도 고위 관료들에게 더 많은 권한이 주어진다는 점이다. 위기 상황에서 외교정책 결정과정은 보다 집중화 될 필요가 높기 때문이라 말한다. 물론 위기는 시간 제약과 스트레스를 초래해 합리적 정책결정에 부정적 영향을 미칠 수도 있다.[44] 그러나 특정 상황과 관계없이 최고 결정자의 스타일과 정책 결정구조-집단사고, 공개성, 책임성, 적응성 등-가 결합하는 방식에 따라 상황에 대한 판단과 대처는 달라질 수 있다.[45] 요컨대, 외교정책에 영향을 미치는 상황적 요소는 그 자체로도 중요하지만 보다 핵심적인 점은 정책결정자들이 주어진 상황을 어떻게 규정하느냐의 문제와 관련된다.[46]

본 연구 사례는 앞에서 제시한 위기 규정에 부합한다. 따라서 한국

---

43 James M. Goldgeier and Philip E. Tetlock, "Psychology and International Relations Theory," *Annual Review of Political Science*, 4(2001), pp.67-92; Robert L. Jervis, *Perception and Misperception in International Politics*(Princeton: Princeton University Press, 1976).

44 로이드 젠슨 지음, 김기정 옮김, 『외교정책의 이해』(서울: 평민사, 1994), pp.142, 182-184.

45 Chollet and Goldgeier(2002), pp.163-164.

46 젠슨(1994), p.187.

정부가 위기시 정책결정에서 직면하게 될 상황 규정, 정보 판단, 대응체계 등은 외교정책 결정방식, 특히 그 합리성을 검증할 적절한 소재라 할 수 있다.

3) 양면게임

양면게임 이론은 국제정치이론들 가운데 자유주의 시각에 서 있다. 자유주의 시각은 현실주의 시각에 비판 도전하며 발전해왔다. 첫째, 현실주의 시각은 국가를 단일하고 독립적인 실체로 간주한다. 유명한 당구공의 비유다. 가령 대통령, 외교부장관, 통일부장관, 국가정보원장 등 주요 정책결정자들 사이의 경쟁이나 흥정, 혹은 청와대, 통일부, 외교부, 국가정보원 등 결정 조직의 표준행동절차나 조직이익이 단일한 국가의 합리적 국익 극대화 행위를 저해하지 않다고 가정한다. 그에 비해 자유주의 시각은 국가 단일성 테제를 비판하고 경쟁과 흥정, 조직 관행이나 이익 추구의 가능성을 열어놓고 있다.

둘째, 현실주의 시각은 국제정치에서 유일한 혹은 가장 중요한 행위자를 국가로 보는데 비해, 자유주의 시각은 국가를 중요한 행위자로 인정하면서도 기업, 전문가집단, 국제기구, 비정부기구 등 다른 행위자들도 중시한다.

자유주의 시각은 또 국제정치상의 문제영역들 issue areas 중에서 안보가 가장 중요하다는 현실주의의 가정에 이의를 나타내고, 문제영역들 사이에 위계란 없고 대신 그것들 사이의 상호의존이나 연계 현상에 주목한다. 이밖에도 일국의 외교안보정책 결정시 중요한 영향을 미치는 주요 요인으로 현실주의 시각은 대외적 측면을 꼽는 반면, 자유주의 시각은 대외적 측면만이 아니라 대내적 측면도 동시에 주목한다.

양면게임 이론의 기본가정은 어떤 사안이든 관련국들 사이에 협상이 전개될 경우 거기에는 국제정치와 국내정치가 동시에 작용한다는 것이다. 이 가정의 구성 요소들을 살펴보면 양면게임 이론이 자유주의 시각에 서있음을 재확인할 수 있다. 양면게임 이론의 기본 틀은 세 행위자로 이루어져있다. 자국의 협상단, 상대국(협상단과 청중), 자국 내 청중이 있다. 이때 자국의 협상단은 상대국 협상단과 협상하는 일면과 협상 결과를 국내에 비준하는 다른 한면을 동시에 갖고 있다. 협상 테이블에 각국의 협상단이 내놓는 협상안들은 국내 청중의 입장과 이익을 반영해 만들어진 것이지만, 그것은 협상 과정에서 수정 변형되고 타결된 결과는 협상단이 처음 취한 입장과 차이가 날 수 있다. 협상단은 국내 청중에게 협상 결과에 대한 이해를 구하고 국회 동의를 추진한다. 비준의 중요성과 어려움이 여기에 있다.

퍼트남$^{Robert\ Putnam}$은 양면게임 이론을 제안하면서 협상국들 사이의 공동이익을 도출하는데 윈셋$^{win-set}$이 중요하다고 했다. 윈셋은 협상 결과를 지지할 국내적 합의의 크기를 말한다. 그러면서 윈셋은 국내 집단의 선호와 이해, 그들 간의 제휴, 정치제도, 협상단의 전략에 의해 결정된다고 보고 두 가지 가정을 한다. 첫째, 윈셋이 크면 협상 타결 가능성이 높고, 둘째, 국내 윈셋의 상대적 크기가 공동이익 배분에 영향을 미친다고 가정한다. 양국의 윈셋이 커서 상호교차하는 부분이 크면 협상의 타결 가능성이 높아 국제협력이 증진될 것이다. 다만, 이때 윈셋에 영향을 주는 요인이 퍼트남이 말한 국내적 측면들만 있는 것은 아니다. 협상 상대국의 압력, 협상 당사국들이 다같이 연계되어 있는 다른 문제영역들을 둘러싼 이해관계, 관련 국제 제도와 여론 등과 같은 대외적 측면들도 윈셋의 형성에 영향을 줄 것이다.

퍼트남은 협상의 성공이나 국제협력을 예측하는 데는 윈셋으로만 어렵다고 보는데, 그 이유로 윈셋의 불확실성과 그에 따른 의도하지 않은 배신의 가능성과 그 반작용, 거기에 협상단과 국내 결정집단의 인지적 요소 등을 꼽는다. 그래서 그는 윈셋을 확대하거나 축소하는 식의 다양한 협상전술과 최고협상가의 역할을 통해 협상의 건설적인 재구성과 상호작용을 강조한다.[47] 본 연구는 이런 윈셋과 관련 협상전략을 통해 파병정책 결정과정을 분석하고 비교할 것이다.

3. 분석틀

이 연구의 주요 분석 대상은 박정희, 노무현 정부 시기의 베트남, 이라크 파병이고, 그 중에서도 가장 큰 논쟁을 불러일으킨 2차 이라크 파병 결정과정을 주요 사례로 삼을 것이다. 베트남 파병은 파병 결정 요인, 과정, 결과 등 각 측면에서 이라크 파병 사례와 비교 분석할 것이다.

이 책에서 다룰 파병 사례연구에 포함될 내용은 파병 결정요인, 결정과정, 최종 결정, 파병의 결과 등 크게 네 측면이 될 것이다. 그림 1은 이를 포함시킨 파병정책 결정 분석틀이다.

ⅰ은 파병 결정요인들로서 크게 대내외적 요인으로 나눠 생각해볼 수 있다. 대외적 요인으로는 파병 현지 상황, 한반도 안보 상황, 그리

---

[47] Robert D. Putnam, "Diplomacy and Domestic Politics: The Logic of Two-Level Games," *International Organization*, 42:3(1988), pp.417-460.

그림 1 파병정책 결정 분석틀

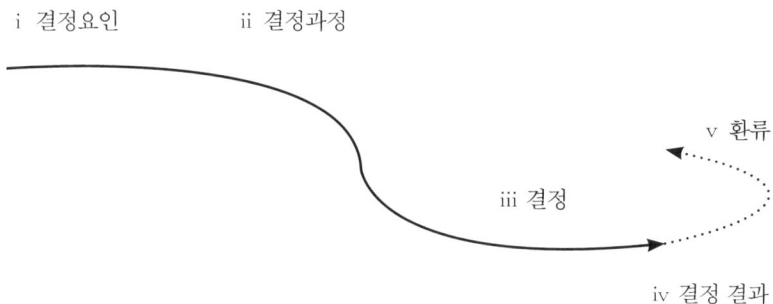

고 한미관계 등이 변수로 작용할 수 있다. 이라크 파병을 예로 들면 이라크 현지 상황과 북핵 위기를 핵심으로 하는 한반도 안보 상황, 그리고 한미관계 재조정 같은 요소들이 대외적 요인으로 꼽을 수 있다. 대내적 요인은 파병정책결정에 영향을 미치는 정부 요소와 사회적 요소를 말하는데, 정부 요소에는 정책결정방식에 영향을 미치는 최고지도자와 정치체제, 관련 정부 조직 등이 주목할 만하다. 그리고 사회적 요소도 파병 결정에 영향을 미칠 수 있는데 특히, 민주정치체제가 작동한 노무현 정부의 이라크 파병의 경우 여론과 파병반대운동도 대내적 요인으로 검토할 수 있다.

ii는 파병 결정과정으로서 윈셋, 상황 규정, 선택지 검토 등을 포함한다. 윈셋은 결정과정에서 객관적 요소로, 상황 규정은 결정집단이 취하는 주관적 요소로 각각 간주할 수 있다. 여기서 윈셋은 국회 동의를 포함해 파병을 지지하는 국내 합의의 총합으로 정의할 수 있다. 앞에서 말한 윈셋의 세 결정요인을 응용해 2차 이라크 파병 결정에 있어 윈셋의 결정요인은 1) 정부와 다양한 비정부 행위자들 사이의 파병 찬반 여론의 상대적 분포, 2) 파병 국회동의안 표결까지 다원주의 정치제도의 영향, 3) 북핵문제 등 한반도 안보에 있어 한국의 대미 의존, 4) 점진적인 대미 협상전략 수립 등으로 생각해볼 수 있을 것이다. 정부가 윈셋을 축소하거나 확대하며 대외 협상력을 높이려 할 수도 있다. 실제 대미 협상은 이라크 현지 상황과 국내의 뜨거운 여론으로 대단히 상황 의존적으로 전개되었다. 다음으로 상황 규정은 정책 결정집단이 직면한 대내외적 환경과 요인들을 결정(파병)과 연계 짓는 인식 행위를 말한다. 구체적으로 파병 결정시의 상황을 위기라고 한다면, 위기 상황이 주는 제약과 정책 결정집단의 정보 판단 및 의도를 포함하는데 한반도 위기 상황에 대한 한국 정부의 인식과 그 연장선상에서 파병문제를 접근하는 시각을 다룬다. 또 선택지 검토는 그런 주객관적 요소들의 조합의 결과, 현실 가능한 선택지들 가운데 최적의 결정을 진행하는 최종 결정과정을 말한다. 이론적으로 선택지에는 결정할 사안을 '결정하지 않는 것'도 하나의 방안이 될 수 있고 실제 파병반대여론이 높았기 때문에 이 방안도 다른 선택지들과 함께 검토해볼 필요가 있다.

　iii은 i 과 ii를 거쳐 이루어진 최종 선택지, 곧 구체적으로 결정된 파병정책을 말한다. 여기에는 파병 목표를 비롯해 파병의 성격, 임무, 규모, 시점 등이 포함된다. 물론 최종 선택지는 파병 결정과정에서 검토된 선택지들 중의 하나일 수도 있지만 몇 가지 선택지들의 조합일 수도 있다.

　iv는 결정 결과를 말하는데, 구체적으로 파병 결정과 실제 파병으로 한국 사회, 한미동맹, 한반도, 파병 현지 등에 미친 영향을 의미한다. 이들 가운데 파병이 미친 영향이 균일하지 않고 상대적으로 다를 수 있다. 그리고 위와 같은 일련의 파병 정책결정은 그 자체로 종결되지 않고 그 이후 파병 결정에 직간접적으로 영향을 미치는 환류$^{feed-}$

^back^ 현상(ⅴ)을 일으킬 수 있다. 이런 결과는 애초 파병 목적과 견주어 평가 작업이 이루어지는 근거가 된다. 말하자면 파병의 결과가 새로운 파병 결정과정으로 환류하는 출발이 될 수 있는 것이다. 이 책의 제Ⅶ부가 환류에 해당한다.

III

파병 결정요인

일반적으로 외교안보정책 결정요인은 크게 대외적 요인과 대내적 요인으로 논의할 수 있을 것이다. 이라크 파병과 베트남 파병의 결정요인도 대내외적 측면으로 나누어 추적해보고자 한다.

1. 대외적 요인

1) 파병 지역의 상황

2003년 3월 20일, 미국 조지 W. 부시$^{George\ W.\ Bush}$ 행정부는 후세인 정권의 인권 탄압과 대량살상무기 개발을 명분으로 이라크 공격을 감행하였다. 물론 미국의 이라크 공격은 9·11 테러와 그에 가담한 집단과 지원 세력에 대한 응징이 직접적인 계기로 작용하였다. 9·11 테러 1주년에 즈음한 2002년 9월 12일, 부시 대통령은 유엔 총회 연설에서 이라크가 테러조직 지원을 금지한 안보리 결의 1373호를 위반했고 알 카에다 조직원들이 이라크에 피신해 있다고 비난했다. 그리고 후세인 정권이 국민들을 억압해왔고, 일련의 안보리 결의를 위반하며 대량살상무기를 제조하고 있다고 주장했다. 9·11 테러 직후 부시 행정부는 반테러전을 선포하고(2001.10.7) 아프가니스탄을 침공해 2개월 만에 탈레반 정권을 붕괴시켰다. 부시 정부의 첫 번째 반테러전 대상은 아프가니스탄이었지만 이라크 공격 계획은 9·11 테러 직후부터 추진되었다.[1]

---

[1] 2001년 9월 13일 부시 행정부 내에서 이라크 침공 작전이 입안됐고, 9월 26일경 부시 대통령은 이라크 침공을 명령했고, 9월 29일 럼즈펠드 국방

부시 정부의 이라크 공격은 9·11 테러 외에도 많은 요인들이 작용했다. 미국이 중동 정세를 통제하는데 이용해왔던 후세인 정권의 효용이 떨어진 점, 미국 신보수주의 세력(네오콘$^{Neo-conservative}$)[2]의 군사력에 기반한 외교안보 독트린, 그리고 냉전 붕괴 이후 미국 내에서 증대된 반이슬람 정서 등이 복합적으로 작용하였다.

과거 미국이 1979년 이래 20여 년 동안 반미 이슬람 근본주의 세력이 집권한 이란을 견제하기 위해 후세인 정권에 정치적, 군사적 지원을 해온 점은 공공연한 사실이다. 그러나 냉전 해체와 함께 이란 내 온건세력의 등장, 그보다 결정적인 것은 후세인이 1990년 8월 미국의 우방 쿠웨이트를 침공하면서 워싱턴-바그다드 커넥션^{connection}이 붕괴됐다는 점이 크게 작용하였다.

미국 신보수주의 세력은 1970년대 후반 미국의 국제적 지위 하락을 배경으로 군사력 강화와 이분법적 세계관을 결합시켜 미국의 패권 재확립을 기치로 내건 강경세력이다. 이들 세력은 1980년대 레이건 정

장관이 전쟁 계획을 검토했다. 이근욱, 『이라크 전쟁: 부시의 침공에서 오바마의 철군까지』(파주: 한울아카데미, 2011), p.85. 이하 이라크 전쟁에 관한 사실은 특별한 언급이 없는 한 위 이근욱 책과 언론보도에서 가져온 것이다.

2 1970년대 미국의 달러화 약세, 유럽, 일본, 제3세계의 국제무대 진출, 그리고 카터 행정부의 인권외교에 대한 비판 등을 배경하고 '강력한 미국 재건'을 기치로 질서, 권위, 안보 등을 강조한 우익 정치사상을 지닌 정치세력을 말한다. 1980년대 레이건 행정부 때 미국 외교안보정책에서 구현돼 국제정치에 영향을 미치기 시작했다. 자세한 논의는 백창재, "미국 신보수주의 분석," 『국가전략』, 제9권 3호(2003), pp.83-101을 참조.

부때 외교안보정책의 주요직을 수행하며 냉전을 승리로 이끈 경험과 자부심이 있다. 미국에서 신보수주의세력의 두 번째 전성기는 조지 W. 부시 정부의 외교안보정책을 주도한 때다. 이들은 부통령, 국가안보보좌관, 국방부 (부)장관 등 외교안보정책의 요직을 장악해 일방주의 노선을 공식화하고 9·11 이후 반테러전을 주도하게 된다. 그 제일 대상으로 후세인이 꼽힌 것이다. 1998년 10월 하순 제정된 '이라크해방법', 2002년 1월 부시 대통령의 연두회견에서의 '악의 축' 언급, 2002년 초 공개된 핵선제공격 독트린을 천명한 '핵태세보고서[NPR]' 등이 모두 이라크 후세인 정권을 겨냥하고 있었다. 물론 이라크 국민들은 1차 걸프전 이후 미국 주도의 경제 제재로 생계와 안전이 극도로 위협에 처해진 상태였다.[3]

2003년 3월 20일 오전 5시 30분(이라크 현지 시각), 미군의 바그다드 공습과 지상군 진격이 동시에 진행되면서 이라크전이 시작됐다. 이라크전은 후세인 정권과 아랍세계는 물론 세계적으로도 '충격과 공포'를 가져다주었다. 모래폭풍이 일어나고 이라크군의 간헐적 저항이 있었지만, 미군은 3월 31일 나자프를 점령해 바그다드를 공격할 도로를 확보했다. 4월 1일부터 두 개의 전선을 이용하며 압도적인 화력에 기만술을 곁들여 전투 시작 2주가 지난 4월 4일 바그다드 공항에 미 3기갑사단 병력이 진입했다. 이때 이라크 정규군의 저항은 미미했고 주로 후세인의 민병대 병력만이 저항했는데, 바그다드 외곽 고속도로에서 벌어진 양국간 전차전은 5분만에 미국의 승리로 끝났다. 4월 5일과 7

---

3 노엄 촘스키· 하워드 진 외 지음, 김수현 옮김, 『미국의 이라크 전쟁: 전쟁과 경제 제재의 참상』(서울: 북막스, 2002).

일, 미군의 바그다드 시가지에 대한 전투정찰 후 후세인정권의 군사력은 거의 소멸했고 그의 허수아비 집권당이었던 바트당은 괴멸했다. 4월 9일 바그다드 중심에 위치한 후세인 동상이 파괴됐다. 그때부터 광범위한 약탈이 자행됐다. 여성과 어린이들이 대거 약탈에 나섰고 그런 이유로 미군이 무력을 사용할 수 없었고, 그래서 약탈은 길어졌고 후세인정권 하의 모든 행정 자료들이 사라졌다. 약탈이 진행되던 4월 16일 미 중부군사령관 프랭크스Tommy Franks는 1개 사단만 주둔시키고 미군 철수 계획을 백악관에 요구했다. 5월 1일 부시 대통령은 페르시아만에 정박한 미 항공모함 에이브러햄 링컨호에서 '임무 완수'를 선언했다. 완벽한 승리였다. 그러나 그것은 전투에서의 승리였다. 새로운 전쟁이 기다리고 있었는데 부시 정부는 그것을 예측하지 못했다.

　미국의 이라크 공격에서 바그다드 점령까지 신속하게 이루어졌다. 1개월도 걸리지 않았다. 거기에는 미군의 압도적 화력은 물론 후세인정권을 표적으로 한 전술이 작용했기 때문이다.[4] 미군은 전사 139명, 부상 548명으로 후세인 정권을 붕괴시켰다. 그러나 이근욱은 앞에서 소개한 책에서 미국의 이라크 공격은 낙관론과 비관론이 기묘하게 조합된 결과였다고 평가한다. 후세인정권의 대량살상무기 제조와 그것을 이용한 사우디아라비아 공격과 핵 확산 위험이 비관론이다. 여기서 출발해 후세인을 축출할 전쟁이 필요하고 이 전쟁은 쉽게 끝나고 이라크 국민들이 미군을 해방자로 환영할 것이고, 군정을 시행할 필요 없이 민주주의가 수립될 것이라는 전망이 낙관론을 이룬다. 물론 그런 낙관론과 비관론은 잘못된 정보와 판단에 의한 지독한 조합으로 드러

4　후세인 체포는 2003년 12월 14일 이루어졌다.

났다는 것이다.

이라크 공격 계획은 철저히 럼즈펠드Donald Rumsfeld 주도의 국방부를 비롯한 네오콘들에 의해 추진되었다. 1차 걸프전의 영웅 파월Colin Powell이 이끄는 국무부는 이라크 공격 계획과 전후 안정화 계획에 완전히 배제됐고 백악관의 국가안보보좌관실NSC도 발언권이 제한적이었다. 협상 및 외교적 명분 축적을 위한 검토를 주장한 국무부와 군사작전에 대한 낙관론에 신중한 자세를 요구한 군부의 태도는 묵살 당했다. 군부가 제출한 4단계 계획 중 4단계 '전후 작전' 계획은 묵살당했다. 국방부 산하에 창설된 재건·인도지원처ORHA는 점령 행정권한을 부여받지 못한 채 중부군사령부와 갈등을 빚었다. 럼즈펠드 국방장관과 파월 국무장관 사이의 경쟁의식도 작용하였다. 네오콘의 주관과 신념으로 미국은 전쟁의 현실을 오판했고 전투 후 정세를 예측하지 못했다. 미국의 이라크 침공은 그 명분과 달리 베트남 전쟁 이후 가장 명백한 '더러운 전쟁'이었다. 그래서 그 침공에 동참한 영국, 한국을 비롯한 미국의 동맹국 및 우방국들도 비판에서 자유롭지 못했다. 그럼에도 불구하고 한국의 입장에서 9·11 테러를 당한 미국이 반테러전쟁을 전개하며 파병을 요청하는데 파병 자체를 무시할 수 있었는지는 의문이다. 여러 대내외 요인들이 복합적으로 작용하고 있었기 때문이다.

전투 승리 후 미군은 난관에 처했다. 임시정부를 구성할 행정이 완전히 마비되었고, 후세인 정권 하에서 억압당해온 시아파 주도의 재건정책으로 수니파계 이라크인들로부터 저항이 일어났다. 이미 3월 29일 나자프에 위치한 미군 검문소가 자살폭탄 공격을 받았고, 4월 28일 팔루자에서 일어난 반미시위대에 미군이 발포해 민간인 17명이 사망하고 70명 이상이 부상당했다. 그런 상황에서 단기 점령정책을 추진했던 부시 정부는 이라크 점령 행정에 필요한 자원을 투입하지 않았고 점령에 필요한 예산도 충분히 확보하지 않았다. 프랭크스 사령관이 요청한 5만 명 추가 병력배치도 취소됐다. 재건·인도지원처를 대체한 연합군임시행정청이 4월 21일 창설됐지만 책임자 교체를 겪으며 점령정책이 가닥을 잡지 못했다. 신임 브레머Paul Bremer 청장이 바그다드에 부임할 때 군사기능 대행회사의 호위를 받아야 하는 상황이었다. 유엔 안전보장이사회의 결의 없이 단행된 미국의 이라크 침공 이후 연합군(미국과 영국군)의 임시행정청 설치가 단행됐는데, 5월 22일 안보리 결의 1483호가 행정청 설치를 사후 추인했다.

연합군임시행정청이 전개한 일련의 후세인 세력 청산 작업은 수니파의 저항을 불러일으켰고, 초기의 단기점령정책에서 장기점령정책으로의 전환은 시아파의 반발을 샀다. 그리고 2003년 7월 13일 수립된 시아파 주도의 이라크통치위원회의 후세인 정권 동조세력에 대한 특별재판소 설치는 시아파와 수니파의 갈등을 부추겼다. 미군 주도의 연합군 진영은 단기적인 전투 승리 후 장기적인 전쟁의 늪으로 빠져들고 있었다. 미국의 예측을 명백히 벗어나는 상황 전개이었기 때문에 홀로 대응하기 어려웠다. 미국이 한국을 포함해 동맹 및 우방국들에게 전투병 파병을 요청하기 시작한 때가 이때다.

2003년 늦여름부터 이라크의 치안 상황은 다시 악화되기 시작하였다. 8월 19일 이라크 주재 유엔대표부가 자살폭탄 공격을 받아 유엔사무총장 특사를 포함한 22명이 사망하고 10여 명이 부상했고, 29일에는 나자프에서 이슬람의 정신적 지도자 알하킴이 폭탄공격으로 희생되었고, 10월 26일에는 월포위츠Paul Wolfowitz 미 국방부 부장관이 투숙한 바그다드의 한 호텔이 로켓공격을 받아 1명의 미군장교가 사망하고 17명이 부상했다. 이라크는 미군, 수니파, 시아파 간의 삼면 전쟁이 시작되었다. 미군은 사상자를 대체하고 심리적 지지를 끌어내기 위해서는 타국의 병력을 필요로 했다. 과거 베트남 전쟁에 동맹국들의 파병을 요청했던 것처럼 말이다.

베트남 전쟁은 베트남인들의 프랑스 식민통치에 대한 민족해방투쟁과 뒤이은 미국의 반공 분단전략에 반대한 통일독립투쟁을 말한다. 1954년 7월 21일 타결된 제네바 평화협정은 프랑스 식민통치 종식과 베트남 통일독립국가 건설을 위한 총선거를 명시하고 통일 베트남은 외국과 군사협정을 체결하지 않는다고 밝히고 있다. 반식민투쟁 과정에서 공산주의자 호치민胡志明의 지도력은 널리 퍼져갔다. 제네바협정 체결 이후 호치민은 북베트남을 기반으로 통일 베트남 건설을 위한 자유 총선거를 주장했지만 미국의 분단 구상에 의해 거부당했다. 미국은 공산화의 도미노Domino를 예방한다는 명목 하에 제네바 협정을 위반하고 1955년 10월 23일, 남베트남 지역만의 투표를 실시해 친미반공 응오딘지엠 정부를 수립하고 이 정부와 군사협정을 맺는다.

한편, 남베트남에서는 딘지엠 정부의 부패와 반통일노선에 반대하는 광범위한 정치세력이 1960년 12월 20일 남베트남민족해방전선(일명 베트콩Viet Cong)을 결성해 무력투쟁을 전개하기 시작한다. 이어 북베트남과 베트콩이 일방이 되고, 딘지엠 정부가 다른 일방이 되어 내전이 발생한다. 딘지엠 정부는 부패, 토지개혁 실패, 민주개혁 세력과 불교계 탄압 등으로 인해 내전을 초래하고 결국 1963년 11월 군사 쿠데타에 의하여 붕괴한다. 그런 과정에서 남베트남 주둔 미 공군 비행장도 공격을 받게 되자, 미국은 기지 방어를 위해 지상 전투부대를 파병하였다. 1965년 3월 8일 3,500명의 미 해병대가 파병되었다. 그 이전인 1964년 8월 미국은 통킹만 사건[5]을 구실로 베트남전에 깊이 개입함으로써 전쟁은 내전에서 국제전으로 확대되었다. 이미 미국 존슨 Lyndon Johnson 정부는 군사개입을 준비하며 1964년 4월 23일 베트남에 대한 지원을 동맹·우방국들에게 요청했고, 한국은 그해 5월 9일 존슨 대통령이 남베트남 지원 방안을 검토해줄 것을 요청하는 서한을 접수했다.[6]

미국의 입장에서 베트남 상황은 공산화 위협이 점점 뚜렷해보였고, 중국 공산화에 이어 그것은 동남아시아 전역으로 공산화가 확산될 징후로 보였다. 당시 풍미했던 도미노 이론은 미 정부 관리들만 주장했던 이야기가 아니었다. 딘지엠 정부 붕괴와 베트남 내전이 한창이던 1964년 중반경 〈뉴욕타임스 New York Times〉의 논설은 "만약 라오스와 남베트남이 공산주의자들에게 함락된다면 그 다음 차례는 캄보디아, 타이, 미얀마로 파급될 것이고, 거의 1억 1,500만 명의 인구를 가지고 있는 말레이시아와 필리핀도 순식간에 붕괴될 수 있다"고 언급한다.[7] 도미노 이론의 현실화 위험을 저지하기 위한 미군의 희생도 적지

---

[5] 1964년 8월 2일과 4일, 베트남 통킹만 해상에서 미 해군 구축함 USS 매독스함이 북베트남 해군의 어뢰정 공격을 받아 교전이 일어났는데, 미국은 이 사건을 계기로 북베트남에 대한 대대적인 공습, 즉 북폭을 단행하고 본격적인 지상전을 전개한다. 북베트남 해군의 어뢰정 공격이 먼저 있었는지는 의문으로 남아있다.

[6] 국방부 군사편찬연구소, 『한미동맹 60년사』(서울: 국방부 군사편찬연구소, 2013), p.93.

[7] 마이클 매클리어 지음, 유경찬 옮김, 『베트남: 10,000일의 전쟁』(서울: 을

않았다. 1961년 1월부터 1965년 7월까지 베트남에서 561명의 미군이 전사했고, 1965년 8월부터 그해 말까지는 808명으로 급속히 증가했다. 그런데 전세는 20년 전 프랑스가 베트남을 다시 점령했을 때와 달라진 것이 거의 없었다.[8] 존슨 정부는 더 많은 동맹국의 깃발이 절실했다.

한국의 입장에서 위기에 빠진 동맹국의 파병 요청은 선택이 아니라 필수로 보였다. 박정희 정부는 노무현 정부와는 다른 맥락에서 역설에 빠져 있었다. 절대적인 대북 억지기능을 하고 있는 주한미군을 묶어두기 위해 파병을 해야만 하는 역설 말이다. 나아가 박정희 대통령이 파병을 적극 추진하는 데에는 한반도 안보 상황과 함께 대내적 요소도 함께 작용하였다.

2) 한반도 안보 상황

이어서 한반도 안보 상황을 둘러싸고 두 파병 사례를 비교해보자. 2001년 집권한 부시 행정부는 미국의 외교안보정책 기조를 현실주의적 국제주의로 잡았다. 부시는 대통령 선거 유세과정에서 클린턴Bill Clinton 정부의 외교안보정책인 '관여와 확산Engagement and Enlargement' 정책을 비판하고 미국의 국익 실현을 위해 '힘에 기초한 외교'를 천명했다. 따라서 부시 정부는 미국의 이익 달성을 위해서는 이해가 교차하는 상대국과의 대등한 협의나 국제기구를 통한 관여보다는 미국이 세운 기준과 접근방식을 관철하려는 일방주의unilateralism를 선호했다. 한편, 부시 정부는 세계 주요지역에서 미국의 정책을 집행해 나가는데 있어

유문화사, 2002), p.248.
8 위의 책, p.253.

서는 해당 지역의 동맹국들과 협력해 나갈 것이라고 밝혔다.[9] 미국의 동맹세력은 유럽에서는 북대서양조약기구^{NATO} 회원국들이고, 아시아 태평양에서는 한국과 일본, 대만, 호주, 싱가포르 등이다. 요컨대, 부시 정부의 세계전략은 압도적인 군사력과 일방주의 노선에 기반한 양대전쟁전략과 대량살상무기 반확산 전략으로 구성되는데, 그것은 대화와 제재는 물론 선제공격, 적국 점령 및 정권교체도 정책수단으로 하고 있는 호전적인 신롤백^{rollback}정책이라 할 수 있다.[10] 그 연장선상에서 부시 행정부의 주요 정책결정집단, 특히 외교안보 분야에서 네오콘 중심이라는 점과 9·11 테러의 충격, 그리고 부시 대통령의 기독교 근본주의적 성향이 어우러져 부시 행정부는 이슬람권과 소위 '불량국가'에 대한 적대감과 호전적 태도를 숨기지 않았다.

　대한반도 정책에서도 전임 정부와 부시 정부는 큰 차이를 보였다. 전임 클린턴 정부와 달리 부시 정부는 2000년 남북정상회담 개최를 북한의 '전술적 선택'의 결과로 보았다. 북한은 남북관계 개선 없이 직접적인 북미관계 개선이 불가능하다는 학습과 경제난을 해결하려는 현실적 필요에 따라 남북정상회담을 수용한 것으로 보았다. 나아가 북한은 남한에 접근해 경제난 해결을 모색함과 동시에 남북화해 분위기를 이용하여 자신의 대량살상무기 포기를 목표로 한 '페리 프로세스'

9　특히, 미국의 외교안보정책 대강을 밝힌 부시대통령의 국방대학 연설을 참조. "Remarks by the President to Students and Faculty at National Defense University," May 1, 2001. http://www.presidency.ucsb.edu/ws/?pid=45568(검색일: 2016.10.17).

10　서재정, "이라크 전쟁 이후 미국의 세계전략-봉쇄에서 신 롤백으로," 한국인권재단 주최 2003 평화회의(2003. 8.22-25 서귀포) 발표문.

를 약화시키려는 의도에서 정상회담을 활용했다는 것이다.[11] 공화당 정권의 이같은 평가는 이후 전개된 일련의 남북관계 개선 양상을 남북대화의 진전이라는 긍정적 이해 속에서도 북한체제의 개혁개방과는 거리가 먼 것이라는 해석과 연결된다. 특히, 미 공화당측은 6·15 남북공동선언에서 군축 등 한반도 평화정착과 관련한 언급이 없는 점에 주목하고, 그런 측면에서 일련의 남북대화에도 불구하고 한반도의 군사적 긴장은 약화되지 않고 있다고 파악했다. 그리고 부시 정부는 악의 축, 핵태세보고서, 국가안보전략보고서^{NSS}에 북한을 언급하며 선제핵공격 대상에 북한을 포함시켰다.

강경한 방향으로 선회한 미국의 새로운 한반도 정책으로 남북관계는 도전에 직면한 것이다. 특히 북핵문제에 있어 부시 정부의 일방주의적 접근은 대화를 보상으로 간주하고 나아가 한반도 정세를 위기로 밀어넣는 듯 했다. 워싱턴에서는 후세인 다음은 김정일이라는 소문이 돌았다.

부시 정부 등장 이후 북미관계도 전환점을 맞이했다. 1994년 10월 21일 북미 간 기본합의$^{Agreed\ Framework}$ 채택 이후 진행되던 북핵동결 및 경수로 프로젝트가 좌초 위기를 맞이했기 때문이다. 취임 6개월이 지난 시점에서 부시 대통령은 "포괄적 대북 접근"을 천명하면서, 대북협상 의제로 "북한의 핵 활동과 관련한 북미 간 기본합의의 개선, 북한의 미사일 개발에 대한 검증가능한 제한과 수출 중단, 그리고 재래식 군사 태세의 위협 축소" 등 광범위한 사안을 거론했다.[12] 부시 정부의

---

11 김성한, "미국 부시 행정부의 대한반도 정책," 2001년 한국정치학회 춘계 학술회의 발표논문, 2001년 4월 14일.

12 "Statement by the President," June 6, 2001," https://georgew-

대북정책은 전임 정권의 그것과 단절하고 새로운 접근을 시도하는 것이었다. 엄격한 접근 방식이나 포괄적인 의제 범위 등을 볼 때 제네바 기본합의 이행에 대한 강한 불신은 그에 비례하는 북한의 반발을 초래할 것이 쉽게 예상됐다. 거기에는 부시 정부의 부정적인 대북 인식과 일방주의적 외교안보정책 기조가 반영돼 있었다. 물론 북미 양국은 9·11 테러 직전까지 뉴욕 접촉 채널을 유지했고, 9·11 이후 북한은 국제반테러협약에 추가 가입할 방침[13]을 표명하며 미국과의 관계 개선을 희망했다. 그렇지만 상황은 여의치 않았다. 제네바 기본합의 이후 전개될 북한의 핵동결 대 대북 '소극적 안전보장'[14] 및 경수로 제공, 핵폐기 대 관계정상화 공약이 도전을 받기 시작한 것이다.

 대통령을 비롯한 부시 정부 정책결정자들의 북한 및 북한의 최고지도자에 대한 적대적 언사, 그리고 미국의 아프가니스탄, 이라크 침공으로 북한의 대미 위협인식은 최고조에 달했다. 북한의 입장에서는 화난 세계 유일 초강대국에 무릎을 꿇거나 전례 없는 자위 수단을 개발하는 길, 그 둘 중에서 택일해야만 하는 중대국면에 직면한 것이다. 제네바 합의 이행 프로세스는 그렇게 사멸해갔다. 새롭게 조성된 위기를 넘을 수 있을까, 그것을 넘어 새로운 대화의 틀을 만들어낼 수 있을

---

 bush-whitehouse.archives.gov/news/releases/2001/06/20010611-4.html(검색일: 2016.10.17)

13 북한 외무성 대변인은 2001년 11월 3일 '테러자금조달억제에 관한 국제협약'과 '인질억류방지에 관한 국제협약'에 가입하기로 했다고 밝혔다. 「조선중앙통신」, 2001년 11월 3일.

14 핵보유국이 비보유국을 공격하지 않는다는 규범을 말한다.

까? 예측이 허용되지 않는 오리무중의 한 가운데로 한반도는 빠져들어갔다.

아프가니스탄 침공 이후 부시 정부는 이라크 침공을 준비하였다. 반테러리즘을 명분으로 한 미국의 일방주의 노선이 국제정세를 주도하고 있는 가운데 2002년 10월 3-5일 켈리$^{James\ Kelly}$ 미 국무부 동아태 차관보가 북한을 방문했다. 부시 대통령 취임 이후 뉴욕 유엔 대표부를 통해 양국간 비공식 실무접촉이 간헐적으로 있었지만, 미 고위인사의 평양 방문은 처음 있는 일이었다. 그러나 상호 불신과 의심 속에서 힘겹게 진행되던 접촉은 북한의 '핵개발 시인' 파문으로 양국은 대화국면을 조성하지 못하고 외교적 공방을 계속하였다.

부시 정부는 켈리 차관보의 방북 이후 북한 핵문제에 대하여 두 가지 입장을 제시하고 임기가 끝날 때까지 이 입장을 일관되게 유지하였다. 그것은 첫째, 북한이 모든 핵프로그램을 완전하고 검증가능하고 비가역적인 방식으로 해체^{CVID}해야 한다는 입장이었다. 미국은 만약 북한이 이 요구에 행동으로 답할 경우 양국관계의 정상화를 향한 "과감하고 새로운 접근"을 모색할 준비가 되어 있다고 밝힌 바 있다.[15] 둘째, 미국은 북미 불가침조약 체결 등 북한의 대미 직접 협상 요구를 일축하고 북핵문제의 해결을 일단 외교적으로 모색하지만 그것을 다자적인 방식으로 접근한다는 입장이었다. 부시 정부는 북핵문제를 다자적 틀로 접근하는 이유로 먼저, 북핵문제를 영변의 플루토늄 핵시설에

---

15 Richard L. Armitage, "Weapons of Mass Destruction Developments on the Korean Peninsula," Testimony before the Senate Foreign Relations Committee, February 4, 2003.

제한해서 타협을 모색해온 클린턴정부의 대북정책에 한계가 있고, 둘째, 북핵문제는 핵확산금지조약(NPT)의 적용과 국제사회의 관심을 받는 국제적 문제이며, 셋째, 북한의 핵개발은 동북아의 안정에 직접적인 위협이 되기 때문에 주변국들이 북한의 핵개발 저지에 동참해야 하고, 넷째, 북미 간 핵협상은 북한의 배신과 다른 핵개발 희망 국가들에게 잘못된 신호를 줄 가능성 등을 들었다.[16] 여기에 부시 정부의 국방 당국이 비록 양대전쟁 동시승리전략을 제시했지만,[17] 광범위한 반테러전쟁을 전개하는 현실에서 북핵문제를 미국이 단독으로 대처하는 데는 역부족이었던 점도 작용했다. 클린턴 정부 2기까지 미국과 중국은 비교적 원만한 관계를 유지해왔고, 부시 정부 들어서는 9·11 이후 반테러전 국면에서 중국은 미국에 협력하지 않을 수 없는 상황이었다. 결국 부시 정부의 북핵문제에 대한 다자 접근은 사실은 중국에 북핵문제를 일시 아웃소싱(outsourcing) 하는 것에 다름아니다는 분석이 나왔다.[18]

---

16 James A. Kelly, "Regional Implications of the Changing Nuclear Equation on the Korean Peninsula," Testimony before the Senate Foreign Relations Committee, March 12, 2003.

17 The U.S. Department of Defense, "Quadrennial Defense Review Report," September 30, 2001.

18 소위 2차 북핵 위기의 등장과 6자회담의 전개에 관해서는 송민순, 『빙하는 움직인다: 비핵화와 통일외교의 현장』(파주: 창비, 2016); 이우탁, 『오바마와 김정일의 생존게임』(서울: 창해, 2009); 후나바시 요이치 지음, 오영환 옮김, 『김정일 최후의 도박』(서울: 중앙일보 시사미디어, 2007); 이수혁, 『전환적 사건: 북핵문제 정밀분석』(서울: 중앙북스, 2005); Mike

부시 정부의 이와 같은 대북 핵정책에서 유의할 점은 북핵문제에 대한 미국의 외교적 접근이 반드시 평화적 해결을 의미하지는 않는다는 점이다. 이와 관련하여 부시 정부는 북한과 대화할 수 있지만 협상은 하지 않는다는 입장을 여러 차례 밝혀왔다. 이 때문에 일부 전문가들 사이에서는 미국의 대북 핵외교가 북한의 핵포기를 위한 압박수단의 하나일 뿐만 아니라 군사행동으로 가는 정당화 과정이 아니냐는 우려 섞인 분석을 내놓기도 했다. 이런 의혹은 미국의 이라크 공격으로 증폭되었으며, 실제 미국은 북핵문제 해결을 위해 다자회담 외에도 북핵문제의 유엔 안전보장이사회 회부, 대량살상무기 확산방지 구상PSI을 통한 봉쇄, 선제공격 등 다양한 옵션을 갖고 있었다.

부시 행정부는 북한의 핵개발을 비난하며 핵사찰을 요구하였고 북한은 반대했다. 북한은 부시 정부의 '악의 축' 발언과 '선제핵공격' 독트린에 자국을 포함시킨 것에 대해 "사실상의 선전포고", "미국과의 모든 합의 전면 재검토"로 반발했다. 켈리의 방북 이후 미국이 북한의 고농축우라늄HEU 개발 의혹을 표명하자, 북한은 선 핵포기 거부와 북미 평화조약 체결 주장으로 응수했다. 2002년 11월 한반도에너지개발기구KEDO 집행이사회와 국제원자력기구IAEA 이사회가 북한에 고농축 우라늄 등을 이용한 핵개발을 포기하라고 요구하자, 북한은 12월 12일 핵동결 해제를 선언하고 이어 일련의 해제 조치[19]를 단행한 후, 27

    Chinoy, *Meltdown: The Inside Story of the North Korean Nuclear Crisis*(New York: St. Martin's Press, 2008); Chalrles L. Pritchard, *Failed Diplomacy: The Tragic Story of How North Korea Got the Bomb*(Washington, D.C: The Brookings Institute, 2007) 등을 참조.

19 5MW 원자로, 핵연료 제조 공장, 영변 8,000여 개의 사용후 핵연료봉 저

일에는 3명의 IAEA 사찰단원을 추방한다고 발표했다. 이에 12월 29일 미국이 대북 '맞춤형 봉쇄' 정책(정치·경제 제재)에 돌입한다고 밝히고, IAEA 특별이사회가 2003년 1월 6일 북한에 HEU 핵개발계획에 대한 해명과 핵동결 원상회복을 촉구하는 결의안을 만장일치로 채택했다. 북한은 그에 응하지 않고 1월 10일 NPT 탈퇴를 선언하고, 다음날 미사일 시험발사 재개 계획을 발표한다. 2차 북핵 위기가 본격화된 것이다.

2001년 부시 행정부 출범시 한국은 김대중 정부 4년차였다. 김대중 정부는 부시 정부의 북핵정책에 우려를 갖고 있었다. 미국이 북한을 핵선제공격 대상으로 삼은 '악의 축'에 북한이 포함되어 있는 마당에, 미국이 표현하는 북핵문제의 외교적 해결이 곧 평화적 해결을 뜻하는 것이 아닐 수 있었기 때문이다. 북핵문제의 평화적 해결을 위해 북미 적대관계를 개선하려는 한국정부의 중재자 역할은 여기서 비롯된 개념이다. 부시 대통령은 김대중 정부의 요청을 반영해 북한을 공격할 의사가 없다, 북핵문제를 평화적으로 해결하겠다고 말하기도 했다.

그렇지만 HEU를 이용한 북한의 핵개발 의혹과 북한의 NPT 탈퇴는 부시 정부의 세계전략에 강력한 도전으로 다가갔고, 미국의 새로운 외교안보정책을 적용할 정확한 사례로 판단됐다. 당시 부시 대통령과 파월 국무장관, 럼즈펠드 국방장관을 포함한 고위 인사들은 북한에 대한 응징을 공공연히 언급하기 시작한다.[20] 2차 북핵위기에 직면해 부

장시설, 방사화학실험실(재처리시설) 등에 대한 봉인 및 감시 카메라 제거를 말한다.

20 북한의 핵동결 해제 조치가 진행 중이던 2002년 12월 23일 김대중 대

시 정부는 북핵문제를 유엔 안보리 등을 활용해 외교적 압력을 가하는 한편, 위에서 언급한 이유들로 다자적 접근도 모색한다. 북한은 미국의 압력을 강력히 비난하면서 처음 다자회담을 배격하다가 조건부 수용으로 돌아섰다(2003.4.12). '바그다드 효과' 때문이다. 김정일 정권은 미국의 이라크 공격 이후 이라크 국민들이 후세인 동상을 무너뜨리고 급기야 후세인이 미군에 추격당하는 것을 목도하였다. 미군이 전투를 마무리한 직후인 2003년 4월 18일 북한 외무성 대변인은 3자회담 참여를 공식 확인하면서 이라크 전쟁이 "강력한 물리적 억제력이 있어야 한다는 교훈을 주고 있다"고 언급했다. 심각한 위협인식을 숨기지 않으면서 북한은 대화와 핵개발의 양면전술을 시사한 것이다.

2차 북핵 위기와 이라크 전쟁의 파급효과는 한반도 정세를 급속도로 악화시켜 한반도 전쟁위기론을 만들어낼 정도였다. 그런 상황에서 미국은 이라크 공격을 앞두고 2002년 11월 전 세계 50여 동맹·우방국들에게 이라크 공격에 대한 지원 의사를 문의하였다. 임기 말에 있던 김대중 대통령은 즉각 화답하지 않고 미국의 요청을 차기 정부에 넘겼다. 2003년 2월 25일 출범한 노무현 정부는 난관에 직면했다. 그

통령과 노무현 대통령 당선자가 북핵문제에 관한 대책을 논의할 때, 럼즈펠드 미 국방장관은 "이라크와 북한에서 전쟁을 동시에 수행하는 것이 가능하다"고 언급했다. 2003년 1월 28일 부시 대통령은 국정연설에서 "북한 등 3개 국가는 탈법 정권(Outlaw Regime)이다"고 주장하며 "북한의 핵 위협에 굴복하지 않겠다"고 언급했다. 2월 6일에는 파월 국무장관이 대북 침공의사는 없지만, 어떠한 군사적 선택도 배제되지는 않는다고 북한에 경고했고, 다음날에는 부시 대통령이 다시 북한에 군사적 행동도 고려하고 동시에 평화적 해결 노력도 지속하겠다고 언급했다.

첫 무대가 한미 정상회담이었다. 노무현 정부로서는 파월 국무장관의 발언처럼 "이라크 다음은 북한"이 되지 않도록 해야 하는 절체절명의 과제를 안고 대통령 선서를 했고, 그런 마음으로 워싱턴을 향했다. 그는 대통령 후보 유세 기간에 미국에 할 말은 하겠다며 자주적 태도를 보이기도 해 첫 워싱턴행은 결코 녹록치 않았다.

한편, 박정희 정권의 베트남 파병은 북한의 도발과 미묘한 상관관계에 놓여 있었다. 1964-66년 사이 네 차례에 걸쳐 한국군은 도합 5만 명에 가까운 병력을 베트남에 보냈다. 한국군의 파병으로 주한미군을 묶어두어 대남 억지력을 유지하려는 방책은 효과를 보는 것 같았다. 그러나 악화되는 베트남 전황은 한반도에 불리하게 작용하였다.

김일성은 1966년 10월 제2차 노동당 대표자회의 등을 통해 호치민 지원 의사를 공공연히 나타내는 한편 "우리 세대 안의 통일", "남조선 혁명"의 실현을 공언하였다. 북한은 실제 베트남에 군사적 지원을 단행하는 한편,[21] 대남 도발을 강화하는 방식으로 김일성의 공언을 증명하려 했다.[22] 결국 박 정권이 추진한 파병을 통한 주한미군의 대북 억지력 유지 전략은 심각한 한계를 드러낸 것이다. 박정희 정부로서는 파병에 상응하는, 혹은 그보다 더 큰 대가를 요구할 필요가 있었다. 한국은 미국의 요구에 응하는 대신 미국의 군사원조 증대와 대한 안보공

---

21 이신재, 『북한의 베트남전쟁 참전』(서울: 국방부 군사편찬연구소, 2017).
22 홍석률, "위험한 밀월: 박정희-존슨 정부 시기," 『역사비평』 편집위원회 엮음, 『갈등하는 동맹: 한미관계 60년』(서울: 역사비평사, 2010), pp.56-57.

약 준수를 추구하였다. 그 대표적인 것이 뒤에서 살펴볼 미국의 대규모 군사 경제원조 공약인 '브라운 각서'다(부록2).

북한은 전후 복구와 김일성 유일체제 확립을 위한 시간이 필요했고, 반제민족해방 인민민주주의 혁명을 다시 감행할 물리력을 구비해야 했다. 박정희 정부가 파병을 조심스럽게 추진하던 1960년대 들어 북한은 대남 도발을 준비했다. 즉 북한은 '국방에서의 자위' 실현을 위한 '4대군사로선'을 채택하고(1962년), 그에 따라 국방에 대한 투자를 늘리는 국방·경제병진노선을 채택하고(1966년), 마지막 정파인 갑산파를 숙청해 김일성 유일사상체계를 확립한 후(1967년), 청와대 기습, 울진·삼척침투, 미 정찰기 격추 등 일대 도발을 일삼기 시작한다.[23] 이는 반공을 국시로 내걸고 출범한 박정희 군사정권에 대한 물리적 타격이자 김일성 정권이 무력통일 노선을 고수하고 있음을 보여준 일련의 사건이었다. 거기에 1960년대 말 대통령에 당선된 닉슨 Richard Nixon 은 해외주둔 미군 철수를 천명했다. 이런 일련의 사태로 인해 박정희 정부는 미국 다음 규모의 베트남 파병이 한미동맹 강화를 통해 국가안보를 튼튼히 하는 것이 아니라, 그 반대 방향으로 나아가는 것으로 우려했을 것이다. 그만큼 박정희 정권은 파병을 통해 미국의 대한 안보 공약을 강화하려 했다.

한국전쟁 이후 형성된 정전체제 하에서 한국의 안보는 미국의 대북 억지력에 절대적으로 의존하고 있었기 때문에, 한국은 미국의 파병 요구에 신중하게 응할 수밖에 없었다. 그렇지만 베트남 전황의 악

---

23 전현준, "'6·15 남북공동선언' 이전 북한의 대남정책 특징," 북한연구학회 편,『북한의 통일외교』(서울: 경인문화사, 2006), p.72.

화에 따른 미국의 추가 파병 요구는 한국의 안보에 적신호를 불러일으켰다. 한국정부가 4차 파병 이후 미국의 추가 파병 요구를 거절하면서도 1972년까지 파병을 유지한 것은 상충돼 보이는 그런 두 가지 측면이 함께 작용했기 때문이다. 1960년대 후반 전개된 북한의 공격적이고 지속적인 일련의 도발에 직면해 미국의 추가 파병 요구에도 불구하고, 박정희 정부는 파병을 거부하는 대신 군사원조 확대 등 미국에 안보 공약의 준수를 강력히 촉구하였다. 그리고 국제적 차원의 해빙 무드 détente가 조성되자 남한은 분단 이후 처음으로 북한과 대화에 나서게 된다. 창군 이후 최초로 군대를 이억만리에 보내놓은 채……

3) 한미 동맹관계

한일 월드컵 경기가 한창이던 2002년 6월 13일, 경기도 양주에서 미 2사단 공병여단 소속의 2명의 미군이 운전하던 장갑차에 의해 심미선, 신효순 두 여중생이 치어 숨지는 사건이 발생하였다. 당시에는 국민적인 관심사로 부상하지 않았지만 인터넷과 시민단체의 홍보에 힘입어 그해 하반기에는 최대의 이슈로 부상하였다. 이 문제는 당시 대통령 선거 유세와 맞물려 정치적 문제로 다뤄지기 시작하였다.

2002년 11월 18-22일 열린 재판에서 여중생을 숨지게 한 두 미군에 무죄판결이 났다. 판결에 대해 국방부는 "무죄평결은 아쉽지만 미군 사법절차를 존중한다"면서 "이번 평결이 과도한 반미 움직임으로 연결되는 것은 바람직하지 않다"고 했다. 법무부 장관은 "한미행정협정SOFA 개정은 불가능하다"는 언급을 했다. 무죄 판결과 한국 정부의 반응은 국민들의 반발을 사기에 충분했다. 촛불집회가 그달 26일부터 서울 광화문에서 시작돼 이듬해 연말까지 적게는 수천 명, 많게는 10

만여 명이 모이는 집회로 발전했다. 미군 장갑차에 의해 사망한 두 여중생을 추모하고 한미행정협정을 개정하라는 여론은 국내 각지에서, 온라인 공간에서, 해외 교포와 세계평화운동단체들과 연대하며 확산돼 갔다. 예를 들어, 2002년 12월 14일 '주권회복을 위한 10만 범국민 평화대행진'에는 서울 4만 명(경찰 추산) 등 전국 60여 개 지역과 미국, 독일, 호주 등 12개국 16개 도시에서 수많은 사람들이 추모촛불집회에 모였다.[24]

미군 장갑차에 의한 여중생 사망으로 SOFA의 불평등성과 미군의 주둔 명분에 대한 비판 여론이 더욱 확산되어 갔다. 여중생 추모 촛불집회는 민주화를 거치며 한국 시민사회가 한미관계에 영향을 미치는 뚜렷한 요인임을 보여주었다. 그 사건으로 형성된 국민적 공분은 당시 미국이 전개하고 있던 반테러전쟁에 대한 반대와 대선을 앞둔 정치권에 대한 압력으로 작용하였다. '미군장갑차 여중생 고 신효순, 심미선 살인사건 범국민대책위원회'(여중생 범대위)는 2003년 3월 20일 부시 대통령의 이라크 공격 명령일에 성명을 내 "미국은 중동산 석유에 대한 통제권을 강화하고 자국의 패권을 과시하기 위한 전쟁을 정당화하기 위해 이라크의 무장 해제와 민주화라는 구실을 내세우고 있을 뿐"이라고 지적하고, "노무현은 당장 석유와 미국 패권을 위한 이라크 전쟁에 대한 파병 계획을 철회하라."고 촉구했다. 사실 2002년 대선 유세 기간 중 유력 세 대선 후보들(한나라당 이회창, 민주당 노무현, 민주노동당 권영길)은 미군장갑차 여중생 사망 사건에 대해 유감 표명을 하고 SOFA를 개정하는데 노력할 의향을 표명하였다. 그렇지만 여중생

---

24 「한겨레」, 2002년 12월 14일.

범대위가 세 후보들에게 여중생 압사사건 해결을 위한 '대국민 서약'[25]을 제안하자 이회창, 노무현 후보는 응하지 않았다. 촛불집회는 노무현 정부 이후 한미간 주요 이슈로 부각된 한미 자유무역협정[FTA] 체결 논란과 연결돼 한미관계의 핵심 이슈로 부상하였다. 이 문제는 한국정부가 대미 협상의 지렛대로 활용할 소재가 될 수도 있었다.

한편, 미국의 일방주의 외교안보정책 노선과 북한의 핵개발 시인이 연출한 상황으로 노무현 정부의 위기의식은 높아졌다. 평시 위기가 전시 위기로 전환될 개연성이 발생한 것이다. 위와 같은 상황에 더해진 미국의 해외주둔 미군의 재조정 움직임은 노무현 정부가 한반도 위기 상황과 미국의 파병 요구를 연계해 접근하도록 강제하였다. 미국의 신 외교안보정책은 혁명적 군사혁신[RMA](일명 럼즈펠드 독트린)을 전제로 했고 거기에는 군사력의 경량화 및 기동성 제고, 해외주둔 미군 병력의 축소가 포함되어 있었다. 해외주둔 미군의 전략적 유연성 제고와 그에 따른 주한미군 재배치 논의가 일어났고, 그것은 북핵 위기의 증가 속에서 한미 동맹관계를 양국 여론의 소용돌이로 밀어 넣었다. 노무현 정부의 파병정책은 그런 일련의 엄중한 환경에 직면하였다.[26] 미국은

---

25 여중생 범대위가 제안한 '대국민 서약서'는 대통령 후보로서 △ 부시 미 대통령의 공개사과 촉구, △ SOFA협정 전면개정 노력, △ 여중생 살인사건 해결 과정에서의 구속자 석방과 사면, 부상자 보상 등을 위한 노력을 주 내용으로 하고 있다.

26 노무현 정부 들어 밀려온 많은 한미간 현안들이 파병정책에 제약으로 작용한 것은 사실이지만 파병정책이 현안들과 연계되어 논의된 것은 아니다. 김창수(전 NSC 정책조정실 행정관)의 증언, 인터뷰: 서울시 종로구 통인동 모처, 2014년 1월 6일. 그러나 파병문제가 북핵문제와 '사실상'

한국에 이라크 파병을 요청한 동맹국이고, 부시 행정부의 공세적인 외교안보정책이 북핵문제의 해법에도 영향을 미칠 것으로 전망되기도 했다.

노무현 대통령은 임기 중 많은 한미관계 현안들을 다뤘고, 그것들이 한미관계의 전반적 재조정 국면과 맞물려 한미 간에, 그리고 국내에서 많은 관심과 논란을 불러 일으켰다. 대통령 취임 직후 한미 간의 주요 과제는 비자, FTA, 주한미대사관 문제가 있었고, 그 외에도 임기 동안 주한미군 재배치, 용산 미군기지 이전, 작전통제권 반환, 이라크 파병 문제들이 있었다. 그 중 주한미군 재배치, 용산기지 이전, 작전통제권 환수와 같은 주요 안보 사안들은 노태우 정부때부터 시작된 것이었는데, 노무현 대통령은 보수언론이 '참여정부'를 공격하기 위한 소재로 활용했다고 아쉬움을 표하기도 했다.[27]

노무현 정부는 '21세기 한미 동맹관계 구축'이라는 목표를 갖고 한미관계가 포괄적, 역동적, 호혜적 동맹관계로 발전한다는 기조를 제시했다. 노 대통령은 임기 중 8차례 한미 정상회담, 20회 정상 간 통화 등을 통해 미국측과 북핵문제, 동맹 현안, 통상 문제를 협의했다. 〈표 1〉에서 보듯이 한미 정상회담의 제일 관심사는 북핵문제였고, 그에 관한 한미간 입장 차이를 좁히는 것이 노무현정부의 급선무였다.[28] 한미관

연계된 것임은 대통령을 비롯한 노무현 정부의 관련 인사들의 발언에서 쉽게 알 수 있다. 다만 그에 대한 공개적인 언급은 한미 외무장관회담 (윤영관-콜린 파월)의 예에서 보듯이 외교적 문제를 발생시킬 수 있었다. Chinoy(2008), pp.189-190.

27 노무현, 『성공과 좌절』(서울: 학고재, 2009), pp.226, 228.
28 예를 들어 2003년 5월 노무현 대통령의 첫 미국 순방에서 미국이 준비한 한미공동명성명 초안에 북핵문제에 대해 "모든 옵션을 배제하지 않는다"

표 1 노무현 정부기 한미 정상회담

회차	시기 및 장소	주요 합의 내용
1	2003년 5월 14일 워싱턴	· 북핵 문제의 평화적 해결을 위한 공조 강화 · 한·미동맹의 미래지향적 발전 · 경제·통상관계의 심화 방안 모색
2	2003년 10월 20일 방콕	· 이라크 추가파병 결정 설명 · 북핵 불용원칙 재확인과 평화적 해결을 위한 한·미 공조 강화
3	2004년 11월 20일 산티아고	· 6자회담의 실질적 진전을 위해 참가국들간 긴밀 협의 · 한반도 비핵화 재확인
4	2005년 6월 10일 워싱턴	· 한·미동맹의 공고화 재확인 · 전략적 유연성 문제 조율 · 북핵문제의 평화적 해결 의지 재강조
5	2005년 11월 7일 경주	· 2006년 초 장관급 전략대화 개최 · 한반도 평화체제 구축 인식 공유 · 한·미동맹과 한반도 평화에 관한 공동선언 채택
6	2006년 9월 14일 워싱턴	· 6자회담 통한 평화적 북핵 해결 원칙 재확인 · 전작권 전환시 주한미군 지속주둔 및 유사시 증원 확약 · 성공적인 한·미 FTA 타결을 위해 노력
7	2006년 11월 18일 하노이	· 부시 대통령, 북핵 포기시 한국·북한·미국 간의 평화협정 체결 의사 표명 · 한·미 FTA 협상의 적극적인 추진 의지 재확인
8	2007년 9월 7일 시드니	· 한국전 종전을 위한 평화협정 체결의지 재확인 · 대테러협력과 한·미 FTA 비준을 위해 공동 노력

* 출처: 서보혁, "민주정부 10년의 외교정책 평가와 과제," 미발표 논문(2009), p.14.

계의 의제들 중 북핵문제의 평화적 해결 및 포괄접근 구도 합의는 긍정적인 성과인 반면에 주한미군 재배치, 이라크 파병, FTA 문제에서는

를 한국 안보팀이 "대화를 통한 평화적 해결"로 바꾸는데 무진 애를 썼다. 문재인, 『문재인의 운명』(서울: 가교출판, 2011), p.264.

논란이 일어났다.

노무현 정부때 한미간 많은 협의 사항, 특히 안보문제와 경제문제는 대단히 민감한 사안들이었고 노무현 정부는 미국과 국내 이해집단과 양면게임을 벌이는 위치에 있었다. 이들 사안들을 둘러싸고 노무현 정부는 미국에게 반미 이미지를 불식시켜 한미 동맹관계의 발전과 한반도 평화정착을 병행 추진하는 한편, 이념적으로 갈려진 국내 여론에서 지지와 동의를 구해나가야 했다. 이라크 파병 문제는 그런 한 가운데서 노무현 정부가 직면한 첫 한미관계상의 현안으로 다가갔다.

노무현 정부 등장에 즈음해 한미간 현안들이 일시에 부상하고 그것들은 대부분 양국간 입장 차이가 컸고, 거기에 미국의 노 대통령에 대한 부정적 인식으로 한미관계는 불안정해보였다. 물론 한미관계에 대한 높아진 국민들의 관심과 대등한 관계 설정에 대한 욕구가 노무현 정부의 대미 협상에 유리하게 작용한 부분도 있었을 것이다. 그것은 한미 FTA 협상에서 크게 나타났고, 작전통제권 반환 및 이라크 파병 문제에 부분적으로 나타난 것으로 보인다. 용산기지 이전 문제의 경우 한국은 상징적 수준에서 주권 확립, 미국은 해외주둔 미군의 전략적 유연성[29]의 일환으로 각기 윈윈$^{win-win}$하는 양상도 보였다.

결국 노무현 정부의 입장에서는 이라크 전쟁 이후 북핵문제의 평화적 해결과 주한미군 재배치 과정에서 한미관계의 건설적 재편이 가장

---

29 Donald H. Rumsfeld, "Transforming the Military," *Foreign Affairs*, 81:3(May/June 2002), pp.20-32; Stuart J. D. Schwartzstein, ed. *The Information Revolution and National Security: Dimensions and Directions*(Washington, D.C.: The Center for Strategic & International Studies, 1996) 참조.

큰 과제였다. 미국의 이라크 파병 요청은 노무현 정부가 그런 대미 외교정책의 전략적 과제를 원만하게 풀어가는 데 비껴가기 어려운 사안으로 다가갔다. 사실상 파병 문제는 다른 대미 외교 사안들과 사실상 연계되어 있었던 것이다.

다시 베트남전쟁으로 돌아가보자.

미국의 베트남전 개입은 '더러운 전쟁'을 초래했고 거기에 한국은 미국의 파병 요청에 응해 최대 파병국이 되었다. 이는 반공을 국시로 하는 양국의 동맹관계에 바탕을 둔 것이었고 파병으로 동맹관계는 더욱 강화되는 모양을 띠었다. 창군 이후 최초의 파병이 최대 규모로 이루어진 베트남전 파병은 이념 동맹의 명분과 형태로 오늘날 한미동맹의 세계화의 모체로 볼 수도 있다. 박정희 정부의 베트남 파병은 미국 주도의 세계반공전략에 적극 참여하는 것을 의미했다.

박정희 정부의 입장에서 파병은 미국의 대한 안보 공약을 재확인하는 데 그치지 않고 군사 및 경제 원조를 통해 북한의 도발 억제와 경제 발전에 유용하게 작용하였다고 평가할 수 있다. 물론 파병 기간 동안 한미관계는 미 행정부의 대한반도 정책 변화에 영향을 받았다. 거기에는 파병을 지속하고 있던 한국의 대미정책보다는 미국 행정부의 교체와 베트남 전황 변화 등 미국측 요소들이 영향을 미쳤다.[30] 그럼에도 미국의 한국군 현대화 계획(1971-75)에 대한 군사원조는 공여 918백만 달러, 해외군사판매 116백만 달러 등 도합 1,034백만 달러에 달했다. 군사동맹관계를 바탕으로 한 미국의 이런 지원은 한국군의 재래식

---

30 차상철, 『한미동맹 50년』(서울: 생각의나무, 2004), pp.106-151 참조.

사진 1　베트남에 고엽제를 살포하는 미군기와 그 후 황폐해진 대지(호치민 전쟁 박물관) ⓒ 서보혁, 2017

군사력의 현대화에 크게 공헌했다. 물론 1975년 미군 철수와 베트남의 공산화 통일 등으로 미국의 대한 군사원조는 줄어들었는데 이 역시 박정희 정부의 군 현대화, 곧 '자주국방' 의지를 자극하였다.[31] 이런 결과는 의도하지 않은 것이 아니라 박정희 정부가 베트남 파병을 단행하

31　하영선, "한미군사관계: 지속과 변화," 구영록 외, 『한국과 미국: 과거, 현재, 미래』(서울: 박영사, 1983), p.197.

면서 기대했던 핵심 목표에 속했다.

그러나 한국의 베트남 파병이 한미 동맹관계에 의한 것이고 동맹관계를 강화시켰다고 하더라도 그것이 순탄한 것은 아니었다. 대등하지 않은 동맹관계 하에서 한국은 한국군의 피의 희생만이 아니라 주요 국가이익의 일부를 손상당하면서 파병의 이익을 추구해 나갔다. 그 사례가 한일 국교정상화이다. 한일 국교정상화는 정상화의 전제조건인 일본 식민통치에 대한 국가배상 방식을 둘러싼 이견이 한국의 입장으로 타결되지 못한 채 이루어졌다. 1965년 한국의 2, 3차 파병 결정은 한일국교정상화를 향한 협상 막바지 시점과 중복된다(타결: 1966.6.22). 당시는 물론 현재까지도 굴욕적인 회담으로 규탄 받고 있는 한일 협정은 미국의 동아시아 반공전선 확립에 주요 과제였고, 미국이 한반도 안보 부담을 반공집단안보체제로 완화할 수 있는 책략으로 간주되었다. 한국정부로서는 그 조건과 시점이 관건이었는데, 베트남 전쟁이 초래한 공산화 도미노 우려는 미국의 한일 국교정상화 압력으로 이어졌다. 한국은 파병과 함께 일본과의 국교정상화 협상을 타결 짓지 않을 수 없었다. 이는 파병에 대한 한국과 미국의 이해가 달랐음을 의미한다. 미국의 대한 방위 공약의 준수와 동아시아 반공전선의 구축이 양국의 기본 이해였다. 결국 한미 양국의 이해는 원원하는 양상을 띠었지만, 파병과 함께 한국의 입장이 완전히 관철되지 않은 한일 국교정상화 결정은 대등하지 않은 동맹관계를 제외하고는 설명하기 어렵다. 물론 박정희 정권의 정치적 이해관계도 빼놓을 수 없다. 이점은 아래서 살펴볼 것이다.

미국의 요청에도 불구하고 한미 동맹관계가 순탄하지 않은 것은 불만스러운 한일 국교정상화만이 아니었다. 불균등한 한미 동맹관계에 대한 상이한 인식은 1968년 표출되었다. 1968년은 베트남 전황이 심각한 상태에서 미국의 잇달은 파병 요구로 한국군의 베트남 주둔 병력이 49,869명으로 최고를 기록한 해였다. 문제는 한반도와 워싱턴에서 일어났다. 1968년 1월, 2월에 발생한 북한 무장간첩의 청와대 기습 침투사건(1·21사태)과 미국 푸에블로호 나포사건에 미국이 보인 반응은 박정희 정부에 실망을 안겨주었다. 미국은 1·21사태에는 별다른 반응을 보이지 않다가 곧이은 푸에블로호 사건에 대해서는 항공모함을 한반도에 급파하는 등 심각하게 반응했다. 또 박정희 대통령에게 잇달은 파병을 요구하며 환대하던 존슨 대통령이 같은 해 3월, 끝을 알 수 없는 베트남 전황과 미국 안팎의 거센 반전 여론에 밀려 북폭 중단, 협상을 통한 베트남전 종식, 그리고 차기 대통령 선거 불출마를 선언했다. 존슨을 '친구'로 여긴 박 대통령은 자신과 상의 없이 그런 결정을 발표한 것에 섭섭해 하고, 존슨 이후 불투명한 한미관계와 베트남 주둔 문제를 혼자 결정해야 하는 상황에 직면했다. 대선 불출마 발표 이후에도 존슨 대통령 잔여 임기 중 미국은 베트남 주둔 한국군의 철수를 염두에 둔 주한미군 감축 계획을 수립하였다.[32] 한국군 파병의 최대 명분이 된 주한미군에 대한 철수가 전쟁이 한창인 시기에 워싱턴에서 결정된 것이다.

한국군의 베트남 파병 시기에 발생한 이상 두 사례는 한미 동맹관계에 의한 파병과 파병을 통한 동맹관계 강화가 한반도 공산화 저지라는 공통 이해에도 불구하고, 제한적임을 강력히 말해주고 있다. 그 요인도 한미관계 안에서 찾을 수 있으니 한미 동맹관계의 불균등성과 비

---

32 홍석률(2010), pp.61-64.

대칭적인 이해관계가 그것이다.

2. 대내적 요인

1) 정치적 요인

고 노무현 대통령은 외향적인 정치인이었다. 대통령이 되고서도 그런 성향은 국내정치에 거의 그대로 이어졌고, 대외정책에서는 신중해진 점이 있지만 '동북아 균형자론'에서 보듯이 자주의식을 나타낸 경우도 있다. 특히, 대통령 이전 노무현은 대북 포용정책에 대한 지지, 곧 남북교류협력을 적극 지지한 대신 미국에 대해서는 대등한 한미관계를 지향하는 발언을 하기도 했다. '미국에 대해서 할 말은 하는' 소신 있는 정치인으로서의 이미지가 굳어졌는데 노 대통령도 인정했듯이 그런 이미지는 '좌파 반미 대통령'이라는 부정적 이미지로 비춰지기도 했다. 그래서 국내외 언론과 주한 외교관들은 노무현 정부가 취임하자 남북관계나 북핵문제보다는 한미관계의 안정성에 더욱 관심을 나타냈다. 갓 취임한 노 대통령은 북핵문제의 악화로 한국에 대한 해외투자의 축소 우려를 불식시키고 원만한 한미관계를 과시하기 위해 주한 미 상공회의소와 유럽상공회의소, 주한미군 사령부를 방문하고 첫 정상회담을 위해 미국을 향했던 것이다.[33]

이라크 전쟁과 파병에 관해 노무현 대통령은 적지 않는 고뇌를 겪었지만 개인으로서의 입장과 대통령으로서의 판단을 구분해 대처하

---

33 노무현(2009), pp.221-222.

였다. 개인적으로는 이라크 전쟁이 부당하고 지지할 수 없다는 생각을 간접적으로 피력하였다. 격동의 1980-90년대를 변호사와 정치인으로 보내며 그가 사회와 정치 현실에서 소신을 갖고 정의감을 발휘해 온 점을 고려할 때 이해할 만한 대목이다. 미국의 이라크 파병 요청시 그가 국회의원이었다면 파병반대의 선두에 섰을 것이다. 제238차 임시국회 국정연설(2003.4.2)에서 노 대통령은 "앞으로 세계 질서도 힘이 아닌 명분에 의해서 움직여야 합니다. 명분에 의해서 움직여 가는 시대가 와야 합니다."고 말한다. 그러나 대통령이 된 그는 이상주의자가 아니었다. 노 대통령은 명분에 의해 움직이는 시대에 대한 꿈을 품고 있었지만 "현실의 힘이 국제 정치질서를 좌우하고 있"[34]음을 잘 알고 있었다. 노 대통령은 3월 20일 '이라크 전쟁 발발에 즈음한 대통령 담화문'에서 "미국의 노력을 지지해 나가는 것이 우리의 국익에 가장 부합한다는 판단"을 내리고 파병을 결정했다. 이후 노 대통령은 이라크에 있던 김선일씨의 죽음을 언급하면서도 파병과 징집이 국익을 위한 보편적인 행동양식이라는 판단이라며 국가이익을 우선시 하는 현실주의적 시각을 뚜렷하게 드러냈다.[35]

'참여정부'의 이라크 파병은 네 차례 진행됐다. 정부가 국회에 낸 동의안에는 파병 목적이 항상 두 가지로 구성되어 있다. 그것은 파병으로 이라크에서 기대되는 성과와 한미 동맹관계이다. 이라크에서의 기대효과는 2003년 3월의 1차 파병동의안에서는 "테러근절"이었는데, 그 이후 파병 동의안들에서는 "평화정착 및 재건지원"으로 변경되었

---

34 제238회 국회본회의회의록, 제1호, 2003년 4월 2일, p.2.
35 위와 같음; 노무현(2009), p.224.

다. 즉 한국군은 1차 파병에서는 반테러리즘을 명분으로 한 미영 연합군의 후세인 정권교체 작전을 지원하는 것이 임무였다. 2차 파병부터는 물론 미군의 이라크 점령에 동참한 것이지만 파병 국군에 평화유지군으로서의 성격을 부여한다. 그에 비해 두 번째 파병 목적인 한미 동맹관계 강화는 모든 이라크 파병 동의안에 변함없이 언급되고 있다. 이는 한국의 이라크 파병이 이라크에서의 군사작전이 획득할 소기의 목표보다는 한미 동맹관계에 더 큰 목적이 있음을 말해준다. 다만, 노 대통령은 동맹지상주의자는 아니었다. 그는 한미동맹을 유지하면서도 그에 전적으로 의존하는 기존 외교안보노선에 비판적이었다. '참여정부'의 균형외교와 자주국방론은 노 대통령의 그런 인식에서 연유한다.

노 대통령과 '참여정부'가 이라크 파병을 결정하며 한미동맹을 강조한 이유는 한반도 평화정착을 위해 미국의 협조가 제일 관건이었기 때문이다. 미국 주도의 이라크 전쟁 지지를 통해 한반도 평화를 구하는 지독한 역설에 빠진 것이다. 사실 노 대통령은 그런 역설을 알았고 심지어 자신이 역사에 잘못 기억될 것도 예감하고 있었다. 그 당시 국내외 여론에서는 한반도 위기설이 확산되고 있었다. 2차 북핵위기와 부시정권의 일방주의 노선이 만나 미국의 대북공격 가능성이 일어났다. 노 대통령은 위 국회 국정연설에서 파병동의안 통과를 호소하면서 대통령으로서 "국민 여러분의 안전을 지켜야 할 책임"을 상기하고 "전쟁만은 막아야 합니다"고 역설했다. 그는 파병에 대한 두 방안 중 "명분론에 발목이 잡혀 한미관계를 갈등관계로 몰아가는 것보다는 … 미국을 도와주고 한미관계를 돈독히 하는 것이 북핵문제를 평화적으로 해결하는 길이 될 것이라는 결론을 내렸"던 것이다. 거기서 그는 국제투자자들을 안심시키는데 한미관계의 안정이 중요함을 덧붙였다. 반테러전을 전개하고 북한에 대한 군사공격 가능성을 배제하지 않고 있는 부시 정부를 상대로 노무현 정부는 한반도 안정이 제일 급선무였다. 적어도 노 대통령의 눈에는 이라크 파병을 하지 않고 한반도 평화를 지킬 묘책이 없었던 것이다.

지독한 역설의 정치적 비용은 막심했다. 노 대통령은 파병 결정으로 반대세력의 저항보다는 지지세력의 이탈에 직면했다. 그렇지만 노 대통령의 파병 결정이 미국의 이라크전을 전폭 지지하는 방식으로 이루어진 것은 아니었다. 파병의 디테일^{detail} 즉, 그 규모와 성격, 시기를 살펴보면 노 대통령이 파병 현지에서의 비평화적 효과를 최소화 하려고 노력한 것을 알 수 있다. 노 대통령은 파병 그 자체로 이라크 평화를 파괴한 죄책감을 파병의 디테일로 최대한 덮어보려 했는지도 모른다. 노 대통령 개인적으로는 이라크 전쟁과 파병에 반대하는 신념을 갖고 있었지만, 비대칭적인 한미관계에서 한반도 평화를 책임지는 대통령으로서 미국의 요구를 피해갈 수 없었다. 노무현 정부의 이라크 파병정책은 노 대통령이 처한 이런 모순적인 상황 속에서 결정된 것이다. 그렇다면 박정희 대통령의 베트남 파병 결정도 이와 같은가?

노무현 대통령과 달리 박정희 대통령은 미국의 베트남 파병 요구에 앞서, 먼저 파병 의사를 나타냈다. 5·16 군부 쿠데타 직후인 1961년 11월 박정희 국가재건최고회의 의장은 미국을 방문한 자리에서 케네디$^{John\ F.\ Kennedy}$ 대통령에게 남베트남을 돕기 위해 파병할 의사를 피력한 바 있고, 그 후로도 몇 차례 파병 의향을 미국측에 전달했다.[36]

---

36 홍석률(2010), p.44.

남북 대치 상황에서 박정희 정권이 해외 파병 의사를 먼저 표명한 것은 무엇 때문일까? 박정희 군부 쿠테타 세력은 권력의 비정통성을 합리화하기 위해서 대내적으로는 반공을 국시로 내세우고, 대외적으로는 미국으로부터의 승인을 얻고자 했다.

미국은 5·16 쿠테타를 반대하지 않았지만 그렇다면 적극 지지하지도 않았다. 박정희의 파병 제의는 미국으로부터 반공군사정권을 승인받기 위한 일종의 거래 같은 것이었다. 동시에 박정희의 파병 제안은 군사정권의 물리적 기반인 군대를 감축하라는 미국의 압력에 대한 적극적인 반응이었다. 미국은 새로 들어선 반공군사정권을 품을 수밖에 없었다. 당시 케네디 정부는 1961년 4월 카스트로Fidel Castro의 쿠바 정부를 전복하려던 군사도발이 실패한 직후였다. 권력 획득 방법이 비민주적이었지만 냉전이 격화되는 국제정세 하에서 반공 친미를 내건 군사정권을 모른채 할 수는 없는 노릇이었을 것이다. 물론 박정희 정권의 파병 제의 규모가 미국에게 재정적으로 부담을 줄 정도는 아니어야 했다. 당시 미국은 박정희 정권에 한국군의 병력 감축 압력을 넣었다. 동시에 미국은 베트남의 혼란에 군사적 개입을 검토하는 처지였기 때문에 박정희에게 한국군의 베트남 파병은 미국의 감군 압력을 피해나갈 묘책이었다. 결국 미국의 베트남 참전에 따른 파병 제의로 박정희 정권은 군을 감축하지 않아도 됐을 뿐만 아니라, 군부통치를 정당화 하고 장기화 할 병영사회를 만들어나갈 수 있었다.[37] 반공 도미노 저지를 공동 명분으로 미국은 미군 병사들의 피해를 줄일 수 있었고,

---

37 오제연, "병영사회와 군사주의 문화," 오제연 외, 『한국현대 생활문화사, 1960년대』(파주: 창비, 2016), pp.195-212.

박정희 정권은 한국군 병사들을 사지로 내보내면서 권력 정통성 문제를 회피할 수 있었던 것이다.

1965년까지 전투병을 포함한 3차례 한국군의 파병이 있었지만, 전세가 불리해지자 미국은 국방장관, 부통령이 잇달아 방한해 박정희 정부에 전투병의 추가 파견을 요청한다. 험프리Hubert Humphrey 미 부통령이 1966년 1월 1일 방한해 한국에 추가 전투병 파병을 요청하기에 이른다. 이때 박정희 대통령은 "미국이 전쟁물자를 한국에서 구매해주고 한국군 현대화를 위해 군사적 지원을 한다면, 1967년 대통령선거가 있더라도 국내적 어려움을 극복할 수 있을 것"이라고 말했다.[38] 이때는 박 대통령의 관심이 반공군사정권의 정통성 문제에서 국방력 향상으로 전환한 것일까?

1966년은 한미 밀월관계가 정점에 달한 해였다. 그해 3월 20일 국회는 추가파병안을 통과시켜 그 결과 도합 45,600여 명을 파병해 미국 다음의 최대 파병국이 되었다. 이 추가 전투병 파병은 '브라운각서'로 알려진 미국의 대한 군사 및 경제원조 합의 직후에 이루어진 것이다. 11월 존슨 대통령의 방한, 험프리 부통령의 수차례 방한, 베트남 상황에 관한 미 태평양사령관과 주월 미국대사의 박 대통령 보고가 있었다. 박정희 정부의 추가 전투병 파병 결정은 이와 같은 미 행정부의 전폭적인 박정희 정권 지지에 대한 대가였다. 이는 박 대통령의 정치적 기대에 부응하는 일련의 조치들이었다. 미 존슨 행정부가 보여준 정치 경제 외교 군사적 지원은 1967년 대통령 선거와 국회의원 선거를 앞둔 박정희 정권에 유리하게 작용하였다. 당시 미국 정부는 1966년부

---

38 홍석률(2010), p.51.

터 박 대통령이 영구집권을 위한 개헌을 준비하고 있다는 것을 감지하고 있었다.[39]

'위험한 밀월'의 정점에 이른 1966년 박정희 정부의 추가 전투병 파병은 권력 정통성 문제를 은폐하는 수단으로 파병을 제의한 이전의 경우와 달리, 장기집권을 획책하는데 필요한 미국의 지지와 지원을 이끌어내기 위해 정치적으로 적극 활용된 셈이다. 이는 파병으로 지지세력을 크게 잃은 노무현 대통령과는 대조되는 현상이다.

2) 경제적·군사적 요인

위 노무현 대통령의 파병 결정이 주로 정치외교적 요인을 배경으로 이루어졌고 거기에 파병반대 여론이 사회적 요인으로 작용했다면, 파병 시 경제적 군사적 이익에 대한 기대도 검토해볼 만하다.

이라크 파병시 경제적 이익에 대한 기대는 파병 지지론자들의 주장에서 나왔다. 파병시 한미동맹 강화로 북핵위기 완화에 대한 기대감을 고조시켜 투자 심리 개선과 대외 신인도 상승이 기대되었다. 그와 반대로 파병 거부시 한미동맹 악화로 투자 이탈, 남북관계 악화, 국내 금융시장 불안 등 기회비용이 증대한다는 전망도 나왔다. 물론 그런 기대는 과장된 것으로 판단되기도 했다.[40] 그럼에도 이라크 파병을 지지하는 측에서는 이라크전 이후 한국기업의 이라크 재건 참여와 중동 및 카스피해 지역에서의 에너지 자원 확보 등 경제적 이익에 대한 기대

---

39 위의 책, pp.53-54, 55-56.
40 국정홍보처, 『'참여정부' 국정운영백서 5: 통일외교안보』(서울: 국정홍보처, 2008), p.278.

를 강조했다. 당시 박원홍 의원(한나라당)은 베트남전 파병이 한국경제에 이익을 가져다주었다고 상기하며 "우리 민간기업의 전후복구사업 참여에 따른 경제적 이익을 기대할 수 있으니까 미국에게는 내밀히라도 확실히 보장을 받고 … 참전을 하기 바랍니다."고 정부에 권고했다.[41] 박세환 의원(한나라당)은 베트남전이 미치는 경제적 효과와 1차 걸프전이 미친 미미한 효과를 대비시켜 이라크 전후복구사업에 필히, 그리고 적시에 참여해야 한다고 주장했다.[42] 실제 이라크 재건사업 참여 여부를 결정하는 미국이 2004년 1월 재건사업 참여국, 일명 코어그룹Core Group에 한국을 포함시키고, 그 결과 현대건설이 동년 3월 미국 임시행정처 산하의 이라크 재건공사시행위원회가 발주한 이라크 재건사업 중 2억 2천만 달러 규모의 사업을 수주한 것으로 알려졌다.[43] 이는 한국의 이라크 파병에 따른 경제적 이익으로 간주되었다.

경제적 이익에 대한 기대는 군사적 이익에 대한 기대와 함께 거론되는 경우도 있었다. 군인 출신의 박세환 의원은 실전 경험이 한반도 유사시 위기 대처 능력을 배양하는데 큰 도움이 되고, 전투부대까지 보내면 "한반도의 안보상황과 또 작전능력을 배양하고 특히 외국군과의 연합작전능력을 배양하는 것은 … 아주 귀중한 경험"이라며 전투병 파병을 주장했다.[44] 2003년 3월 이라크 파병 및 2004년 2월 추가 파

---

41 제243회 국회본회의회의록, 제4호, 2003년 9월 17일, p.21.

42 제238회 국회본회의회의록, 제1호, p.16.

43 김성한, "이라크 파병과 국가이익," EAI 국가안보패널 연구보고서 2(2004), p.14.

44 제238회 국회본회의회의록, 제1호, p.17.

병을 논의하던 국회에서 국회 국방위원회 김대훈 수석전문위원도 파병이 국익과 관련된다고 평가하면서 거기에 한국군의 연합작전능력 배양 및 실전 경험 축적을 언급한 바 있다.[45] 실제 자이툰부대의 민사작전은 동맹군의 '민사작전 모델'로 자리잡았다는 평가를 받았다. 치안확보, 민심확보, 재건지원 등으로 구성되는 민사작전은 구체적으로 다양한 사회개발 지원, 인도적 지원과 주민친화적 작전으로 이라크인들의 지지를 얻었다는 것이다. 베트남 파병 이후 사단급 부대로는 최초의 최장거리 해외파병 기록과 함께 독자적인 군수지원 능력을 확보하고, 파병경험 인력을 축적함으로써 향후 글로벌 시대에 부합하는 전투원 육성은 물론, 기후, 지형 등 새로운 환경에서의 임무 수행 능력을 배양할 수 있었다는 것이다.[46]

노무현 정부의 입장에서 파병은 잘못된 선택이지만 불가피한 선택으로 판단되었고, 결국 국익을 증진하는데 효율적인 파병외교를 전개했다고 평가되었다.[47] 이때 국익이란 한반도 평화정착을 위해 미국의 협력이 절대적으로 필요한 문제, 곧 안보이익을 말한다. 그와 달리 노무현 정부가 파병을 검토하면서 경제적 이익에 대한 기대는 미미했다. 경제적 이익은 파병을 통해 전후 이라크 재건과정에서 획득할 수 있는 이익과 북핵문제의 평화적 해결로 국제 투자가들로부터 한반도

---

45 제237회 국회본회의회의록, 제1호, 2003년 3월 28일, pp.5-6; 제245호 국회본회의회의록, 제5호, 2004년 2월 13일, p.44.

46 구우회 "해외파병과 국가이익: 한국군의 이라크파병을 중심으로," 한국외국어대학교 정치행정언론대학원 석사학위논문(2012), pp.70-71.

47 노무현(2009), p.223.

의 불안감을 해소하는 것을 포함한다. 파병을 적극 지지하는 세력은 전자의 경제적 이익을 강조했다. 노 대통령은 이라크에서 경제적 이익을 위해 젊은이들의 목숨을 사지로 내몰 수는 없다고 보는 대신, 파병을 통해 한미 동맹관계를 돈독히 함으로써 투자가들의 불안감을 해소하는 점에는 주목했다.[48] 그럼에도 노무현 대통령은 "경제적 이익 확보 요소를 과신하지 않는 것이 옳다"[49]고 강조했다. 군사적 이익에 대한 기대는 전투병 파병안을 지지하는 적극 파병론자들의 기대를 말한 것이지, 노무현 정부의 파병 결정에는 크게 반영되지 않았던 것이다.

노무현 정부는 이라크 파병으로부터 경제적 군사적 이익을 크게 기대하지 않은 반면, 박정희 정부는 베트남 파병으로 두 이익을 처음부터 크게 기대했다. 베트남 파병시 국민여론은 파병으로 큰 재정적 이익을 얻을 수 있다는 기대가 분명히 있었다. 정치권과 언론에서는 그것을 천박한 욕망으로 비난하기도 했지만 정부나 파병 당사자 입장에서 경제적 이익에 대한 기대는 부정할 수 없는 파병의 동기로 작용하였다.[50] 당시 국회에서도 파병 군인들의 월급 인상을 미국의 파병 요청에 응하는 조건으로 내세워야 한다는 주장이 제기되었다. 1965년 당시 주한 미국대사관도 한국의 베트남 파병에 "일본이 한국전쟁때 부

---

48 "대통령의 국정에 관한 연설," 제238회 국회본회의회의록, 제1호, p.3; 국정홍보처(2008), p.275; 문재인(2011), p.269.

49 국정홍보처(2008), p.275.

50 Gwi-Yeon Hwang, "The Dispatch of Korean Troops to the Vietnam War: Motives and Process,"『외대논총』, 제23집(2001), pp.97-113, 특히 p.102.

유해졌으니 한국도 베트남 전쟁을 이용해야 한다"는 식의 실리추구가 주요 동기로 작용하였다고 평가하고 있었다.[51] 실제 베트남 파병 이전 시기, 곧 박정희 군사정권이 등장한 1960년대 초 한국은 겨우 전후 복구를 한 상태였을 뿐 해외투자를 유치할 조건을 갖추지 못했고 외환보유고는 거의 바닥 상태였다. 파병 장병은 물론 정부도 파병을 통해 베트남 현지에서, 그리고 미국의 지원을 통해 경제적 이익을 추구했다.

이와 같은 경제적 동기는 실제 파병의 주요 성과로 이어졌다. 국방부가 발간한 출간물은 베트남 파병의 의의를 둘로 제시하면서 정치·안보적 성과와 함께 경제 발전을 꼽고 있다. 베트남 파병 시기인 1965-1972년 사이 파병 장병과 노동자들이 받은 급여와 수당, 기업들이 벌어들인 수익 총액은 7.5억 달러로 집계되었다. 이는 한일 국교정상화로 일본에서 받은 청구금과 함께 외환보유를 늘렸고 수출지향적인 한국 경제의 발전에 물적 기초가 되었다.

그러나 파월 장병들의 목숨이 산업화의 밑거름으로만 쓰였는지는 의문이다. 1976년 미 하원 결의에 의해 작성된 프레이저 보고서엔 "미국이 한국의 월남전 참전의 대가로 사용한 총금액은 약 10억 달러다. 이 중 9억 2,500만 달러가 한국의 외화보유액으로 비축됐다."고 언급하고 있다. 이는 박정희 정권이 파월 장병들의 목숨 값을 장기집권을 위해 이용했음을 말해준다. 프레이저 보고서도 이와 관련해 "한국 정부는 미국이 한국군에 제공한 참전 병사들의 급여를 편취했다."고 언급하고 있다.[52]

---

51 홍석률(2010), p.49.
52 「중앙일보」, 2017년 4월 19일.

브라운 각서를 통해 미국은 한국기업의 베트남 진출을 장려했다. 또 미국 정부는 참전 한국군인들에 대한 경비는 물론 경제원조를 지속하고 조달사업에서 한국제품의 구매를 약속했다. 베트남 파병의 결과 미국과 미국 주도의 국제기구들이 한국에 차관을 제공했고, 파병 기간 동안 총 35억 달러의 외자가 도입되어 만성적인 외환부족 문제를 해결할 수 있었다.[53]

경제적 이익과 함께, 아니 그보다 더 큰 베트남 파병 요인은 군사적 이익 추구였다. 구체적으로 대북 억지력에 필요한 미국의 군사력, 곧 주한미군의 계속 주둔과 한국군의 현대화를 위한 군사원조, 특히 신형 군장비의 도입을 말한다. 박정희 정부가 미국측에 베트남 파병을 먼저 제의한 것은 박 정권의 정치적 이익과 함께 이와 같은 군사적 이익에 대한 기대가 컸기 때문이다. 1964년 7월과 1965년 1월, 두 차례 비전투병을 베트남에 파병하기로 국회가 동의한 것은 비교적 순조롭게 전개되었다. 그러나 전세가 악화되는 가운데 미국은 자국 병사의 희생을 우방국들과 분담하기 위해 전투병 파병 요청을 하기에 이른다.

미국의 전투병 파병 요청은 박정희 정부에게 간단치 않은 문제였다. 여론과 국회의 반대가 예상됐고 그것은 한일 국교정상화 반대 여론과 결합해 박정희 정권에게 커다란 정치적 부담으로 작용할 수 있었다. 그렇다고 절박한 미국의 요청을 묵살하기도 어려운 상황이었다. 그에 따라 한국은 미국의 요청에 무조건 순응하기보다는 파병에 앞서 한국

---

53 김일영, "1960년대의 정치지형 변화," 한국정신문화연구원 편, 『1960년대의 정치사회변동』(서울: 백산서당, 1999), pp.329-331; 국방부 군사편찬연구소(2013), p.105에서 재인용.

의 요구사항을 미국으로부터 획득하고자 했는데, 그것이 경제적 군사적 이익이었다.

1965년 3월 15일 이동원 외무부 장관과 러스크$^{Dean\ Rusk}$ 미 국무장관의 한국군 파병 논의가 결론을 내리지 못한 것은, 한국의 요구사항이 수용되지 않자 한국이 파병에 답을 주지 않았기 때문이다. 그러자 미 행정부는 5월 17일부터 12일간 박정희 대통령을 국빈으로 초청하여 예우를 다하며 한국군의 대규모 전투부대 파병을 공식 요청했다. 이때를 이용해 한국은 미국의 대한 안보 공약 준수와 경제 차관을 요청했고 미국은 한국의 요청을 수용했다. 당시 한국이 제시한 조건들은 주한미군 현 수준 유지, 철수시 한국과 사전 협의, 한국방위에 충분한 한국군 유지, 군사원조 이관계획 재검토, 군사 및 경제원조 확대, 그리고 1억 5천만 달러의 개발차관 제공 등이었다. 야당의 강력한 반대에도 박정희 정권이 2만여 명의 전투병 파병을 결행한 것은 위와 같은 경제적 군사적 이익을 확보할 수 있었기 때문이다.

3차 파병에도 불구하고 악화되어가는 베트남의 전황과 미국을 비롯한 세계적인 반전여론에 직면한 존슨 행정부는 1965년 12월 한국에 또다시 전투병 파병을 요청한다. 이때도 한국은 지속적이고 뚜렷한 경제 및 군사 원조를 파병의 대가로 요구한다. 협상 결과 양국은 브라운$^{Winthrop\ Brown}$ 주한 미국 대사 개인 명의의 각서를 통해 광범위한 원조를 약속한다. 16개 항목으로 구성된 브라운 각서는 다음과 같은 주요 내용을 담고 있다(부록2 참조). 첫째, 미국은 베트남에 증파되는 한국군과 연관된 추가비용을 한국정부에 보상하고, 둘째, 2년간 한국군 장비의 현대화를 추진하고, 셋째, 한국의 대간첩 장비를 개선하고, 넷째, 1966년도 원조차관을 증액하고, 다섯째, 군원 이관계획을 중단하고,

여섯째, 미국의 해외구매에 있어 한국이 참여할 수 있는 더 많은 기회를 보장하고, 일곱째, 베트남 파병 한국군의 처우를 개선한다. 그러나 이제 한국은 베트남전에 관한 한 미국의 비보호국이 아니라 미국의 협력국 혹은 지원국으로서의 역할 정체성 변화를 체험하게 되는데, 미국에 이상과 같은 경제적 군사적 이익을 거둔 것도 대미 협상전략상의 문제라기보다는 한국의 역할 정체성 변화로 볼 수도 있을 것이다.[54]

3) 사회적 요인

해외 전투지역에 대한 한국군의 파병은 국민의 생명과 직결되는 문제이다. 그래서 파병 문제는 한국과 파병 요청국의 관계만이 아니라 국내에서도 높은 관심사이다. 한국 정부 수립 이후 해외파병은 1964년 베트남 파병이 처음이었지만, 파병반대 여론이 높거나 사회운동으로 조직되지는 않았다. 외교안보문제에 관해 국민들 사이에서 정부 비판적인 목소리가 본격적으로 일어난 것은 군부권위주의 정권이 붕괴된 이후에 가능했다.

노무현 대통령의 당선과 '참여정부'의 출범은 개혁적 여론의 지지로 가능했고, 실제 시민사회운동 출신 인사들이 정부에 등용됐다. 그래서 북핵문제, 이라크 파병문제 등 외교안보문제에서 정부와 사회운동 사이의 소통과 협력이 높을 것으로 기대되었다. 물론 완전히 그렇지는 않았다. 그런 기대가 크게 어긋난 일이 이라크 파병문제였다.

2001년 9·11사태 직후 미국 부시 정부가 아프가니스탄을 침공하자 전 세계적으로 반전평화운동이 일어났는데 한국에서도 마찬가지였

---

54 김관옥(2014), pp.9-38. 3, 4차 파병 경과는 같은 논문, pp.26, 28.

다. 김대중 정부는 미국의 파병 요청을 받고 국회에 파병 동의안을 제출하였다. 2001년 12월 5일 국회가 동의안을 통과시키자 정부는 두 차례에 걸쳐 건설공병대와 의료지원단을 아프간에 보냈다. 그런 과정에서 각 부문의 시민단체들은 전쟁반대, 파병반대 운동을 전개하는 한편, '전쟁반대 평화실현 공동실천'(이하 공동실천)이라는 연합조직을 결성해 다양한 캠페인을 전개하였다. 물론 당시 반전평화운동은 대중적으로 크게 확산되지는 못했다. 다만 조직적인 반전평화운동을 개시했다는 점에서 의의가 있다.[55]

아프간에 이어 미국이 이라크를 공격할 분위기가 높아지자 세계평화운동과 함께 국내에서도 미국의 이라크 공격 및 한국의 파병 반대 운동이 활발해졌다. 무엇보다 눈에 띄는 것은 한국평화운동사상 처음으로 분쟁 현장에 들어가 반전평화운동을 전개하는 활동이 일어났다는 사실이다. '한국이라크반전평화팀'이 결성돼 2003년 2월, 20여 명의 활동가들이 이라크로 출발했고 이후 참가자가 늘어났고 국내와 연락을 취하며 반전운동을 전개하다가 그해 8월 1일 현지 활동을 종료했다. 국내에서는 기존의 여중생 범대위와 공동실천이 연합해 광범위한 시민사회단체들이 결합함으로써 파병 결정 철회, 파병안 국회통과 및 파병부대 출국 저지 투쟁을 전개하였다. 이들 파병반대운동 단체들은 △ 미국의 이라크 침공 반대, △ 한국의 이라크전 지원 반대, △ 미국의 대북적대정책 철회, △ 한반도 평화보장 등을 주장하였다.

이라크 전쟁에 대한 한국민들의 여론은 시간의 흐름에 따라, 그리고 한반도 상황을 고려해 변화를 보였다. 부시 정권의 이라크 공격이

---

55 김현미(2007), pp.36-41.

임박한 2003년 3월 17일 네이버와 엠파스 등 누리꾼들의 의견은 미국의 이라크전 지원(이라크 파병) 반대 여론이 비전투병 지원, 전폭 지원, 비군사적 지원보다 앞섰다. 그러나 전쟁 발발 직후인 3월 29일 〈한겨레〉 신문의 여론조사에서는 이라크 공격에는 반대하지만(73.7%), 한국의 비전투 병력 파병에는 찬성하는 의견(50.6%)이 반대하는 의견(47.4%)보다 약간 높았다. 전쟁 발발을 전후로 한국인들의 반전 여론은 여전히 높게 나타났지만, 한국의 미국 지지에 대해서는 반대에서 찬성으로 변해간 것이다. 이런 여론의 추이가 노무현정부의 파병 여부와 파병시 규모 및 성격의 결정에 영향을 미쳤다고 볼 수 있다.

한국전쟁 이후 한국군이 해외 전투지역에 처음 파병된 곳은 베트남 전장이었다. 박정희 정권의 자발적인 파병 의사와 미국의 필요를 배경으로 해 1964년 9월, 1차 파병을 시작으로 8년 6개월 간 파병을 단행했다. 그러나 군부 권위주의 통치 하에 있던 국내에서 정부와 언론이 베트남 파병을 반공주의와 근대화로 미화하는데 대한 이견이나 비판은 나타나지 않았다.

박정희 정부가 베트남전에 의무, 공병, 수송부대 등 비전투병으로 구성된 1, 2차 파병을 추진할 때 야당의 반대는 거의 없었다. 그러나 미국의 요구에 의해 전투병 파병을 추진한 3, 4차 파병을 논의할 때는 야당의 반대가 일어났다.

박정희 정부가 1965년 7월 12일 전투병 파병안을 국회에 제출하자, 야당은 전투병 파병을 사상 초유의 참전이라고 지적하며 국제법, 헌법, 국제여론, 미국 군사작전의 효과 등등을 거론하며 거세게 반대했다. 결국 8월 13일 민중당 등 야당 의원들이 불참한 가운데 국회 본회의가 열려 전투병 파병에 대한 질의와 토론이 진행됐지만 파병안이 통과됐다. 창군 이후 최초의 전투병 파병이 결정된 것이다.

베트남 전세가 미국에 불리하게 전개되는 상황에서 1965년 12월 미국은 브라운 주한 미대사를 통해 한국에 추가 전투병 파병을 요청하자, 박정희 정부는 경제 군사적 지원을 미국으로부터 확약 받으며 4차 파병을 추진한다. 이때는 야당의 반대가 더 높아졌다. 추가 전투병 파병 이유가 앞선 경우와 같이 명확한 득실과 계획 없이 미국과 베트남의 지원 요청에 수동적으로 따르는 것에 불과하다는 비판도 있었다. 심지어는 박정희 대통령의 정치적 이익을 위한 것이라는 언급이 나오기도 했다. 그럼에도 전반적으로 토론의 중심은 증파를 해서 한국이 얻을 이익, 특히 미국으로부터 보장받을 이익이 무엇이냐의 문제로 모아졌다. 토론은 1966년 3월 18일을 넘겨 19일에도 계속됐지만, 결국 20일 오전 11시 19분경 동의안에 대한 투표에 들어가 추가 파병안이 통과됐다. 야당은 파병반대 입장을 분명하게 표명했지만 그 목소리는 국회의 담을 넘지 못했다. 국회와 여론은 한일 국교정상화 문제에 집중되어 있었고 야당이 국민들과 파병반대운동을 조직할 수도 없었다.

그러나 민주화 이후 진행되는 파병 움직임에 대해 국민들은 이견이나 비판을 거세게 표현하였다. 1990-91년 1차 걸프전이 발발하고 미국이 파병을 요청하기에 이른다. 국회에서 1991년 1월과 2월 두 차례 파병 동의안이 통과되자 정부는 두 차례 군대를 보냈다. 이에 대학생들과 여성단체들이 가두시위, 성명서 발표 등의 방법으로 전쟁중지와 파병반대를 호소하는 운동을 전개했다.

노무현 정부 시기 한국의 이라크 파병 결정에 미친 일차적 요인은 북핵문제의 평화적 해결을 위한 미국의 협력이라는 외교안보적 필요였다. 노 대통령이 파병을 결정하면서 지지세력의 이탈이 예견되었다는 점에서 정치적 요인은 크게 작용하지 않았고, 파병시 현지에서의 경제적 군사적 이익에 대한 기대도 크지 않았다. 국내외에서 전쟁반대, 파병반대 여론이 일어났지만 파병 자체를 막지는 못했다. 진보정권으로 평가된 노무현 정부도 제일의 국가안보에 직결되는 한반도 평화정착을 외면할 수 없었던 것이다. 이는 정권 및 국가 유형을 불문하고 안보문제에 관한 정책결정에서 대통령, 정부 요인의 영향력이 다른 요인들보다 크다는 점을 보여주고 있다. 노무현 대통령은 한반도 평화를 위해 미국의 이라크 침공을 지지해야 하는 지독한 역설에 빠졌던 것이다. 다만, 파병반대여론은 파병의 성격과 규모, 시점에 영향을 미쳤다. 이는 민주화 이후 외교안보정책 결정에서 사회적 요소가 과거에 비해 영향력이 커졌음을 말해준다.

3. 소결: 공통점과 차이점

한국의 대 베트남, 이라크 파병정책은 대내적 요인과 대외적 요인이 상호작용 하며 결정되었음을 알 수 있다. 파병정책 자체가 양면게임의 양상을 띠며 대내외적 요인들이 동시에 관여할 수밖에 없기 때문이다. 그럼에도 불구하고 대외적 요인이 대내적 요인보다 상대적으로 더 큰 영향을 미쳤다고 볼 수 있다. 이는 두 사례에 공통적으로 나타나는 현상인데, 특히 한반도의 안보 상황과 한미관계 변수가 두드러진 대외적 요인이다. 전쟁 현지 상황은 부차적이었다.

그에 비해 두 사례에서 차이가 나타나는 부분은 대내적 요인의 영향이다. 박정희 군부권위주의 정권 하의 파병에서는 정권의 정치적 이익을 비롯해 경제적 군사적 이익도 크게 고려되었는데, 그에 비해 노무현 민주주의 정부 하에서는 대내적 요인들의 영향력이 달리 나타났다. 대통령의 영향이 공통적으로 크게 나타난 것은 정책결정 사안(안보)과 정치체제(대통령제)가 동일하기 때문이다. 다만, 민주주의 하의 개방적 정책결정의 특징을 반영해 파병반대여론의 영향이 부각되었음을 주목할 필요가 있다. 여론은 앞으로도 외교안보정책 결정에 영향력을 미칠 것으로 예상되기 때문에 파병정책 결정시 윈셋 형성에 새로운 변수로 작용할 것이다.

전반적으로 미국이 일으킨 침략전쟁에 비대칭적 동맹관계에 있는 한국은 해당 시기 정권의 속성과 무관하게 파병 요구를 뿌리칠 수 없는 조건에 있었다. 다만, 파병의 규모와 성격, 시기, 그 영향 등에서 두 사례는 뚜렷한 차이를 보여주고 있다. 결정적인 차이는 파견 한국군 장병의 생명을 다른 이익을 위해 얼마나 희생시킬 것이냐에 관한 인식에서 발생했다. 거기에 정권의 속성과 사회 개방성이 변수로 작용하였음을 두 사례는 잘 보여주고 있다.

＃ IV
파병 결정과정

1. 상황 규정

정책 결정집단의 상황 규정은 정책 결정과정에서 포괄적 합리성의 비현실성을 보충하고 제한적 합리성의 설득력을 증명하는 장치이다. 여기서 상황 규정은 한국의 파병정책 결정에 즈음해 결정집단의 한반도 정세 판단과 관련 행위자들에 대한 인식을 말한다.

미국의 파병 요청을 받은 2003년 한반도 정세를 노무현 정부는 위기로 인식하였다. 그것은 실제 기회 요소를 찾기 어려웠던 객관적 사실을 직시한 판단이었다. 미국 정부의 강경 대북정책과 북한의 핵개발 시인으로 구성된 소위 2차 북핵위기는 미국의 북한체제 부정, 북한과 미국 간 부정적 커뮤니케이션, 미국의 군사적 옵션 등 물리적 충돌 가능성으로 인해 촉진되었다. 그런 상황에서 노무현 정부 출범 시기 대북정책을 둘러싸고 한미 간에 이견이 노출되었다. 당시 부시 정부는 북한이 핵보유 목표 아래 그 수순을 밟고 있다고 보았고, 노무현 정부는 북한의 핵 카드를 대미 협상 및 핵보유 등 두 가지로 상정하고 있었다. 그에 따라 대북 조치도 미국은 북한이 플루토늄 재처리를 감행할 경우 대북제재가 불가피할 뿐만 아니라 군사적 옵션도 배제하지 않는다는 입장이었다. 반면 한국정부는 상황이 악화되더라고 모든 외교적 노력을 다한 후에 제재를 검토할 수 있다는 입장이었다.[1] 그런 가운데 미국 조야에서는 북한 공격 가능성이 흘러나왔다. 부시 대통령도 2003년 2월 중국 장쩌민江澤民 국가주석과 가진 미중 정상회담에서 "만약 우리가 북핵문제를 외교적으로 해결하지 못할 경우 북한에 대한 군사

---

1 이종석, 『칼날 위의 평화』(서울: 개마고원, 2014), pp.182-183.

공격을 고려해야만 한다"고 말했다.² 또 체니Dick Cheney 부통령, 월포위츠 국방부 부장관, 볼튼John Bolton 국무부 차관보 등 부시정부 내 소위 네오콘 인사들의 대북 강경 발언은 부시 대통령의 대북 인식과 맞물려 한반도 정세를 비관적으로 보게 만들었다.³

노무현 대통령은 국회 연설에 나서 대북정책을 둘러싼 한미간 이견이 있음을 인정하면서도, 양국간 협의를 통해 미국의 책임있는 당국자는 대북 공격 가능성을 말하지 않고 있다고 말했다. 그럼에도 그는 "그러나 이제 겨우 발등의 불을 껐을 뿐이라고 생각합니다. 아직 위험은 남아 있습니다."⁴라고 말했다. 북한에 대한 불신이 극도로 높은 부시 정부를 상대하며 미국이 군사적 옵션을 내려놓도록 하는 것이 노무현 정부의 급선무였다. 그를 위해 한국이 줄 수 있는 대가는 무엇인가? 얼마나?

노무현 정부의 북한 및 미국 인식도 파병 결정에 영향을 준 상황 규정의 일부이다. 먼저, 노 대통령은 김정일 국방위원장을 본질적인 문제에 대해서는 쉽게 굽히지 않겠지만 실무적인 문제에 있어서는 융통성이 있겠다고 보았다. 북한에 대해서는 흡수통일, 무력공격을 하지 않겠다는 입장을 일관되게 표명해 신뢰를 축적하는 것이 중요하다고 보았다.⁵ 그런 대북 인식은 국내에서 논란을 불러일으켰지만 북한에

---

2 George W. Bush, *Decision Points*(New York: Crown Publishers, 2010), p.424.
3 남궁곤 편, 『네오콘 프로젝트』(서울: 사회평론, 2005) 참조.
4 제238회 국회본회의회의록, 제1호, p.2.
5 노무현(2009), pp.204-205, 213-214.

대한 실용적 이해와 평화 우선의 정책 방향을 담고 있다. 이는 노무현 정부의 일관된 대북정책의 근거일 뿐만 아니라, (대통령 취임 이전의 자주적 대미 인식과 달리) 대통령의 현실주의적 대미관과 결합해 대북정책에서 한미 협력의 밑거름이 되었다. 노 대통령은 한미관계를 의식하면서 미국인들이 한국을 한국전쟁 당시 목숨으로 지켜준 나라로 보고 있다고 말하고, "우리가 파병을 거절했을 경우 … 미국 국민들이 갖게 될 섭섭함이 길게는 한미 간에 많은 문제를 일으킬 수 있"다고 판단했다. 물론 노무현 정부가 '자주외교', '균형외교'를 선호한 것은 사실이지만 그것은 한미관계를 부정, 이탈하는 급진적 수준은 아니었고, 실제 집권 하자마자 직면한 북핵문제와 파병문제로 그런 태도는 현실의 벽을 넘지 못했다. 이는 이라크 전쟁을 '정의로운 전쟁'으로 간주하지 않았지만⁶ 파병이 국익에 부합한다고 본 노 대통령의 현실주의적 상황 규정과 궤를 같이 한다. 요컨대, 한반도 상황을 매우 위험하다고 인식한 노무현 정부는 북핵문제의 평화적 해결을 위해 이라크 파병을 검토해야 하는 역설에 직면했던 것이다.

2. 반테러전 개시와 파병 요청

2001년 2월 출범한 조지 W. 부시 행정부의 대외정책은 선악의 이분법

---

6 문재인(2011), p.269. 미국의 이라크 전쟁에 대한 규범적 비판은 노엄 촘스키·하워드 진 외(2002); 이라크파병반대비상국민행동 정책사업단 편, 『이라크 파병 반대의 논리』, 반전평화 정책자료집②(2005) 참조.

에 의한 정세 인식과 미국의 압도적 군사력에 기반한 일방주의로 특징지을 수 있다. 이라크는 이란, 북한과 함께 부시 정부로부터 '악의 축'으로 불리고 선제공격대상으로 설정된다. 미국와 이라크의 관계는 1980년대 말에 전환점을 맞는다. 이란-이라크 전쟁이 끝나면서 호메이니 이슬람 근본주의 정권을 견제하는데 후세인 정권의 가치가 떨어진 차에, 후세인 정권의 쿠웨이트 침공은 양국관계를 협력에서 갈등으로 전환시키는 계기가 됐다. 1차 걸프전 이후 후세인 정권은 대량살상무기 개발 의혹과 폭압통치로 인해 미국 주도의 국제제재에서 벗어나지 못하고 있었다. 기독교 근본주의 성향을 보인 부시 대통령은 그의 네오콘 안보 참모들과 협의해 후세인 정권을 위 두 가지 혐의를 내세워 제거하기로 결정하기에 이른다.

2001년 9·11 테러 이후 부시 정부는 10월 7일 아프가니스탄 공격을 시작으로 대테러전쟁을 시작한다. 그 연장선상에서 11월 20일 폴 월포위츠 미 국방부 부장관이 이라크로 대테러전쟁을 확대할 가능성을 시사했고, 같은 달 26일 부시 대통령은 이라크의 무기 사찰 거부 시 공격 가능성을 경고하고 나섰다. 이후 2003년 3월 20일 부시 정부가 이라크를 침공할 때까지 미국은 후세인 정권을 악마화 하고, 일방적 경고는 물론 유엔 안전보장이사회 결의, 유엔 사찰, 동맹국들에 외교적 지지와 파병 요청 등 전쟁준비를 해나갔다. 2002년 11월 20일 미국은 전 세계 50여 개 국가들에 이라크 공격을 위해 사실상 파병을 요청하는데 거기에 한국도 포함되어 있었다. 동맹관계에 있는 한국이 9·11 사건 이후 대테러전쟁을 수행하는 미국의 이런 요청을 거절하는 것은 불가능한 선택이었을 것이다. 그렇다면 한국이 어느 수준과 범위에서 반응하는 것이 합리적일까? 먼저 미국의 요구 수준은 무엇이었는가?

미국의 파병 협조 요청은 공식 서한을 이용하지 않는 것이 관례로 알려져 있다. 2002년 11월 20일 주한 미국대사는 비서면 형식으로 한국 외교부 장관에 인도적 지원, 전후 복구 지원, 수송 장비 전투근무지원(공병, 의료진 등), 지뢰제거부대 등과 같은 대이라크 지원이 가능한지를 문의해왔다. 김대중 정부는 다음날 이를 언론에 공개한 후, 12월 23일에는 미국을 지원할 의사를 표명하면서 구체적인 지원 방안을 검토하고 있다고 밝혔다. 이어 12월 27일 한국정부는 주한 미국대사관을 통해 역시 비서면 형식으로 이라크 난민 지원, 주변국 지원, 전후 복구지원이 가능하고 군사 분야에서는 아프가니스탄 전개병력 전환 및 공병 1개 중대 병력 추가 지원이 가능하다는 입장을 미국측에 전달했다.[7] 이상과 같은 내용은 미국의 협조 요청에 부합하는 것으로서 파병을 하되 파병 군대는 소규모의 비전투병으로 구상되어 있다. 이런 방침에 대해 국내에서 비판적인 여론이 없지 않았지만 소수의견이었다.

한편 미국의 파병 요청 시점을 전후로 후세인 정권은 유엔 안보리 결의를 수용하고(11.13) 무기실태 보고서를 유엔에 제출하는(12.7) 등 상황이 파국으로 치닫는 것을 조정하려 애쓰고 있었다. 전쟁 준비 분위기가 가시화 된 것은 그해 크리스마스 이브에 럼즈펠드 미 국방장관이 이라크 침공을 준비하기 위해 병력 2만5천 명의 동원령을 내린 때부터다. 김대중 정부의 위와 같은 파병 방침은 대통령 선거라는 국내 정치적 일정으로 인해 실행되지 않고 다음 정부로 넘어갔다. 그러나

---

7 국방부, 『참여정부의 국방정책』(서울: 국방부, 2002), p.180; 우경림(2010), p.13에서 재인용.

사진 2   이라크 전쟁 결정의 3인방: 부시 대통령(가운데), 체니 부통령(오른편), 럼즈펠드 국방장관 ⓒ 연합뉴스

위와 같은 김대중 정부의 이라크 파병 방침은 결과적으로 노무현 정부의 1차 파병 결정의 수준과 범위를 정해준 것이다.

2003년 2월 25일 노무현 대통령이 취임하자, 미국정부는 다시 한국 정부에 이라크 파병을 요청한다. 3월 10일 라종일 청와대 국가안보 보좌관은 미국이 이라크 공격을 앞두고 한국정부에 지지와 협조를 요청해왔다고 밝히자, 노 대통령은 이 사안을 외교안보팀에서 관계 장관들과 협의해 판단해줄 것을 주문했다. 3월 13일, 미국은 다시 주한 미 대사를 통해 한국 외교부 장관에게 비서면 형식으로 보병, 공병 등 군사적 지원, 대량살상무기 및 폭발물 처리 전문가, 화생방 공격 사후처리, 인도적 지원 및 의료지원 등의 이라크전 지원을 공식 요청해왔다. 노무현 정부는 전임 정부의 파병 방침을 상기하며 미국의 요청에 대한 검토 작업에 들어갔다.

미국이 한국에 이라크전 지원을 공식 요청한 바로 그 날(3.13) 노무현 대통령과 부시 대통령은 전화 통화로 미국의 이라크 전쟁 지지와 북핵문제의 평화적 해결 원칙에 합의하였다.[8] 사실상 파병을 공식 천명한 것이다. 노무현 정부는 북핵문제로 악화된 한반도 상황을 의식하면서 파병문제를 다루어 나가지 않으면 안 되었다. 한국의 당면 최우선 목표는 북핵문제의 평화적 해결과 한반도 안정을 위한 한미협력이었고, 이를 위한 최적의 방침은 미국의 파병 요청에 '합리적 방식'으로 반응하는 것이었다. 동맹관계의 비대칭성, 사안의 민감성, 그리고 시간과 대내정치적 제약 속에서 노무현 정부는 최선의 적정 방안을 찾고자 했다. 위기에 처한 한반도 상황에 맞서는 대응 기조는 북한의 도발과 미국의 위협을 자제시키고 대화의 길로 나오도록 한국이 일관되고 단호한 자세를 취하는 것이었다. 그 중에서도 군사적 충돌을 막는데 있어서 한국은 우방인 미국을 먼저 설득하는 것이 급하고 또 가능하다고 판단했다. 파병은 그 틀 내에서 접근할 문제였다. 정부가 파병을 천명하며 내세운 반테러전 지원은 명분에 가까웠다.

3. 파병반대운동의 등장과 파병안 통과

당시 미국의 이라크 공격에 비판적인 여론은 국내에서도 형성되었는데, 시민단체와 언론, 그리고 국회의원들에서도 나타났다. 사회운동가 황인성의 기억[9]에 의존해 초기 이라크 파병반대운동을 간단히 회고해

---

8 이종석(2014), pp.185-186.
9 황인성(2003), pp.110-116.

보면 이렇다. 2001년 9·11 테러에 대해 미 부시 행정부가 대테러전쟁을 선포하고 그 일환으로 아프가니스탄을 침공하고 한국정부가 그것을 지지, 지원하는 방침을 밝힌 것이 한국시민들의 조직적인 반전평화운동의 발단이 됐다. 김대중 대통령은 미국의 아프가니스탄 공격 다음 날(10.8) '대국민 특별담화문'을 발표해 미국의 군사행동을 "인류의 평화와 안전을 지키기 위한 반테러 전쟁"이라고 규정하고, 그것이 "정당한 것으로 전폭적인 지지와 함께 협력의지"를 재확인하고, 구체적으로 "의료지원단 파견, 수송자산 제공, 반테러 국제연대 적극 참여 등"을 언급했다.[10] 그러나 시민사회운동은 9·11 테러 직후부터 테러에 반대할 뿐만 아니라 보복공격도 반대한다는 입장을 분명히 하였다. 그럼에도 미국이 아프가니스탄 공격을 감행하자 시민사회운동은 11월 8일 여성, 환경, 노동, 학생, 종교, 통일, 인권 등 각 분야의 600여 개의 단체들이 연대해 '전쟁반대평화실현공동실천'(이하 공동실천)을 결성해 보다 적극적이고 광범위한 운동을 전개해나갔다. 공동실천은 전쟁중단, 한국군 파병반대, 자위대 파병반대, 난민 지원 등을 주요 활동목표로 내걸었다.

2002년 들어서자 부시 정부는 '전쟁의 해'를 선포하고 '악의 축' 발언과 이들 국가들에 대한 핵선제공격 독트린을 발표하는 등 세계를 전쟁의 공포로 몰아갔다. 전쟁 분위기가 고조되자 전세계 평화운동은 세계 각지에서 동시 집회를 수 차례 개최하는 한편, 일부 평화운동가들은 미국의 다음 공격 대상으로 예상되는 이라크 현지에 들어가 전쟁반

---

10   김대중, "미국의 아프가니스탄 공격 관련 대국민 특별담화문," 2001년 10월 8일, 웹 '안철수와 새정치'(검색일: 2016년 11월 1일).

대운동을 전개했다. 가을 정기국회 시기에 접어들어 정부의 파병 움직임이 알려지고, 미국의 아프가니스탄 공격 1주년이 다가오자 시민사회운동은 미국의 이라크 공격 반대, 한국의 파병 반대를 내걸고 다양한 활동을 전개하였다. 그러나 그해 가을과 겨울 파병반대운동은 주한미군 장갑차에 의한 여중생 사망사건과 대통령 선거로 대중의 관심과 참여가 크지 못했다.

2003년 들어서 정부의 파병 방침이 굳어지는 가운데 파병반대운동도 본격화 되는 듯 했다. 1월 초부터 이라크 현지에 들어가 전쟁반대운동을 벌이려는 '이라크반전평화팀'이 결성돼 2월 7일, 1진 3명이 출발했다. 비슷한 시기 여야 국회의원 17명이 이라크 전쟁 반대성명을 발표했다. 2월 15일에는 전세계 600여 도시에서 동시다발로 진행하는 '국제 반전의 날' 행사의 일환으로 한국에서도 서울을 비롯해 전국 6개 도시에서 집회가 열렸다. 서울에서는 2천여 명의 시민이 참석했다. 그와 달리 2월 25일 취임한 노무현 대통령은 3월 13일 부시 대통령과 전화통화를 하며 미국의 이라크 공격 지지와 그에 대한 지원을 약속했다. 이 소식을 접한 파병반대운동 세력은 청와대 1인 시위를 시작하는 한편, 정부의 파병동의안 국회 상정 시점부터 이를 저지하는 농성을 한다는 비상행동방침을 천명했다. 미국의 이라크 공격 다음날인 3월 21일 정부의 파병안이 국회 국방위원회에서 심의 의결되고 25일 본회의를 열어 파병안을 처리한다는 국회일정이 알려지자, 22일 파병반대운동 세력과 시민들 5천여 명이 서울시청과 광화문 일대에서 촛불시위를 벌였다. 여기에 파병을 반대하는 국회의원들이 53명으로 늘어나자 여야 지도부는 파병안 처리 일정을 28일로 연기했다. 그리고 여야 의원 71명의 전원위원회 소집요구로 다시 연기하는 일이 일어났다.

3월 18일 미국의 대이라크 최후통첩과 3월 20일 미국의 이라크 공격 개시 사이에 노무현 정부는 파병을 둘러싼 대내적 명분 쌓기를 하며 구체적인 파병안을 검토해나갔다. 정부는 3월 18일 국무총리 주재로 '이라크 사태 관계장관회의'를 개최하였다. 이 회의를 통해 정부는 전쟁 발발 직후 2시간 이내에 긴급 국가안전보장회의를 개최하고, 비상 경제장관회의를 개최해 분야별 대책을 점검하고, 조속한 시일 내에 국회의 동의를 얻어 대대급 규모의 공병부대를 파견하기로 결정했다. 19일 노 대통령은 국회 국방위원회 소속 의원 14명과 만찬을 하며 파병 논의를 하며 비전투병 파견에 긍정적인 의견을 나누었다. 여야 관계 없이 참석 의원들이 공병대 파병에 찬성하자 노무현 대통령은 "여야 구분없이 이라크전 파병에 찬성하니 '국방당'이나 '안보당'이 모인 듯하다"고 말했다.11

　3월 20일 미국이 이라크를 공격하자 곧바로 노무현 정부는 국가안전보장회의 상임위원회를 열어 미국의 입장을 지지하고 5-600명 규모의 공병단과 100명 규모의 의료지원부대를 이라크에 파병하기로 결정하고, 21일 임시국무회의를 열어 파병동의안과 임시국회 소집 요구서를 심의 의결했다. 21일에는 노무현 대통령이 여야 지도부를 만찬에 초청해 미국을 지지한 배경을 설명하고 파병에 관해 초당적인 협력을 요청했고, 같은 날 국회 국방위원회는 정부가 제출한 이라크 파병 동

11　일부 야당 의원들은 공병대 외에 의료단, 화생방, 소방부대도 포함시키는 등 파병규모를 늘리는 것도 좋겠다는 의견을 내놓기도 했고, 참석 의원들은 임시국회를 열어 파병 시점을 앞당기자는 의견도 피력했다. 「서울신문」, 2003년 3월 20일.

의안을 의결하고 3월 25일 임시국회에서 의결하기로 결정했다. 아래는 정부가 국회에 상정한 파병 동의안의 주요 내용이다.

국군부대의 이라크 전쟁 파견 동의안

- 파견 목적: 테러 행위 근절을 위한 미국의 행동을 지원하는 국제적 연대에 동참함으로써 세계평화와 안정에 기여함은 물론, 한·미동맹관계의 공고한 발전을 도모하기 위함.
- 파견부대 규모: 1개 건설공병단(600명 이내), 의료지원단(이동외과 병원급, 100명 이내)
- 파견기간: 2003년 4월 1일~12월 31일
- 파견후 지휘관계: 우리 합동참모의장이 지휘하되, 작전운용은 현지 사령관이 통제함.
- 소요예산: 360억 원(건설공병단 260억, 의료지원단 100억)[12]

당시 파병반대 여론은 정확히 말해 파병 자체를 반대하는 견해와 정부의 파병안에 반대하는 견해가 혼재되어 있었다. 그런 상황에서 정부의 파병안은 자칫 전투에 휘말려 한국군의 희생이 발생할 개연성이 있고, 그럴 경우 한국은 국내외적으로 심각한 곤경에 처할 수 있다는 우려가 있었다. 정부의 파병 동의안에 포함된 1개 건설공병단은 "1개 공병대대와 이를 지원하기 위한 보급, 수송, 경계 기능을 포함하여 편성"[13]한다고 언급되어 있는 부분이 그런 우려를 자아냈던 것이다. 그

---

12 제237회 국회본회의회의록, 제1호, 2003년 3월 28일, pp.10-11.

13 위와 같음, p.9.

런 견해를 반영해 김경제 의원 등 29명의 국회의원들은 정부 파병안 중 공병단을 제외하고 의료지원단 파견에 한정하는 파병을 골자로 하는 "국군부대의 이라크 전쟁 파견 동의안에 대한 수정안"을 3월 26일 국회에 제출했다. 수정안은 "전투를 직접적으로 지원하는 건설공병단 파병은 국내의 반전여론이 고조되고 있고 국군의 대량 인명피해도 우려된다는 점에서 이라크 전쟁 파견 대상을 의료지원단으로 한정하려는 것"을 "수정이유"라고 밝히고 있다.[14] 이런 견해는 파병 자체를 반대하는 여론에 힘입었고, 4월 2일 파병안이 다시 상정된 국회에서 대통령이 직접 나선 정부의 파병동의안과 치열한 논쟁의 한축을 이루었다.

이라크 파병반대운동은 다양한 시민사회운동단체 회원들은 물론 주부와 청소년들까지 참여한 한국 최초의 광범위한 반전평화운동으로 기록될 만하다. 국가와 민족, 이념을 떠난 인류 보편가치이자 염원인 평화 문제에 국민들의 폭발적인 관심과 참여가 일어났다. 국회에서도 치열한 논쟁이 있었다. 그러나 대통령이 국회 연설까지 하면서 파병이 한반도 평화를 위한 불가피한 선택이라는 주장도 설득력이 작지 않았다. 4월 2일, 박관용 국회의장의 진행으로 12차례에 걸쳐 의원들의 토론이 진행됐다. 그 후 투표가 이루어져 수정안은 찬성 : 반대 : 기권이 44 : 198 : 13으로 부결되고, 정부의 동의안이 179 : 68 : 9로 통과되었다. 파병반대운동은 4월 3일 프레스센터에서 '반전평화비상시국회의', 12일 '지구적 시민행동의 날' 동시다발 집회를 고비로 대중적인 흐름은 소강상태로 접어든다.

---

14   위와 같음, p.1.

이상과 같은 우여곡절 끝에 정부의 이라크 파병안이 통과된 시점은 북핵문제가 갈등국면에서 협상국면으로 접어드는 상황과 겹쳐진다. 북한이 기존의 다자회담 거부 입장을 수정하므로써 4월 23-24일 북한, 미국, 중국 간에 3자회담이 열렸다. 4월 30일 파병 1진이 출발했고 보름 후인 5월 14일 파병이 완료됐다. 3자회담 이후 관련 당사국들은 활발한 막후 협상을 거쳐 8월 27-29일 1차 6자회담이 열려 회담은 "대화를 통한 핵문제의 평화적 해결"[15]을 목표로 어렵게 첫발을 내딛었다.

4. 전투병 파병 요구를 둘러싼 해석

한국 정부와 국회의 파병 결정에도 불구하고 대북정책을 둘러싼 한미간 이견 차이를 줄이는 노력은 계속되었다. 5월 11-18일 노무현 대통령의 미국 방문에 즈음해 한미간 정책 조율이 집중되었다. 5월 14일 발표된 한미 정상회담 공동성명에 한국의 강력한 요청으로 미국의 대북 군사적 옵션을 배제하고 평화적 해결 노력을 강조하는 문안이 삽입되었다. 대신 미국의 요청으로 '추가적 조치'가 언급됐다.[16] 같은 날 한국의 1차 이라크 파병은 673명 규모로 완료됐다.

한반도와 이라크 상황은 여전히 위기가 기회보다 컸다. 먼저, 후세인 정권이 몰락한 이후에도 이라크 상황은 악화일로를 걸었다. 5월 1일 부

---

15 1차 6자회담을 끝내며 중국측 수석대표인 왕이(王毅) 외교부 부부장이 구두로 밝힌 회담 결과의 첫 번째 사항으로서, 이는 한국정부가 가장 역점을 둔 사항이자 6자회담의 일차적 목표였다.

16 이종석(2014), pp.188-191.

시 대통령이 임수 완수를 선언한 이후 미군 전사자가 증가하기 시작했다. 전투 승리 직후 연합군임시행정청이 출범해 재건과 안정의 바탕 위에 이라크로의 주권 이양에 대비했으나,[17] 단기 점령을 장기 점령으로, 조속한 주권 이양을 7단계 이양 방침으로 전환하면서 미국은 수니파의 저항과 시아파의 반발에 직면했다. 6월부터는 석유 생산 및 수송 시설에 대한 공격이 시작되었다. 바그다드를 포함해 이라크 전역이 혼란으로 빠져들었다.[18] 그런 상황에서 9월 4일 한미동맹 정책 협의차 방한한 롤리스Richard Lawless 미 국방부 부차관보가 한국에 최소한 3,000-5,000명 여단급 규모의 전투병을 추가 파병해줄 것을 요청하였다.

당시 가시적 성과를 거두지 못하고 끝난 1차 6차회담 이후 한반도 상황은 여전히 불확실했다. 회담 이후 북한은 6자회담 무용론을 폈고 10월 2일 폐연료봉 재처리 완료를 언급하며 핵억지력 강화를 주장하고 나섰다. 11월 한반도에너지개발기구KEDO가 대북 경수로공사 중단을 발표했다.[19] 한국과 중국이 중재를 시도했지만 미국의 선 북핵포기와 북한의 동시행동 원칙은 평행선을 그렸다. 그런 상황 속에서 노 대통령이 자문한 질문은 당시 정부의 상황 규정과 정보 해석을 잘 보여주고 있다.

북핵문제 해결과 관련해 낙관적인 전망이 나오지 않으면 국민을 설득하기 어렵지 않겠습니까? 한반도 상황이 불안한 상태에서 이라크에 또 하

---

17 Condoleezza Rice, *No Higher Honor: A Memoir of My Years in Washington*(New York: Crown Publishers, 2011), pp.237-243

18 이근욱(2011), pp.130-165.

19 조민·김진하,『북핵일지 1995-2009』(서울: 통일연구원, 2009) 참조.

나의 불안요소를 가지고 갈 수는 없지 않습니까?[20]

파병 결정과정에서 눈에 띄는 기구가 국가안전보장회의[NSC] 사무처다. 김대중 정부때 회의구조로 있던 사무처는 노무현 정부 들어 그 기능을 확대해 통일·외교·안보정책을 기획·조정·통합해 국가안보정책의 방향을 제시하고 대통령을 보좌하는 위상으로 발전했다. 그 과정에서 관련 법령 개정이 이루어질 때까지 사무차장이 사무처를 관장하도록 하였는데, 그 자리에 이종석 박사가 임명되었다.[21] NSC를 제외하고 다른 정부 조직은 파병정책 결정에 큰 역할을 하지 못하였다. 사실 노무현 정부 들어 NSC는 외교안보정책 결정 시스템을 장관 중심에서 대통령 중심으로 전환시켰는데 그 계기가 이라크 파병정책 결정이었다.[22] 파병문제와 직접 관련된 국방부와 외교통상부가 파병정책에 적용한 표준행동절차는 발견되지 않았다. 그것은 NSC 사무처도 마찬가지였다. 파병이 일상적이고 예측가능한 사안이 아니기도 했지만 이라크 전쟁의 양상이 불확실한 점도 작용하였을 것이다. 정부는 NSC 사무처를 중심으로 계속해서 현지조사를 포함한 이라크 상황을 모니터링하고 여론의 추이를 살펴나갔다. 국가안전보장회의와 관련 부처가 운용한 대응체계[23]는 조직행태 모델에서 말하는 특정 정부기구의 표준행동절차와 다른 일종의 비상조치에 해당한다. 그렇다면 정책결정자

---

20 이종석(2014), p.204.
21 위의 책, pp.50-66.
22 김종대, 『노무현, 시대의 문턱을 넘다』(서울: 나무의숲, 2010), p.123.
23 국정홍보처(2008), p.272; 우경림(2010), p.20.

들 간의 흥정은 일어났는지를 생각해볼 필요가 있다. 이는 아래 6절 이하에서 살펴볼 것이다.

2003년 9월 4일 추가파병 요청을 받고 12월 17일 최종 결정까지 NSC 사무처는 파병문제 전담체계로 전환하였다.[24] 물론 정부 내에서 미국의 파병 요청에 대한 정보 해석과 관련 상황 규정은 단일하지 않았다. 특히, 추가파병 요청에 대해서는 정부 내 이견은 논쟁으로 불거지고 언론에 '자주파 대 동맹파의 대결'로 묘사될 정도였다. 토론을 좋아하는 노 대통령의 개방적 스타일과 청와대 참모에 학계와 시민사회 운동 출신 인사들이 참여하면서 통일·외교·안보정책 전반에 걸친 정부 내 논쟁은 여론의 이목을 끌기에 충분해 보였다.[25] 그러나 정부 내 파병 논쟁은 최종 결정단계까지 이어지지 못했다. 언론의 보도는 과대평가된 측면이 있다.[26] 미국의 요청에 조속히 응해야 한다는 외교·안보정책 부처의 주장은 시간을 갖고 신중한 검토 후 결정을 내린다는 대통령의 방침에 가로막혔다. 여론상 격렬한 파병 논쟁과 달리 정부내 파병정책 결정방식은 수평적이기보다는 수직적이었다. 대통령의 최종 결정에 앞서 파병정책을 총괄조정하는 기구는 관계장관회의나 국무회의가 아니라 NSC 사무처였다. 이종석 차장은 노 대통령이 파병 문제와 관련한 정부 내 혼선을 막기 위해 많은 지시를 내렸는데 이를 이행하거나 부처에 전달하는 것이 NSC 사무처였다고 증언한다.[27] 파병과

---

24 국정홍보처(2008), pp.271-272; 이종석(2014), p.204.
25 김종대(2010), pp.247-349.
26 이종석 전 NSC 사무차장의 증언. 인터뷰: 2014년 10월 14일.
27 이종석(2014), p.237.

관련된 정부 부서는 의견 제시와 결정 이행의 역할을 수행했을 뿐 최종결정에 크게 관여하지 못했다. 요컨대 노무현 정부의 파병정책 결정은 대통령과 NSC 사무처 중심으로 이루어진 것이다.

5. 한국의 선택지들

노무현 정부의 파병정책 결정이 비록 제한적이지만 결국 합리적으로 이루어졌는지는 가능한 선택지의 범위에서 기대효용의 극대화 논리에 따랐는지를 검토해보면 알 수 있을 것이다. 아래에서는 논란이 컸고 논의가 복잡했던 추가 파병 결정과정을 평가해보고자 한다.

노무현 정부의 파병정책은 북핵문제의 평화적 해결과 한미 동맹관계 발전을 골자로 하는 국가이익 증진을 목표로 하였다. 노무현 정부는 기회를 늘리고 위협을 최소화 하는 방향으로 정책을 검토하였다. 비대칭적 동맹관계와 안보 현안들의 동시 부상, 한반도 정세의 불확실성, 이라크 상황의 악화, 국내정치적 압박 등 파병정책 결정에 영향을 미치는 요소들이 적지 않았다. 말하자면 노무현 정부의 파병정책 결정의 환경은 제한적인 합리적 행위로 나갈 조건을 형성한 것이기도 했지만, 비합리적인 결정으로 나갈 여지도 갖고 있었다. 그 가늠자는 정책 결정 집단, 특히 최고결정자의 판단 기준과 결정방식이다.

앞에서 밝힌 정책 목표 설정과 상황 규정 아래 노무현 정부가 취할 파병 결정의 선택지의 유형과 범위는 어떻게 파악할 수 있는가. 우선, 다음과 같은 요소들로 인해 선택지의 다양한 유형을 생각해볼 수 있다. 그 요소들이란 파병부대의 임무, 규모, 주둔지, 그리고 파병 시점

등을 말한다. 이들 요소들을 적용해 파병의 선택지를 생각해본다면 전투병 파병 대 비전투병 파병, 대규모 파병 대 소규모 파병, 신속 파병 대 신중 파병 등 여러 형태가 도출된다. 주둔지에 따른 파병 유형은 파병부대의 임무와 안전을 고려해 결정될 것인데, 다른 유형처럼 이항대립형으로 제시하기 어렵다. 이런 파병 유형 분류는 한국정부의 현실적인 파병정책 결정을 보다 세밀하고 풍부하게 묘사하는 장점이 있는 반면, 결정의 주요 성격에 초점을 두고 단순화 하지 못하는 단점이 있다. 또 하나 지적할 단점은 위와 같은 다양한 유형화 작업은 파병을 전제로 한 것이기 때문에 파병정책 결정에서 가능한 선택지 중 하나인 '파병 하지 않음'을 제외하는 문제가 있다. 이런 점들을 고려해 아래에서는 노무현 정부가 선택 가능한 현실적인 파병 방안을 네 가지로 제시하고 제한적 합리성 가정 하에서 이론적 평가를 시도해보고자 한다.

그러면 노무현 정부의 이라크 추가 파병의 선택지에는 무엇이 있었는가? 첫 번째 선택지는 미국의 요청을 수용하는 전투병 파병안이다. 이 안은 한국정부 내에서 국방부, 외교부, 그리고 청와대 안보팀에서 많은 지지를 얻었다. 이들은 미국의 파병 요청을 조속히 이행해야 한다고 주장하면서 언론에 대규모 전투병 파병을 기정사실화 하려고 했다. 특히, 2003년 10월 18일 정부의 원칙적인 파병 방침 발표 이후 전투병 파병 지지자들은 그 규모를 미국의 요청보다 더 늘려 잡고 조속한 파병을 주장하였다.[28] 미국의 요청에 따른 전투병 파병안은 한미동맹관계 발전에 유용한 반면, 한반도 평화를 위협할 수도 있었다. 대

---

28 손병관, "언론플레이에 성공한 정부내 파병론자들,"「오마이뉴스」, 2003년 10월 18일.

규모 전투병 파병은 그 자체로 한반도 안정에 공백을 초래하는 한편, 북한에 위협인식을 고조시킬 우려가 있었기 때문이다. 이는 불확실한 한반도 정세를 전환시킬 모멘텀을 스스로 상실하는 것으로 보일 수도 있었다. 게다가 파병 한국군의 안전을 무시하고 파병반대 여론을 격화시킬 가능성도 높았다. 요컨대, 이 안은 고비용, 저효율로 판단된다.

둘째, 파병을 하지 않는 방안이다. 파병 반대론은 명분에 기반하고 있었는데 미국의 이라크 침공은 국제법 위반일 뿐만 아니라 미국의 패권욕 혹은 오판에 의한 잘못된 전쟁이라는 주장이다. 물론 파병 반대론에도 현실론이 가미돼 있었는데, 이라크 파병은 미 부시정부의 일방주의 외교안보노선이 한반도에 적용될 때 반대하기 어렵다는 주장이 그 예이다.[29] 이 입장은 국회와 시민사회 내에서 큰 여론을 형성했는데, '참여정부' 내에서도 개인적으로 공감하는 인사들이 있었지만 정책 대안으로 부상하지는 못했다. 노무현 정부는 파병시 얻을 효과보다 파병을 거절할 경우 발생할 손해를 더 우려했다.[30] 노 대통령도 개인적으로는 이라크 전쟁을 지지하지 않았지만 국익을 우선해야 할 대통령으로서는 파병이 불가피하다고 판단했는데, 파병 수용과 거절 사이에서 균형추를 기울게 한 것이 바로 북핵문제였다.[31] 한국의 입장에서 파병 반대는 한미관계를 훼손할 뿐만 아니라 북핵문제의 평화적 해결의 관건인 미국의 협력을 이끌어낼 수가 없었다. 미국의 요청에 긍정

---

29 이라크파병반대비상국민행동 정책사업단 편, 『이라크 파병 반대의 논리』 (2003), pp.62-63, 189-205.
30 이종석(2014), p.196.
31 위의 책, p.197.

적으로 반응하지 않고서는 한국의 당면한 국익을 추구할 수 없기 때문이다. 파병 결정 이후 노 대통령은 파병이 한미간 현안 논의에 "정서적 지렛대 역할을 했다"[32]고 평가했다. 미국에게 한국의 파병 거절은 비용은 지불하지 않고 동맹의 편익만 추구하는 결코 수용할 수 없는 옵션으로 비춰졌음에 틀림 없다.

셋째 방안은 1차 파병과 같은 소규모 비전투병으로 파병하는 방안이다. 이 안은 미국의 요청에 최소한 응대하되 한국군의 피해와 국내외 비판 여론을 최소화 하는데 방점을 두고 있다. 그러나 이 방안은 정부 내에서는 뚜렷한 대안으로 나타나지 않았고, 시민사회 일각에서도 파병 대신 평화봉사활동을 제시한 경우가 있었다.[33] 미국이 여단 규모의 전투병을 요청한 상태에서 공병·의료부대를 보내는 것은 파병 형식은 취하지만 미국의 요청과는 거리가 먼 대안이다. 그것은 새로운 국면으로 진입한 이라크 상황은 물론 불안한 한반도 정세 개선에도 뚜렷한 기여를 하기 힘들어 보였다. 무엇보다 이 방안도 미국의 불신을 초래해 북핵문제, 주한미군 기지 통합 및 전략적 유연성 등 동시다발로 부상한 한미간 안보 현안의 원만한 해결에 뚜렷한 기여를 하지 못할 우려가 잠복해있는 안이었다.

넷째는 전투병과 비전투병으로 구성된 혼성부대를 파병하는 방안을 생각해볼 수 있다. 이 방안은 전투병으로만 파병할 경우 미국의 요청에는 부응하지만 국내정치적 부담과 한국군의 피해가 우려되고, 비

---

32 노무현(2009), p.224.
33 김연철, "파병 거부가 국익이다," 이라크파병반대비상국민행동 정책사업단 편(2003), pp.193-194.

전투병만 보낼 경우 그 반대 현상이 발생하는 문제를 절충의 방식으로 해소하는 구상이다. 이 방안은 이수혁 외교통상부 차관보의 아이디어에서 나와서[34] 2003년 9월 26일 대통령 주재 안보관계장관회의에서 NSC 사무처가 보고한 내용이다. "한국형 모델"로 불린 이 방안은 파병부대를 전후 재건지원과 치안유지를 담당하는 두 분야로 구성해 그에 맞는 의료·공병부대와 치안유지군으로 구성한다는 안이다. 그러나 전투병 파견 및 비전투병 파견 각각의 상대적 효과를 절충하는 것이 최선책이 될 수 있는지는 미지수였다. 오히려 미국의 불만과 국론 분열을 유발시킬 가능성이 없지 않았다. 그럴 경우 한국의 파병정책은 한미관계와 한국군의 안전 양 측면에 위험을 초래할 우려가 있었다. 그런 이유로 위 회의에서 이 방안은 비판 받고 사장되는 듯 했다. 그럼에도 이종석 차장은 위 회의로부터 치안유지 부분을 다른 방식으로 해결할 수 있다면 모종의 비전투병 파병안을 개발할 수 있다는 자신감을 얻었다.[35]

이상 네 유형 중 어느 유형이 합리적이라고 말하기보다는 어느 유형 혹은 유형들의 조합이 합리적 결정에 근접하는가가 현실적인 질문이다. 파병을 요청한 미국과 파병을 결정할 한국은 다른 입장에 서있었다. 한국의 정책 결정집단은 미국과 동맹관계에 있지만, 미국의 요청에 대한 찬반이 아니라 미국의 요청을 평가하고, 한국이 처한 상황을 판단한 후 최적의 결정을 내리는 행위자로 행동하려 했다. 다음 절에서는 그 과정을 기대효용의 극대화 시각에서 분석 평가해본다.

---

34 김종대(2010), p.112.
35 이종석(2014), pp.204-206.

6. 최적의 선택?

1) 1단계: 합리성 훼손 가능성 통제

노무현 정부의 파병정책 결정과정은 가치, 현실, 수단으로 구성된 '판단의 삼각형', '전략적 판단의 황금 삼각형', 혹은 선호와 상황의 '전략적 상호작용'과 같은 틀에서 이루어졌다.[36] 이 요소들 사이에는 상호의존관계가 형성되고, 그럼으로써 이루어지는 결정은 제한적이지만 합리성을 내장한다.

롤리스 부차관보의 대규모 전투병 파병 요청은 그 자체로 한국의 국가이익과 한국이 추구하는 가치를 크게 제약하였다. 이라크와 한반도의 평화와 안정은 물론 헌법과 국제법이 천명한 평화주의에 도전하는 것이었기 때문이다. 반대로 정부 안팎에서 한미 동맹관계를 강조하며 미국의 요청을 조기에 수용하자는 적극 파병론자들의 주장도 높았다. 대통령의 고뇌가 깊어질 수밖에 없었고 한국정부의 파병정책은 가치와 현실 사이에서 요동쳤다. 2003년 9월 15일 청와대 수석보좌관회의에서 노 대통령은 NSC 사무처의 보좌를 받으며 일단 파병의 기정사

---

36 Geoffrey Vickers, *The Art of Judgment: A Study of Policy Making*(New York: SAGE Publications, 1995), p.51-52; Richard Zeckhauser, "Strategy of Choice," in *Strategy and Choice*, Richard Zeckhauser, ed.(Cambridge: MIT Press, 1991), p.2와 그림1; David Lake and Robert Powell, "International Relations: A Strategic Choice Approach," in *Strategic Choice and International Relations*, David Lake and Robert Powell, ed.(Princeton: Princeton University Press, 1999), pp.3-38.

실화 여론을 견제하며 신중한 입장을 취하고, 결정시 고려사항들에 대한 면밀한 검토를 지시했다. 핵심 고려사항들은 곧 파병정책의 목표와 깊은 관련이 있는 사안들로 한국의 가치와의 부합성 여부, 국가이익 도모, 국민적 합의, 이라크 요소, 국제사회의 반응 등이었다.[37] 그러나 가장 우선순위가 앞선 문제는 북핵문제가 연동돼 있는 한반도의 안정이었다. 정부는 한국의 이익과 가치를 극대화 할 적정 수단을 제한된 시간과 정보 속에서 찾아내야 했다.

9월 26일 대통령 주재 안보관계장관회의에서는 파병 여부조차 논의하지 않고 충분한 시간을 갖고 검토해야 한다는 의견이 지배했다. 이는 미국의 요청대로 조기 파병하자는 주장을 일축하는 의미를 갖는다. 다만 고건 총리가 말한, 유엔 안전보장이사회가 다국적군의 이라크 점령정책을 승인하면 미국의 파병 요구를 물리치기 어려울 것이라는 데에는 공감했다. 10월 16일 그런 내용을 담은 안보리 결의 1511호가 만장일치로 통과됐다.[38] 그 즈음 부시 행정부에서 2차 6자회담 개최 등 북핵문제 해결을 위한 전향적 태도가 나오기 시작했다. 노 대통령은 두 현상을 지켜보면서 파병 결정을 더 이상 미루기 어려웠다.

10월 18일 정부는 국가안전보장회의를 열어 파병하겠다는 원칙을 결정한다. 소위 2단계 결정 방식이었다. 부대의 규모와 성격 등 구체적인 추진 방안은 계속 검토해 추후 발표하기로 했다. 10월 20일 방콕에서 열린 한미 정상회담에서 부시 대통령은 한국의 추가파병 방침에 사의를 표하고 북한의 핵포기시 대북 안전보장의 문서화를 검토할 의향

---

37 국정홍보처(2008), pp.274-275.
38 문서번호: S/RES/1511(2003).

을 표명했다. 5일 후 북한 외무성은 "'서면불가침담보'에 관한 부쉬대통령의 발언이 우리와 공존하려는 의도에서 나온 것이고 동시행동원칙에 기초한 (북핵문제의) 일괄타결안을 실현하는데 긍정적인 작용을 하는 것이라면 그것을 고려할 용의가 있다."고 반응했다.[39]

1차 파병에 비해 부담과 논란이 커진 추가 파병 요청에 대해서 노무현 정부는 한미 동맹관계를 고려하지만 한국군의 안전, 국민여론, 특히 한반도의 안정 등을 종합 고려해 판단할 성질로 판단하였다. 따라서 결정에 적지 않은 시간과 절차가 필요했다. 이때 조기 파병 및 파병 반대 여론은 각각 정부의 합리적 결정을 긍정적인 방향으로 제약했다. 두 상반된 여론은 노무현 정부가 그것을 대미 협상의 지렛대로 삼고 시간적 제약을 완화하며 파병 방식을 결정하는데 유용하게 활용되었다. 요컨대, 추가파병 결정과정에서 정부의 1단계 원칙적 파병 결정은 합리적 결정을 훼손할 위험이 있는 대내외 요소들을 최대한 통제하고 기대효용의 극대화 관점에서 선택지를 최종 결정할 여건을 조성하였다.

2) 2단계: 기대효용의 극대화

한국의 원칙적인 추가 파병 결정은 미국의 협력으로 한반도 안정에 긍정적인 영향으로 나타났지만 파병 반대 여론을 격화시켰고, 거기에 호전되지 않는 이라크 상황은 정부의 파병 방안 검토 작업을 계속해서 괴롭혔다. 이라크 상황이 계속 악화되면서 정부는 이라크 현지 2차 조

---

[39] "조선외무성 대변인 '서면불가침담보' 고려할 용의가 있다," 「조선중앙통신」, 2003년 10월 25일.

사단 파견을 추진해 10월 31일 13명이 출발했다.[40] 그에 앞서 정부의 1차 이라크합동조사단의 보고가 10월 6일 있었는데, 국방부는 이라크 북부 모술지역의 안정성과 테러위험이 감소하는 추세라고 발표했다. 이에 대해 다음날 이라크파병반대비상국민행동(이하 국민행동)은 성명을 발표해 정부의 조사 결과를 비판하며 모술지역은 "최고의 위험지대"라고 주장했다. 국회도 6명으로 구성된 '국회이라크현지조사단'을 꾸려 11월 18-26일 이라크를 방문해 현지 정황을 살피고 작전부대와 이라크 각계 인사들과 교민 등 2백여 명과 대화를 나누고 돌아왔다. 조사단장 강창희 의원은 12월 4일 국회 본회의에서 이라크 치안 불안과 물자부족, 그리고 계속되는 저항활동에도 불구하고 이라크인들은 한국인들에 호의적인 감정을 갖고 있다고 말하며 "독자적인 작전지휘권을 맡아 치안유지와 재건지원을 동시에 수행하는 혼성군의 파병이 바람직"하다는 의견을 제시했다.[41]

한편, 노 대통령은 정부의 최종 파병 방안을 결정하기 전에 미국측과 협의하라고 지시하면서 2,000-3,000명 규모의 비전투부대를 기본으로 협상하라고 가이드라인을 제시했다. 이 안은 대규모 전투병 파병 주장에 선을 긋고 파병 찬성 및 반대 여론을 절충한 것이었다. 정부의

---

40 1차 이라크 민관합동조사단은 2003년 9월 말-10월 초 국방부 준장을 단장으로 2명의 민간인 전문가를 포함해 12명이 이라크 현지조사를 실시한 바 있다. 파병 원칙을 결정하기 전에 실시한 이 조사 결과는 조사단에 참여한 박건영 교수의 이견과 여론의 비판을 받았다.

41 제243회 국회본회의회의록, 제19호, 2003년 12월 4일, p.14; 부록 문서 "이라크 현지 조사 결과 보고서," 2003년 12월 2일, 국회 이라크 현지 조사단 참고.

대미 협의단은 11월 5-7일 워싱턴을 방문해 미국과 어렵게 상호 입장을 교환하며 한국측의 입장을 전달했다. 그런 가운데 노 대통령의 최종 파병 결정에 11월 6일 있었던 한-파키스탄 정상회담이 큰 계기가 되었다. 한국측은 이슬람문화권에 있는 무샤라프$^{Pervez\ Musharraf}$ 대통령에게 이라크 파병에 관해 자문을 요청했다. 그는 이라크 재건 지원 임무를 띤 부대를 독자적으로 운영할 것을 자문했다.

미국에 한국의 입장을 설명하고 중요한 자문을 얻은 노 대통령은 11월 11일 국방부 장관에게 3,000명 한도 내에서 지역 담당 및 재건지원 기능의 두 방안을 준비할 것을 요지로 하는 '대통령 지시사항'을 하달하였고, 13일 윤태영 청와대 대변인은 이같은 방침을 공개했다. 미국의 반응은 즉각 나오지 않았다. 이 방침은 미국의 요청에 부합하지 않았고 실제 미국측은 한국정부의 대미 협의단이 밝힌 파병안에 불만을 표출했다.[42] 그러나 12일 이라크 남부 나시리야 주둔 이탈리아 병영이 공격을 당해 이탈리아 병사 19명이 전사한 일이 발생했다. 미군은 수니파 사람들이 거주하는 팔루자 등지에서 헬기 격추와 사상자가 속출하기 시작했다. 10-11월 들어서 이라크 상황이 더욱 악화되면서 인도, 파키스탄, 터키 등 파병 요청을 받은 나라들 중에서 파병을 거부하거나 파병 결정을 내린 나라들 중에서도 연기하는 나라들이 발생했다. 이렇게 이라크 상황이 악화되어가자 11월 17일 한미안보연례협의회^{SCM} 참석차 럼즈펠드 미 국방장관이 서울에 도착하기 전에 미국은 주한미대사관을 통해 한국의 추가 파병 결정을 수용하고 사의를 표했다. 럼즈펠드 장관도 노 대통령을 예방한 자리에서 한국의 결정이 "어

---

42 김종대(2010), pp.119-122.

려운 결정이었다는 사실을 이해"한다고 말했다.43

드디어 12월 17일 안보관계장관회의에서 노 대통령은 3,000명 이내의 병력을 추가 파병해 독자적으로 일정 지역을 담당해 평화재건 지원 임무를 수행한다고 최종 결정했다. 한국은 10월 16일 유엔 안보리 결의 이후 파병을 결정한 유일한 나라가 됐고 미국, 영국에 이어 세 번째 많은 파병국이 되었다.44 12월 23일 열린 국무회의에서 추가 파병안이 최종 결정되고 같은 날 노 대통령이 파병안을 재가한 후, 24일 국회에 추가 파병 동의안을 제출했다. 정부의 추가 파병동의안의 요지는 다음과 같다(부록3 참조).45

국군부대의 이라크 추가파견 동의안

제안이유

가. 평화 애호국가로서 전후 이라크의 신속한 평화정착과 재건지원을 위해 미국이 주도하는 국제적 연대에 동참함으로써 세계평화와 안정에 기여함은 물론, 한·미 동맹관계의 공고한 발전을 도모하고자 이라크에 평화·재건지원부대를 파병하려는 것임.

나. '03년 4월 2일 국회 동의하에 국군부대(건설공병지원단, 의료지원

---

43 이종석(2014), pp.225-234.
44 2005년 8월 말 현재 이라크 주둔 다국적군은 미국 13만 5,707명, 영국 6,767명, 한국 3,376명 등 28개국 15만 6,616명으로 집계됐다. 이라크파병반대비상국민행동 정책사업단 편(2005), p.143.
45 "국군부대의 이라크 추가 파견 동의안," 제245회 국회본회의회의록, 제5호(부록), 2004년 2월 13일, pp.50-53.

단)를 파견한 바 있음.

주요골자

가. 파견 부대의 규모는 3,000명 이내로 함.
나. 임무는 이라크내 일정 책임지역에 대한 평화정착과 재건지원 등의 임무를 수행함.
다. 파견기간은 2004년 4월 1일부터 12월 31일까지로 함.
라. 부대의 위치는 미국 또는 다국적군 통합지휘부와 협의하여 이라크 및 주변국가로 하되, 대안전 및 임무수행의 용이성을 고려함.
마. 파견부대는 우리 합동참모의장이 지휘하며, 작전 운용은 현지 사령관이 통제함.
바. 국군부대의 파견 경비는 우리 정부의 부담으로 함.

정부의 최종 파병안은 앞에서 검토해본 네 선택지들 중 넷째안과 유사했다. 다만, 치안유지는 이라크 군경이 맡고 한국군이 이를 지원한다는 것이 다르다. 미국의 입장에서 한국의 추가파병 결정은 규모로 볼 때 미국 요청의 최저선이었고 임무도 민사작전 위주로 만족스럽지 못하였다.[46] 그렇지만 한국 정부의 어려운 결정과정과 이라크 상황 등을 종합 고려할 때 추가파병은 한미 양국이 윈윈$^{win-win}$한 합리적 선

---

46 추가파병 결정 직후부터 파병부대의 성격을 둘러싸고 정부와 파병반대 시민사회진영 간에 입장 차이가 발생했다. 정부는 평화재건 지원 임무를 띤 비전투병이라고 했고, 시민사회 진영은 전투병이라고 주장했다. 이종석 전 NSC 사무차장의 증언. 인터뷰: 2014년 10월 14일; 이태호 전 이라크파병반대비상국민행동 정책실장 증언. 인터뷰: 2014년 1월 6일.

택으로 볼 수 있다.

국방부는 2004년 1월 12일, 추가파병 '창설기획단'(사단장 등 67명)을 편성해 파병 준비에 들어갔지만 국회와 시민사회에서는 정부의 파병안을 둘러싸고 치열한 논쟁을 벌였다. 정부가 추가 파병안을 확정한 때로부터 국회를 통과한 시점까지 약 2개월이 걸렸다. 13일 걸린 1차 파병 때보다 훨씬 많은 시간이 들었다. 국회만 놓고 보더라도 추가 파병을 둘러싼 논의는 롤리스 부차관보가 전투병 파병을 요청한 직후부터 일어났다. 9월 17일 국회 통일외교통상위원회는 윤영관 외교통상부 장관을 출석시켜 미국의 추가 파병 요청의 의미를 확인하였는데, 유홍수 의원의 질의에 윤 장관은 파병 요청 부대가 전투병임을 인정했다. 이 점은 이후 정부가 파병 방침을 굳히고 파병반대운동세력을 설득하는데 결정적인 장애가 되었다. 윤 장관은 그 자리에서 파병 방침 결정에 유엔 안보리의 이라크 관련 결의안 통과가 주요 변수로 작용할 것이고, 구체적인 파병 규모와 방식을 결정하기에 앞서 파병 여부를 결정해야 한다고 하며 단계적인 결정 과정을 시사했다.[47]

2003년 가을과 겨울, 한국은 사상 초유의 파병반대운동의 물결에 휩싸였다. 각계각층에서, 그리고 국제 네트워크와 연결해 파병이 이라크와 한반도 평화에 역행하고 국가이익이라는 이름으로 미국의 패권주의에 추종하는 것이라는 신랄한 비판도 제기되었다. 그럼에도 파병 방침을 확정한 정부는 미국과 협의하고 이라크 상황을 주시하며 국회에 공을 넘겼다. 2004년 1월 들어 국회 국방위원회는 정부의 추가 파

---

47 제243회 국회 통일외교통상위원회 회의록, 제4호, 2003년 9월 17일, pp.10-11.

병안을 심의한 후 2월 9일, 제245회 국회(임시회) 제1차 회의에서 원안을 의결했다. 드디어 2월 13일 정부의 추가 파병안은 국회 본회의에 상정되었다. 추가 파병안을 반대하는 의원들이 토론을 주도했는데 전투병 파병, 졸속 추진, 부실한 파병 계획, 이라크의 파병 요청 없이 미국의 요구에 대한 추종, 명분 없는 이라크 전쟁, 불안한 현지사정, 불확실한 국가이익 등을 주장하며 "나쁜 평화라도 뜻 있는 전쟁 보다 낫다."는 러시아 속담을 인용하며 파병 반대를 주장했다. 토론을 거친 후 투표에 들어갔다. 찬성 155표, 반대 50표, 기권 7표였다.[48] 추가파병도 정부의 원안대로 추진할 수 있게 되었다.

2004년 2월 25-28일 2차 6자회담이 개최됐고, 3월 12일 노무현 대통령은 탄핵을 당했다. 이 두 현상은 추가 파병안의 국회 통과 후 노무현 정부가 접한 서로 다른 두 현상이었다. "저는 인기에 연연하지 않고 국익이라는 중심을 잡고 흔들림 없이 가겠"[49]다고 노 대통령은 말했다. 2004년 6월 NSC 상임위원회에서 정부는 아르빌을 주둔지로 최종 결정하고, 8월 3일부터 9월 22일까지 병력과 차량을 아르빌로 이동시키고 10월 1일부터 작전을 개시했다. 이 부대는 '자이툰부대'로 불렸다. 자이툰은 아랍지역에서 평화를 상징하는 올리브를 뜻하는 말이다.

선택의 삼각형 중 가치와 현실이 심각하게 충돌하는 상황, 즉 포괄적 합리성을 극히 제한하는 상황에서 정부는 관련 요소들을 면밀히 평가하고 관련 상대들과 긴밀히 소통하며 대처해 나갔다. 시간이 더 필요했고 최고결정자의 신임 아래 정책총괄조정을 책임진 기구가 가동

---

48 제245회 국회본회의회의록, 제5호, pp.3-13.

49 이종석(2014), pp.244-245.

되었다. 추가 파병 결정과정은 1차 파병의 경우에 비해 결정시간이 길었고,[50] 결정방식은 단계적, 절충적이었다.

한편, 그런 현상적 특징과 별도로 파병 결정은 상황의 제약과 결정자들의 스트레스에도 불구하고 합리적인 범위 내에서 진행됐다. 정책결정집단의 능동적인 대처로 상황 제약이 합리성을 훼손하였다고 말하기는 어렵다. 추가 파병을 정부의 파병정책 목표와 결부시켜 평가할 때 국내정치적 비용을 제외하면 한미관계, 북핵문제의 전개과정, 한국군의 안전, 이라크와의 관계 등 다른 모든 면에서 양호해보였다. 이라크 파병 후 한국군은 한 차례의 교전도 치르지 않았고 한 명의 사상자도 내지 않았다. 추가 파병정책은 비록 정책결정 환경과 과정에서 제약이 컸지만 결과의 논리로 볼 때 합리적이었다.

7. 1차 파병 대 2차 파병

2003년 한국의 이라크 파병 결정시 한국의 윈셋이 미국보다 상대적으로 컸다. 한국이 파병을 거부하기 어려운 상황이 조성된 것이다. 그러나 구체적인 파병 양상은 유동적이었다.

첫째, 위계적인 한미 동맹관계이다. 미국 우위의 동맹관계, 안보와 평화를 미국에 의존하는 동맹관계, 이 두 성격으로 인해 한국은 미국의 요구를 수용할 수밖에 없었다. 미국의 파병 요구에 한국의 윈셋이 크게 형성되는 일차적인 이유도 여기에 있다. 한국과 미국은 피로 맺

---

50 미국의 파병 요청부터 한국정부의 결정까지 1차 파병은 7일, 2차 파병은 44일(원칙 결정), 104일(최종 결정)이 걸려 큰 차이를 보인다.

은 동맹관계를 맺고 있는데, 그 중 일방인 미국의 본토가 사상 처음으로 공격당한 후 그에 대한 보복행위를 전개하는데 필요한 군사협력 요구를 모른 척하기 어려운 상황이었다. 그런데다가 한미 동맹관계는 균등하지 않은 상태에 있어 한국이 미국의 파병 요구를 뿌리칠 수 없는 노릇이었다. 더욱이 한국의 국익 실현을 위해 미국의 협력을 구해야 하는 상황에서는 더욱 그럴 수밖에 없었다.

둘째, 미국의 일방주의적 반테러 전쟁 명분 역시 한국의 윈셋을 크게 만들어준 요소다. 9·11테러가 발생해 미국 본토가 적대세력으로부터 처음으로 공격받은 충격 속에서 수천 명의 사상자와 수백억 달러의 물적 피해가 발생했다. 거기에 조지 W. 부시 행정부는 쇠락해가는 미국의 패권적 지위를 일방주의로 복원하려는 공격적 성향을 드러냈다. 9·11 이후 국제정세는 친미 아니면 반미, 미국 주도의 반테러전 지지 아니면 친親 알케에다 지지, 파병 아니면 친 알카에다와 같은 식의 이분법적인 사고방식이 지배했다. 테러주의 격퇴를 명분으로 하는 미국의 이라크 파병 요구에 한국의 윈셋은 파병 여부에 대한 심각한 논의가 아니라, 다양한 파병 방식을 논의하는 수준으로 윈셋이 크게 나타났다. 그에 비해 미국은 파병을 무조건 이끌어내야 하는 입장, 즉 윈셋이 작게 형성됐다.

셋째, 한반도 평화 문제는 한미 양국이 협력해야 기능한 부분이므로 이 점에 있어서는 양국의 윈셋이 비슷한 크기를 나타냈다고 할 수 있다. 그럼에도 2003년 당시 한반도는 북한의 핵무기 개발의 인정과 부시 행정부의 강경정책이 결합해 소위 2차 북핵위기가 조성된 상태였다. 물론 한반도 평화정착은 한국에 사활적인 이해지만 그렇다고 이 문제에만 전념해 다른 외교안보 사안을 뒷전으로 놓은 식으로 한국의 윈셋이 작다고 보기도 어렵다. 한국으로서는 전쟁 없이 북핵위기를 평화적으로 해결할 분위기를 조성하는 것이 급선무였다. 여기에 미국의 협조가 필수적이었다. 한반도 안보와 관련해서는 미국도 윈셋이 작다고 하기는 어렵다. 왜냐하면 한반도 정세가 안정돼야 한국의 파병이 가능하고, 심지어는 주한미군의 이라크 전개도 가능할 것이기 때문이다.

위 세 가지 측면들로 파병문제를 둘러싼 한국의 윈셋은 작지 않았다. 부시 행정부의 강력한 반테러전은 미국 내 초당적이고 압도적인 지지는 물론 국제적으로 반대세력을 찾기 어려웠다. 이라크 전쟁에 앞서 2002년 10월 미국의 아프가니스탄 공격에 대한 김대중 정부의 지지 의사 표명과 12월 파병 방침 천명은 노무현 정부의 선택지를 파병의 범위 내에서 제한하였다. 그것은 노무현 대통령이 미국의 파병 요청을 받은 날 부시 대통령과 파병에 긍정적인 통화를 한 것에서도 알 수 있다. 정부가 파병 동의안을 국회에 제출하기 8일 전이었다.

그런 가운데서도 국내적으로는 소통과 참여를 중시한 '참여정부'의 등장으로 외교안보정책을 포함한 국가정책에 관해 백화제방이 일어난 시기였다. 분단 이후 최초의 대중적인 반전평화운동이 조직되어 활동을 시작한 것이다. 물론 그 영향력은 2003년 상반기까지 크지 않았고 내부 의견 통일도 완전히 이루어진 것은 아니었다. 파병반대운동이 일어났지만 강력한 반대로 파병지지세력과 경쟁해 파병을 연기시킬 만큼 충분히 조직된 것은 아니었다. 동시에 한반도 안정과 북핵문제의 평화적 해결을 위한 노무현 정부의 전략적 판단에 대한 지지 여론도 파병반대 여론과 팽팽하게 경쟁하고 있었다. 미국이 이라크를 공격하고 한국정부가 이라크 파병을 결정한 이후인 2003년 3월 29일 「한겨레」 신문이 실시한 여론조사에서는 미국과 영국의 이라크 공격에 대해서는 73.7%가 반대했지만, 한국정부가 이라크에 비전투 병력을 파병하는 것에 대해서는 찬성 50.6%, 반대 47.4%로 나타났다.[51]

정리하면 미국측으로부터 오는 강력한 파병 요구와 전임 정부의 파병 방침으로 인해 2003년 노무현 정부는 파병을 어렵지 않게 결정했다. 국내의 파병반대여론은 이 두 요소를 압도할만큼 크지 않았다. 결국 의료·공병부대로 구성된 1차 파병은 신속하게 전개되었다. 정부의 국회 동의안 의결(3.21)부터 국회 파병동의안 통과(4.2)까지 11일 걸렸고, 미국의 파병 요청(3.13)으로부터는 21일 걸렸다. 한국의 파병 결정 윈셋이 컸기 때문이다. 미국의 파병 요구는 매우 절박했고, 한국은 위에서 언급한 변수들과 비전투병 파병안을 포함해 여러 측면에서 파병 결정이 복잡하거나 심각하게 이루어진 것으로 보기는 어렵다.

한국의 2차 이라크 파병 결정 때도 위에서 언급한 기본적인 윈셋 구도에는 변함이 없다. 당시 형성된 윈셋 구도가 파병 여부에 영향을 미칠 정도가 아니었기 때문에 그 변화를 과대평가하는 것은 적절한 평가가 아니다. 2차 파병 결정과정에서 나타난 한미 양국의 윈셋에서의 변화는 상대적인 수준이었다. 그것은 한국의 대미 협상전략에 영향을 미쳤고 그 결과 한국군의 이라크 파병 방침에 영향을 끼쳤다.

우선, 한국의 1차 파병 이후 나타난 대외적 요소들이 한국정부의 추가 파병 논의의 윈셋을 축소시켰다. 미국의 전투병 파병요구를 비롯해

---

51 「한겨레」 신문이 여론조사기관 리서치플러스에 의뢰해 전국 성인 남녀 700명을 대상으로 한 전화 여론조사 결과임(신뢰도 95%, 표준오차 ± 3.7%). 김현미(2007), p.55에서 재인용.

이라크 현지 정세, 유엔에서의 이라크 논의, 세계 파병반대운동의 발전 등이 한국에서의 파병 논의를 어렵게 하고 추가 파병 찬성 대 반대 구도를 격화시켰다.

특히, 미국의 전투병 파병 요구는 노무현 정부의 파병 결정에 심각한 제약으로 작용하였고, 파병반대운동에 기름을 얹어준 격이었다. 전투병과 비전투병은 명백한 차이가 있었다. 노무현 정부가 북핵문제의 평화적 해결을 위해 미국의 파병 요청에 응할 수밖에 없었지만, 1차 파병은 공병·의료부대로 한정되었기 때문에 비교적 신속하고 정치적 비용을 적게 지불하며 단행할 수 있었다. 그런데 5천 명 규모의 전투병 파병 요구는 완전히 다른 문제였다.

바그다드 함락(2003.4.9) 이후 미국의 기대대로 이라크가 안정화되지 않고 내전으로 바뀌는 상황도 한국의 추가 파병 결정의 원셋을 축소시키는데 일조했다. 4월 하순부터 후세인 수니파 정권의 지지기반이었던 팔루자 지역에서 미군에 반대하는 시위와 무장저항이 일어나기 시작했고, 12월 후세인이 체포되자 팔루자에서는 폭동이 발생했다. 이후 2003년 8월부터 2004년 1월까지 팔루자에서는 총 262회의 무력 충돌이 발생했다. 2004년 들어 본격화 된 미국, 수니파, 시아파 간 삼면전쟁 양상은 2003년 후반 이라크 정세를 예측하지 못한 미국의 점령정책과 수니파의 반미 무장투쟁에 기인한다. 그런 이라크 정세 속에서 노무현 정부는 전투병 파병 요청에 직면하였다.

그 당시 미국의 이라크 공격의 명분이 된 후세인 정권의 대량살상무기 개발 의혹은 증거를 찾지 못했다. 2003년 6월 미국, 영국, 호주의 민간인들로 결성된 '이라크조사단'은 10월 중간보고서를 발표해 후세인 정권이 대량살상무기 관련 계획을 갖고 활동을 했지만 생화학무기와 핵무기를 제조하지 않았다고 했다. 더욱이 2004년 1월 23일 케이 David Kay 조사단장이 사임하면서 이라크에 대량살상무기가 없고 후세인 정권이 대량살상무기를 제조하지 않았다고 선언했다. 그해 9월 발표된 조사단의 최종보고서는 케이의 선언과 크게 다르지 않았다. 케이 단장의 폭탄선언을 계기로 미국에서는 잘못된 정보에 근거한 이라크 공격에 대한 비판여론이 부상했고, 부시 대통령은 2004년 2월 이라크정보위원회를 초당적으로 구성해 이라크 공격까지 포함해 정보실패를 조사할 것을 명령했다.[52] 전쟁의 명분이 뿌리에서 흔들리는 상황이 연출된 것이다. 노무현 정부의 파병 결정이 의도적으로 지연, 세분화, 이슈 연계가 일어난 것은 이와 같이 전쟁의 명분이 허구라는 국제여론이 높아진 사실과 무관하지 않다. 미국과 영국은 유엔 안전보장이사회의 결의 없이 이라크 공격을 결행하면서 내놓은 명분이 후세인 정권의 대량살상무기 개발이었는데, 그 의혹이 미국의 추가 파병 요구 시점에서 거짓으로 드러나기 시작한 것이다. 미국이 추진하고 있던 안보리 결의도 채택되지 않은 채 말이다.

이상 대외적 측면에서 나타난 일련의 사건들은 한국정부의 파병 결정에 직간접적인 방식으로 영향을 미쳤다. 직접적인 영향은 바로 위에서 언급한대로다. 동시에 대외적 현상들은 국내의 파병 여론에 영향을 미치는 방식으로 정부 정책에 간접적으로 도달했다. 위에서 언급한 세 가지 대외변수들은 국내 파병반대운동을 자극해 정부의 파병 결정 방식에 영향을 미쳤다. 정부가 파병 방침을 결정(10월 18일)하기 위해서는 유엔 안보리 결의안 1511호 통과(10월 16일)가 필요했다. 파병 부

---

52 이근욱(2011), pp.152-154, 173-175.

대의 성격과 규모 결정(12월 17일)은 후세인 대통령의 체포(12월 14일) 후에 이루어졌다. 미국의 전투병 파병 요구는 국내의 반대여론 등 정치적 비용을 고조시키는 현상을 초래했다. 9월 23일 파병반대운동에 나선 351개 시민사회단체들은 '이라크파병반대비상국민행동'을 발족하였고 이어 각 지역별로도 파병반대운동이 조직화 되어갔다. 그에 앞서 4월 15일 국회의원 총선거에 즈음하여 파병반대세력은 파병 찬성 후보들에 대한 낙천낙선운동을 전개하여 정치권의 파병 결정을 지연시킨 바 있다.

노무현 정부는 축소된 윈셋을 조정할 필요성을 갖게 되었다. 정부는 높아지는 파병반대여론을 활용해 미국과의 파병 협상 절차를 세분화 하거나 지연시키는 방식으로 윈셋을 조정하는 전략을 취하기도 했다. 파병 방침 자체와 구체적인 파병 계획을 분리해 접근한 것이 대표적인 예이다. 한편, 노무현 대통령이 파병반대운동 지도자들을 접견하거나 이라크 합동조사단을 파견한 것은 정부가 파병 결정을 진지한 자세를 갖고 충분한 절차를 밟으며 전개하고 있다는 점을 국민들에게 보여줘 신뢰를 획득하려는 행동으로 간주할 수 있다. 이는 파병이 한반도 안정 등 국가이익을 위한 불가피한 결정이라는 대국민 설득 논리와 함께 윈셋을 확대해 파병지지 여론을 조성하려는 전략으로 볼 수도 있다.

노무현 정부의 윈셋 조정 전략은 협상 상대인 미국의 윈셋을 확대하려는 움직임으로도 나타났다. 그 방법은 북핵문제의 평화적 해결과 그를 위한 6자회담의 전개가 한국의 추가 파병에 긍정적이라는 일종의 연계전략을 펴 미국측의 태도를 완화시키는 것이다. 이 연계전략은 한미 외교장관회담시 윤영관 장관이 공식 언급해 문제가 되었지만, 한국은 사실 이 전략을 취하면서 파병문제를 접근해나갔다. 또 다른 방법은 미국 여론을 상대로 한국의 파병정책에 대한 긍정적인 이미지를 조성하는 전략이다. 가령, 한국이 '추악한 전쟁'에 연루되고 싶지 않지만 한반도 평화와 한미 동맹관계를 고려해 최소한의 수준에서, 평화적인 방식으로 접근하려 한다는 일종의 '메아리 전략'을 취해 미국의 윈셋을 확대시키려 한 접근을 말한다. 여기에 한국정부가 국내 파병반대 여론을 활용하려 한 흔적은 어렵지 않게 찾아볼 수 있다.

결국 한국이 추가 파병을 결정함에 있어서 국내외적인 변수들이 엄중해져 윈셋은 1차 파병때에 비해 작아졌다. 국내 파병반대운동이 조직적인 활동을 전개한 점과 이라크 전쟁의 명분이 거짓이었다는 사실이 부각된 점이 변수로 작용했다. 그 결과 정부의 추가 파병 결정은 파병 방침 결정(10월 18일)과 구체적인 파병안 확정(12월 17일)이 분리돼 순차적으로 이루어졌고, 국회 안팎에서의 격렬한 논쟁을 거쳐 파병안의 국회 통과는 해를 넘겨 2004년 2월 13일 이루어졌다. 파병안 국회 통과는 정부의 파병안 결정 이후 57일 만이고, 파병 방침 결정 이후로는 117일 만이고, 미국의 추가 파병 요구 이후로 161일 만이다. 1차 파병 결정과정과 비교하면 한국의 윈셋이 그만큼 작아졌음을 알 수 있다.

결국 한국은 미국의 파병 요구를 수용하였다. 한국은 미국의 전투병 파병 요구에 응하면서도 다양한 협상전략을 전개해 파병 시기와 부대의 규모, 구성, 위치, 임무 등에 있어 한국의 입장을 최대한 관철시켰다. 미국도 윈셋이 큰 것은 아니었지만 한국이 처한 입장을 이해했고, 무엇보다 예상하지 못한 이라크 현지 사정 악화로 동맹국의 병력 지원이 절실했기 때문에 한국의 파병 정책을 수용하지 않을 수 없었다. 말하자면 한국의 추가 파병 결정은 1차 파병 때보다는 작아진 한국의 윈셋과 약간 커진 미국의 윈셋이 결합된 결과다. 물론 한국의 파병정책은 미국의 파병 요구를 무시할 수 없는 기본적인 윈셋 구도 하에서 이루어진 점을 간과해서는 안 된다.

8. 파병 연장과 철수 결정

2004년 2·13 추가 파병 동의안이 국회를 통과하자 정부는 부처별 파병 준비 작업에 박차를 가했다.[53] 국방부는 파병기획단 창설에 이어 2월 중 부대 완편 및 현지 협조단 파견 등 사전 정비 작업과 함께 현역병 45명이 아랍어 교육을 받았다. 외교부도 대아랍권 특사 파견, 이라크 외무장관·부족장 방한 초청 등 친한 외교활동과 함께 이라크(3,000만 달러) 및 중동 17개국(3,000만 달러)에 대한 지원 계획 등을 수립하였다.

그러나 이라크 현지 상황 악화와 세부 주둔조건 논의과정에서 미국 측과의 이견으로 파병지역이 모슬 〉 키르쿠크 〉 아르빌로 변경되는 혼선을 빚기도 했다. 이와 관련해 국방부는 2004년 4월 파병 실무조사단을 추가로 파견해 현지 치안상황을 조사한 후, 6월 NSC 상임위원회를 개최해 추가 파병 입장을 최종 확인함과 동시에 자이툰 부대의 파병지역을 아르빌로 최종 확정했다. 이를 계기로 NSC·국방부·외교부·국정홍보처·국가정보원 등이 참여하는 범정부 통합 홍보활동을 전개하는 등 사전 정지작업을 구체화 하였다. 2월 23일 자이툰 부대 창설 이후 파병시까지 주특기훈련 등 개인안전 관련 임무 숙지, 주둔지 방어·지상이동 훈련 등 사전준비가 이루어졌다. 사단급 규모의 부대를 자력

---

53 이하 추가 파병 전개과정은 국정홍보처(2008), pp.279-280.

으로 최장 거리 해외 파견지역에 전개하는 것은 창군 이래 최초였다.

2004년 8월 3일부터 9월 22일까지 1,175명의 병력과 차량 394대 등의 장비를 쿠웨이트의 캠프 버지니아에서 이라크 아르빌까지 이동하는 과정은 '파발마 작전'으로 불렸다. 1,115km에 이르는 지상이동작전은 폭염과 모래폭풍, 적대세력의 위협 속에서 단 한 건의 전투력 손실없이 완수되었다. 자이툰 부대는 적대세력의 테러가 계속되는 바그다드, 사마라, 티크리트 등 이라크 '수니 삼각지대'를 지나야 했다. 이동경로에는 동맹군들에 대한 적대세력의 테러공격이 가해졌다. 그러나 자이툰 부대는 단 한 명의 사상자나 단 한 건의 장비 손실 없이 아르빌에 입성했다.

한편, 위와 같은 '파발마 작전'을 개시하는 때에 정부는 또다른 형태의 이라크 파병을 단행하게 된다. 공군 제58항공수송단(다이만부대)의 파병이 그것이다. 국방부 웹사이트[54]에는 다이만부대의 파병이 2004년 7월 31일 국회에서 '결정'되었고, 그에 따라 8월 31일 부대를 창설해 같은 해 10월 24일 임무를 시작하였다고 밝히고 있다. 그러나 해당 시기 국회 회의록을 아무리 찾아보아도 다이만부대의 파병안이 상정, 논의, 투표된 기록은 없다. 그렇다면 국방부가 말하는 국회 결정이란 정식으로 정부의 파병동의안 상정과 국회 본회의 투표를 통한 결정이 아니었음을 말해준다. 국군의 해외파병은 명백히 국회 비준을 요하는 사안인데, 다이만부대의 파병이 정부의 일방적 결정으로 이루어

---

54 http://www.mnd.go.kr/user/boardList.action?command=view&page=1&boardId=O_46599&boardSeq=O_50320&titleId=null&siteId=mnd&id=mnd_010702000000 (검색일: 2016년 11월 14일).

진 것이라면 그것은 위헌 소지를 불러일으킨다. 국방부는 다이만 부대가 병력 143명, C-130항공기 4대로 편성되었으며, 자이툰부대에 공중 재보급 및 교대 병력 수송임무와 합참 승인 하에 다국적군 공수지원 임무를 수행하였다고 밝히고 있다. 국방부 웹사이트에 따르면, 다이만부대는 2008년 12월 21일까지 2,000여 회에 걸쳐 270만km를 운항하였고, 화물 수송량은 3,599톤으로 베트남전의 4배에 달하는 화물을 수송하였다. 여기에는 자이툰부대는 물론 다국적군의 병력과 군수 물자 공수를 포함한 것으로서 전투병 파병동의시 적시한 파병 부대의 임무 즉, "평화정착과 재건지원 등의 임무"를 벗어났을 개연성을 불러일으킨다. 이에 관해 당시 파병반대운동 진영은 다이만부대의 파병은 명백한 위헌으로서, 이 부대는 자이툰부대의 파견 동의안 보고시 부대편성에 전혀 포함되지 않았던 새로운 부대 편성과 임무를 띤 것으로서 국회에 별도의 동의안을 제출해야 할 사안이라고 주장했다.[55] 이와 같이 다이만부대의 규모, 파병 기간, 그리고 임무 등을 감안할 때 국회동의 없는 졸속, 비밀 파병은 심각한 문제를 초래할 수 있다. 헌법과 관련 법률에 의한 민주적 정책결정을 벗어나 소수 관료들에 의해 국군의 생명과 안보정책이 좌지우지 될 위험성을 드러내준다.

추가 파병안의 가결로 한국군은 아르빌에 주둔하였지만, 임무 수행 기간은 그해 말까지로 한정되어 있었다. 국회를 통과한 파병동의안에 따르면 한국군은 주둔하자마자 철군을 준비해야 했다. 이라크 정세가 악화되어 가는데 미군과 협력하며 파병 임무를 달성하기에는 턱없이 부족한 시간이었다. 이미 2003년 5월 1일 부시 대통령이 전쟁 종료를

---

55 이라크파병반대비상국민행동 정책사업단 편(2005), p.188.

선포했지만, 나자프, 팔루자 등지에서 미군과 이라크인들 사이에 유혈 사태가 이어졌다. 이듬해 4월에는 미군이 운용하는 아부그레이브 감옥에서 미군이 이라크인이나 유색인을 고문하고 학대한 사실이 미 CBS 방송에 의해 폭로되었다. 미군의 입장에서 볼 때 이라크 정세는 정반대로 흐르고 있었다. 2004년 6월 28일, 미군이 이라크에 주권을 이양했지만 이라크 안정화의 길은 험난했다. 거기에 그해 9월 이라크조사단의 최종보고서가 발표돼 부시 정부를 곤경에 빠뜨렸다. 미국의 이라크 공격이 잘못된 정보에 기반한 잘못된 판단에 따른 것이라는 결론이었다. 이라크에서 테러는 심해갔다. 미국은 동맹·우방국들의 협력이 절실히 필요했다. 그때 한국군 3천 명의 파병은 대단한 힘이 되었는데, 그 기간이 너무 짧았다. 노무현 정부는 파병 연장안을 추진한다.

  한국정부는 이라크 파병 연장을 2004년 12월부터 2007년 12월까지 네 차례 추진해 모두 정부의 동의안대로 국회에서 비준됐다. 2004년 12월 정부가 국회에 제출한 '국군부대의 이라크 파견연장 동의안'의 요지는 첫째, 파견 연장 기간은 2005년 1월 1일부터 12월 31일까지이며, 대상 부대는 이라크에 파견된 평화·재건지원부대, 둘째, 파견 부대의 임무는 이라크 내 일정 책임 지역에 대한 평화 정착과 재건 지원 등, 셋째, 국군부대의 파견 경비는 한국 정부의 부담으로 한다는 것이다. 이와 같은 정부의 1차 파병 연장 동의안은 국회에서 두 차례 (12.9, 12.31) 논의됐다. 파병 연장을 반대한 국회의원들의 논리는 파병 연장안보다 다양하였다.

  2004년 12월 31일, 저녁 9시 47분 속개된 제17대 국회 제251회 제3차 본회의에서 송봉숙 의원(민주당)은 이라크 정황이 혼미해져 철군이 일어나고 있다고 지적하고, "2,000억 이상의 막대한 예산으로 군대(자이툰부대)를 유지하고 소모하는 것과 그 돈을 이라크 정부와 국민들에게 지원하는 것 중에서 어느 쪽이 더 이라크인에게 도움이 되는 일인지를 먼저 설득할 수 있어야 할 것"이라고 주장했다. 권영길 의원(민주노동당)은 "16대 국회에서 파병이 결정되고 나서… 미국의 어떤 저명한 언론인이 … '대한민국은 미국을 쫄쫄 따라다니는 국가다. 예속된 국가다. 그것을 대한민국 국회는 보여 주었다.'라고 이야기했"다며, 미국의 입장에 "압도적인 찬성을 해 주었다고 그래서 한미동맹이 강화된다고 생각하십니까? 그렇지 않습니다."고 주장했다. 이영순 의원(민주노동당)은 "2004년 한 해 자이툰부대 파견에 10월 말까지 1,200억 원을 사용했지만 평화 정착과 재건 지원을 위해서 한 일은 거의 없"다고 주장했다. 임종인 의원(열린우리당)은 파병 연장을 반대하는 이유 13가지를 제시하며 기염을 토했다.[56] 이와 달리 여당을 대표

---

[56] 13가지의 대강은 첫째, 자이툰부대가 전투 행위에 휘말릴 가능성이 있고, 둘째, 미국의 요청으로 파병했지만 미국이 한반도 안보문제에 관한 협력이 미미하고, 셋째, 자이툰부대는 이라크를 돕는 것이 아니라 미국을 돕기 위해서 파병된 것이고, 넷째, 파병으로 한국의 대외 이미지가 손상되고 있고, 다섯째, 이라크 국민 83%가 미군과 연합군의 이라크 주둔을 원하지 않고, 여섯째, 이라크 침공 이유가 조작됐고, 일곱째, 이라크 침공이 유엔의 승인 없는 불법 침략이고, 여덟째, 이라크 상황이 전후 재건이 불가능한 혼돈이고, 아홉째, 한국군 주둔 지역이 불안정하고, 열 번째, 쿠르드족이 대다수인 주둔지 아르빌은 아랍계와 분쟁에 휘말릴 우려가 있고, 열한번째, 김선일 사건처럼 한국인과 시설물에 대한 테러 가능성이 있고, 열두번째, 추가 파병한 나라는 한국뿐이고 철군이 이루어지고 있고, 열세번째, 국회이라크현지조사단의 조사 결과가 미흡하다는 것이다. 제251회 국회본회의회의록, 제3호, 2004년 12월 31일, pp.9-10.

해 정의용 의원(열린우리당)은 알라위 이라크 총리가 노무현 대통령에게 한국군 파병 기간 연장을 요청하는 공식서한도 보내오고, 미국 의회와 정부의 지도자들이 한결 같이 북핵문제의 평화적 외교적 해결 원칙을 재확인하였다고 하면서 파병 연장안을 지지한다고 밝혔다. 토의 후 곧바로 진행된 투표 결과, 파병 연장 동의안은 재석 278인 중 찬성 161인, 반대 63인, 기권 54인으로서 가결되었다.[57]

위 파병안 통과로 파병을 1년 연장한 후 2005년 12월 30일, 제17대 국회 제257회 제1차 국회본회의에서 정부가 제출한 '국군부대의 이라크 파견연장 동의안'이 논의되었다. 이 동의안의 주요 내용은 첫째, 파견 연장 기간은 2006년 1월 1일부터 12월 31일이며 대상 부대는 이라크에 파견된 평화·재건지원부대이고, 둘째, 파견 부대의 규모는 3,700명 이내로 유지하되 2006년 상반기부터 2,300명 이내로 조정을 시작하고, 셋째, 파견부대의 임무는 이라크 내의 일정 책임지역에 대한 평화 정착과 재건 지원 등이고 파견 경비는 한국 정부의 부담으로 한다는 것이다. 토의 직후 투표가 진행돼 재석 156인 중 찬성 129인, 반대 15인, 기권 12인으로 국군건설공병부대의 대테러전쟁 파견연장 동의안은 가결되었다.

1년여 후인 2006년 12월 22일, 제17대국회 제263회 제1차 국회본회의에서 또다시 정부가 제출한 '국군부대의 이라크 파견연장 및 감축계획 동의안'이 논의되었다. 동의안의 주요 내용은 첫째, 파견 연장 기간은 2007년 1월 1일부터 12월 31일이고, 둘째, 파견 부대의 규모는 2,300명 이내로 유지하되 2007년 4월 말까지 1,200명 수준으로 감

---

57   위와 같음, pp.2-11.

축하는 것이고, 셋째, 2007년 중에 이라크 정세, 파병국 동향 등을 종합적으로 고려해서 자이툰부대 임무를 성공적으로 마무리한다는 것이다. 토의 직후 투표를 실시한 결과, 재석 190인 중 찬성 114인, 반대 60인, 기권 16인으로서 위 동의안은 가결되었다. 이때 정부는 파병 연장에 반대하는 여론을 감안해 자이툰 부대의 임무를 2007년 12월 말까지 종료하고 임무종결계획서를 2007년 상반기 중 국회에 제출하겠다고 밝혔지만 그렇게 하지 않았다.

이라크 파병 연장 관련 마지막 동의안은 2007년 말에 국회에 상정되었다. 2007년 12월 28일, 제17대국회 제270회 제3차 국회본회의에 정부가 제출한 '국군부대의 이라크 파견연장 및 임무종결계획 동의안'이 상정되었다. 정부는 당초 일정과 달리 10월 23일에 병력 감축과 1년 연장을 골자로 하는 자이툰 부대 임무종결계획서를 국회 국방위원회에 보고했고 11월 5일에 본 동의안을 국회에 제출했다. 이 동의안의 주요 내용은 첫째, 파견 기간을 2008년 1월 1일부터 2008년 12월 31일까지로 1년간 연장하되 2008년 12월 말까지 모든 임무를 종결하고 철수할 것이며, 둘째, 부대 규모는 2007년 12월 20일부로 약 600명을 감축해서 650명으로 줄어든 상태인 현재의 병력 수준을 2008년까지 그대로 유지한다는 것이다. 이 동의안은 투표 결과, 재석 256인 중 찬성 146인, 반대 104인, 기권 6인으로서 가결되었다.

이상과 같이 이루어진 이라크 파병 연장은 부대 규모의 축소를 거쳐 임무 종결때(2008.12.19)까지 임무를 수행하였다. 그러나 이라크 서희·제마부대, 자이툰부대 등 이라크 파병 부대의 활동에 대해서는 단일한 평가가 이루어지지 않고 있다. 이에 관해서는 제Ⅵ부에서 상세히 살펴볼 것이다.

9. 베트남 파병 결정과정

1) 1, 2차 파병 경과

이라크 파병을 비교 평가하기 위해 베트남 파병 결정과정을 살펴보자. 한국군의 베트남 파병은 처음에는 한국정부 스스로, 이후에는 미국과 남베트남 정부의 요청에 의해 1964년 9월에서 1973년 3월까지 네 차례에 걸쳐 이루어졌다. 파병 기간은 8년 6개월이었고, 1968년에는 주둔 병력이 최대에 이르러 49,869명으로 미군에 이어 두 번째로 큰 규모였다.[58]

미국은 처음 박정희 정권의 베트남 파병 제의에 사의를 표했지만 실제 파병을 수용하지는 않았다. 그러나, 미 케네디 행정부는 본격적인 전쟁 개입으로 병력이 필요해지자 한국 등 동맹·우방국들에게 파병을 요청하기에 이른다. 미국은 베트남에 자유세계 군사원조단Free World Military Assistance Force을 창설하는 한편, 한국을 포함한 25개 동맹·우방국들에게 파병을 요청하였다. 미국의 이런 파병 요청은 본격적인 베트남전 개입을 위한 사전 준비의 성격이 짙다. 리영희 선생의 분석에 따르면, 미 국방성 비밀문서가 언급한 "북베트남에 대한 정교하고 은밀한 군사작전계획"이라 불린 일명 "34알파 작전계획"이 1964년 2월 1일 개시되었다. 미국의 대라오스 공중작전과 논란을 빚은 통킹만사건 이후 존슨 대통령의 북폭 명령과 미 의회가 행정부에 전쟁의 전권을 부

---

58 이하 한국군의 베트남 파병 경과는 국방부(1998), pp.128-129; 국방부 군사편찬연구소(2013), pp.94-96.

여한 결의도 존슨 행정부의 파병 요청을 전후로 이루어졌다.[59]

미국으로부터 베트남 파병 요청을 받은 박정희 정부는 1964년 5월 21일 국가안전보장회의의 심의와 국회의 동의를 거쳐 아시아의 평화와 자유 수호, 자유 베트남에 대한 공산 침략의 저지, 한국전쟁 당시 자유 우방국들이 한국을 도와준 데 대해 보답한다는 목적을 갖고 국군의 베트남 파병을 결정하였다. 그렇지만 박정희 정부가 파병을 단행한 규모와 전투병을 포함시킨 것 등은 위와 같은 명분만으로는 설명하기 어려운 배경과 요인들이 작용하였다.

사실 미국의 파병 요청에 응한 나라는 한국을 비롯해 호주, 뉴질랜드, 대만, 필리핀, 태국, 영국 등 7개국에 불과했다. 한국과 영국을 제외하면 다른 나라들은 모두 동남아시아와 인접해 베트남 전쟁의 직접적인 영향권에 있는 나라들이지만 전투병 파병에는 소극적이었다. 한국을 제외한 나머지 6개국은 대부분 포병대와 공병대 등 실제 전투와는 관련이 작은 부대를 보냈다. 미국의 혈맹인 영국의 경우도 사이공 공항에 6명의 의장대를 파견한 것이 전부였다.[60] 대부분의 우방국들의 파병 계획이 기대 이하로 나타나고 전황이 심각해지자 미국은 박정희 정부의 전투병 파병에 매달리지 않을 수 없었다. 여기에 한국군은 전쟁을 치른 경험이 있었고 반공의식이 투철했고, 장병 급여도 대단히 저렴했다.[61]

---

59   리영희(1994), pp.65-70.

60   김현아(2002), p.43.

61   미국이 지급한 파월 한국군 장병 급여는 미군의 6분의 1, 태국군, 필리핀군의 5분의 1일이었는데, 이 돈은 국내 한국군 장병이 받는 급여보다 30

박정희 정부는 드디어 1차 파병 동의안을 국회에 제출한다. 1964년 7월 23일 정부는 장병 130명으로 구성된 1개 이동외과병원과 10명의 장교로 구성된 태권도 지도요원을 파견하는 "베트남공화국 지원을 위한 국군부대의 해외파견에 관한 동의안"을 국회에 제출했다. 국회는 몇 차례 국방위원회를 개최해 동의안을 검토한 후 7월 31일 본회의에서 정부의 파병 동의안을 그대로 상정한 후 무투표로 가결했다.[62] 박정희 정부는 베트남 사태를 공산집단의 침략에 의한 것으로서 동남아 자유진영은 물론 한국의 안전보장에도 영향을 미치고 있다고 인식하고, 공산침략에 대항하는 방위력 강화를 통해 베트남의 안전을 회복하는 것을 파병의 명분으로 삼았다. 이런 입장은 베트남 파병 전 과정에 일관된 것이었다.

태권도 교관 파견은 남베트남 정부의 요청에 따른 것이었다. 1959년 국군 태권도 시범단의 베트남 순회 시범과 1962-63년 약 1년간 남베트남 육군보병학교에서 한국 육군 태권도 교관단의 활동이 있었는데, 이에 대한 호평이 있었기 때문이다. 제1차 파월부대는 1964년 9월

배가 많은 액수였다. 이명례, "1960년대 남북한 관계의 변화와 성격," 숙명여자대학교 사학과 박사학위 논문(2001), p.109.

62 이때 국방차관이 출석한 기운데 국회의장이 차관에게 제안 취지 설명을 부탁하려 했으나 의원석에서 "필요없소", "이의없소" 하는 이들이 많아 의장이 무투표로 가결을 선포했다. 다만, 통과된 파병안은 특수근무수당이 계급별로 차이가 크다는 지적이 있어 대령급 수당을 원안 210불에서 180불로, 이등병급 수당을 원안 18불에서 30불로 조정하는 조건을 첨부해 정부의 파병 동의안을 통과시켰다. 제44회 제13차 국회본회의회의록, 1964년 7월 31일, p.6.

11일 군함으로 출국하여 그달 22일 베트남 사이공 동쪽 붕타우^{Vung} ^{Tau}에 도착하였고, 그중 제1이동외과병원은 베트남 육군정양원에서, 태권도 교관단은 베트남 육군보병학교, 육군사관학교, 해군사관학교에 각각 분산 배치되어 임무를 개시하였다.

이어 2차 파병이 추진된다. 한미 간에 한국군의 파병에 관한 본격적인 논의는 1964년 10월 미 국무성 극동담당 차관보인 번디^{William} ^{Bundy}가 방한해 박 대통령을 만났을 때부터였다. 북폭 이후 미국이 베트남에 전면 개입한 상황과 겹쳐진다. 번디는 '파병'이란 표현을 쓰지 않으면서 파병을 요구하는 의사를 밝혔는데 박 대통령은 "존슨 대통령이 먼저 요청하면 파병할 의사가 있다"고 말했다. 이후 1964년 12월 19일 브라운 주한 미대사가 박 대통령을 만나 한국군 비전투병의 추가 파병을 요청하는 존슨 대통령의 메시지를 전달했다.[63] 남베트남 정부도 1965년 1월 2일 국군의 증원을 한국 정부에 요청하였다. 정부는 국회에 1차 파병된 병력 외에 "자체 경비병력을 포함한 공병 및 수송부대 등 비전투부대를 2천 명 범위 내에서 파견한다."는 내용을 골자로 하는 "베트남공화국 지원을 위한 국군부대의 해외 추가파병에 관한 동의안"을 국회에 제출해 1월 11일 국방위원회가 접수하고 심사에 들어갔다. 이어 1월 25-26일 본회의를 통해 파병안을 깊이 논의하였다. 대다수 의원들이 동의안에 찬성하는 가운데서 파병 반대론과 의용군 파병론이 제기되기도 했다. 파병 반대론은 동남아기구^{SEATO} 회원국들 중 파병을 결정한 나라가 없는 상황에서 파병은 불가하다는 논리로 나타났다. 의용군 파병론은 한국과 베트남 간에 상호방위조약이 없다는

---

63 홍석률(2010), pp.44-45.

점, 그리고 헌법상 국군의 임무 등을 이유로 들었다. 파병을 찬성하는 경우에도 파병이 군사적 외교적으로 한국에 이익이 없다고 인정하면서도 한미관계를 고려해 파병이 불가피하다는 의견도 있었다. 26일 오전까지 토의가 이어진 후 정오를 지나 투표를 한 결과 총 투표수 125표[64] 중 찬성 106표, 반대 11표, 기권 18표로 정부 동의안대로 파병이 결정됐다. 그 과정에서 민정당 일부 의원들은 투표에 참여하지 않고 퇴장하였다.[65] 당시 베트남 파병반대 입장의 선두에 윤보선 전 대통령이 있었는데, 그는 박정희 정권의 파병 방침이 국민의 관심을 국외로 돌리려는 정략적 의도가 있다고 주장하는 한편, 한국군 파병은 안보 공백을 초래해 북한에 오판을 줄 수 있다고 비판했다.[66] 그러나 위 국회 파병안 투표 결과에서 보듯이 파병반대 여론은 미미했다.

추가 파병안이 국회를 통과함에 따라 국방부는 1965년 1월 28일 육군 제101경비대대, 제127공병대대, 제801수송자동차중대 및 해병 제1공병중대로 편성된 주월 한국 군사원조단을 창설하는 한편, 해상수송 업무를 지원하기 위하여 해군 LST 812함과 813함을 파견하였다. 2,000명 규모로 구성된 이들 부대는 건설지원단(비둘기부대)으로 불렸다. 주월 한국군 군사지원단은 1965년 3월 16일 디안$^{Di An}$에 지휘소를 설치하고, 먼저 파견된 제1이동외과병원 및 태권도 교관단을 배속 받아 지휘하였다.

---

64 당시 재적 국회의원 수는 149명이었다.
65 제47회 제6차 국회본회의회의록, 1965년 1월 25일, pp.1-3; 제47회 제7차 국회본회의회의록, 1965년 1월 26일, pp.1-20.
66 이명례(2001), p.110.

이상 한국의 1, 2차 베트남 파병 결정은 미국의 베트남전 본격 개입에 즈음해 동맹·우방국들에 대한 파병 요청에 따른 것이었다. 1, 2차 파병 요청과 결정은 대단히 용이하게 이루어졌다. 한국 대내적으로 파병을 반대하는 요인이 작은 반면, 파병을 촉진하는 요인은 컸다. 다시 말해 파병과 관련한 한국의 윈셋은 컸다. 이승만 정권에 이어,

사진 3   파병 한국군에 관한 베트남의 시각 (호치민 전쟁박물관) ⓒ 서보혁, 2017

박정희 정권도 남베트남정부와 미국 행정부의 파병 요청 이전에 수 차례 파병 의사를 피력했던 터였다. 미국이 요청한 파병 부대의 성격이 비전투 병력에 해당돼 인적 피해의 우려도 작았다. 물론 야당 일각에서 파병 반대 주장이 있었지만, 사회 전반적으로 파병반대여론은 조직화되기는커녕 반대 주장 자체가 미미했다.

한국의 큰 윈셋과 달리 미국의 윈셋은 작았다. 북베트남의 사회주의 통일노선이 구체화 되고 있는 반면, 남베트남 정부의 무능과 부패에 편승한 남베트남민족해방전선의 부상으로 인해 인도차이나반도의 공산화가 우려되었기 때문이다. 그것은 동남아 전체, 나아가 아시아 전체의 공산화로 이어질 개연성을 안고 있었다. 미국은 자유진영의 수

호와 공산진영과의 대결을 선도하는 역할을 자처하면서 1964년 들어 군사적 개입을 결정하고 그 계기로 통킹만 사건을 활용했다. 미국의 베트남 전쟁 개입의 성격에 관한 논의는 다양하게 전개되고 있어 단순화 시켜 평가하기 어렵지만, 미국이 의도했든 의도하지 않았든 간에 본격적인 반공전쟁을 인도차이나에서 전개함에 있어 동맹·우방국들의 지지와 동참이 필수적이었다. 존슨 대통령의 북폭 명령(8.5)은 미 국방성이 15개항에 걸쳐 치밀하게 준비한 비밀계획에 따른 것이었다. 존슨의 북폭 명령 이틀 후 미 의회가 행정부에 전쟁 수행의 전권을 백지위임하는 결의안 투표에 반대한 의원은 단 2명뿐이었다.[67] 이와 같이 미국은 대통령을 비롯해 정치권과 사회 전체가 베트남에 대한 전면적인 물리적 개입을 지지하고 있었다. 미국 사회의 전쟁 지지 여론과 행정부의 적극적인 전쟁 개입 의지는 동맹·우방국들에 대한 강력한 파병 요청으로 연결되었다. 이런 미국의 작은 윈셋과 한국의 큰 윈셋 구도는 한국의 양보, 곧 손쉬운 파병 결정으로 이어졌던 것이다.

2) 3, 4차 파병 경과

미국은 호치민이 이끄는 북베트남과 남베트남민족해방전선(베트콩)을 협상 테이블에 끌어들이기 위해 가일층 북폭을 강화하는 한편, 지상전에서도 확전을 단행한다. 미국의 북폭 2개월 후 베트콩은 처음으로 비엔 호아 미 공군기지를 공격해 B-57 폭격기를 파괴했고, 1965년 2월에는 북부 플레이쿠 미군 기지와 퀴논$^{Qui\ Nhon}$의 미군 숙소를 공격했다. 이후 미국은 간헐적인 북폭을 상시 북폭으로 전환해 전쟁은 전

---

67 리영희(1994), pp.68-69.

면전으로 치닫는다. 1965년 6월 들어 미 군부는 B-52 전략폭격기를 동원해 베트남 전역을 "석기시대로 돌려놓겠다"는 결의를 행동에 옮길 정도였다.68 베트남의 지형과 베트콩의 전술로 인해 폭격이 불가피했지만 그만큼 육상 전투병의 역할도 컸다. 그런 상황에서 미국은 한국 정부에 전투병력의 증파를 요청한다. 전쟁이 심각하게 전개되자 존슨 행정부는 1965년 4월 1-2일 하와이에서 열린 국가안보회의 연석회의에서 동년 10월까지 미군 15만 명, 한국군 21,000여 명을 남베트남에 파병할 것을 결정했다. 그 직후 미국은 한국에 파병을 요청한다.

이에 따라 한미 간에 협의가 시작됐는데 1965년 5월 17일 미국에서 한미 정상회담이 열렸다. 존슨 대통령은 한국에 1개 사단 규모의 전투병 파병을 요구하였다. 박정희 대통령은 추가 파병에 공감대를 나타내면서도 주한미군의 계속 주둔, 한국군 현대화 지원 등에 대한 약속을 요구하여 긍정적인 반응을 이끌어냈다.69 박정희 정권은 이와 같은 이익을 미국으로부터 얻어내기 위해 의도적으로 윈셋을 축소시키는 태도를 보였다. 전투병 파병에 원칙적으로 공감하는 자세는 파병을 하되 언제, 어떻게 하는가는 워싱턴이 아니라 서울이 주도한다는 의사 표시였다. 남베트남 정부가 6월 21일 전투부대 파병을 한국 정부에 요청한 것도 한국의 파병 협상의 지렛대를 높여준 요소였다.

그러나 이전 비전투부대 파병과 달리 정부의 전투부대 파병안에 관해 국회에서 논란이 컸다. 박정희 정부는 1965년 7월 12일 "월남지원을 위한 국군부대 증파에 관한 동의요청"안을 국회에 제출했다(부록

---

68 위의 책, pp.75-77.
69 홍석률(2010), p.46; 차상철(2004), pp.123-124.

1). 그러나 야당은 전투병 파병을 사상 초유의 참전이라고 지적하며 헌법과 국제법 등을 거론하며 거세게 반대했다. 사실 미국은 베트남전쟁을 미국 주도가 아니라 반공 국제전이란 이미지를 부각시키는 것을 선호했고 전투력 보강 차원에서 동맹·우방국들에게 전투병 파병을 계속해서 요청하였다. 그러나 호주, 뉴질랜드, 필리핀 등은 전투병 파병 요청을 거절했다. 한국이 전투병 파병 요구를 수용할 경우 국제무대에서 북한과 체제경쟁을 벌이는 상황에서 제3세계 중립국들과의 외교관계에 타격을 받을 수도 있었다. 그런 점들이 전투병 파병 여부를 결정해야 할 국회의원들이 고려할 사항들에 포함됐다.

결국 8월 13일 민중당 등 야당 의원들이 불참한 가운데 국회 본회의가 열려 전투병 파병에 대한 질의와 토론이 진행됐지만 파병 찬성 일색이었다. 여당 의원들 중에 유일하게 반대 의사를 표명한 박종태 의원은 그 이유를 1년간의 미군의 폭격에도 불구하고 전세에 변함이 없고, 한국의 전투병 파병은 한국에 대한 좋지 않은 국제여론을 조성할 수 있고, 미국에서 베트남을 포기할 가능성이 있음을 거론했다. 그러나 투표에 들어간 결과, 재석 104인 중 찬성 101표, 반대 1표, 기권 2표로 파병안이 그대로 통과되었다.[70] 건국, 건군 이후 최초의 전투병 파병이 결정된 것이다. 이에 대해 야당이 분명하게 반대 입장을 표명했지만 당시 국회와 여론은 한일국교정상화 문제에 집중되어 있었고 파병 자체에 대한 반대여론은 미미했고 그 목소리는 국회 담장을 넘지 못했다.

전투부대 파병안의 국회 통과에 따라 국방부는 파월부대로 육군 수도사단의 2개 연대, 해병 제2여단, 군수지원사령부 및 주월 한국군사

---

[70] 제52회 제11차 국회본회의회의록, 1965년 8월 13일, pp.3-27.

령부를 편성하였다. 같은 해 10월 9일 해병 청룡부대가 깜란만에 상륙했고, 이어 22일 육군 맹호부대가 퀴논에 도착했다. 주월 한국군 사령부는 사이공에서 10월 20일 지휘소를 개설하고 작전을 개시하였다. 전투부대를 전쟁에 투입하게 되면서 한국정부는 미국에 보다 적극적인 군사·경제 원조를 요청했다. 베트남 전쟁에 대해서는 '명분 없는 전쟁'이라는 여론이 미국 안팎에서 높아지고 있었다. 그래서 영국, 프랑스, 호주, 뉴질랜드, 필리핀 등 자유진영 국가들에서도 베트남 전쟁에 대한 비판여론이 높아서 전투병 파병에는 매우 소극적이었다. 그만큼 박정희 정부는 젊은이들을 전장에 내보낸 대가를 계산하지 않을 수 없었다.

베트남 전황이 계속해서 미국측에 불리하게 나타나자 미국은 한국에 전투부대의 추가 파병을 요청하기에 이른다. 미 존슨 행정부는 1965년 12월 중순 브라운 주한 미국 대사를 통해, 그리고 이듬해 1월과 2월에 각각 방한한 험프리 부통령 등을 통해 증파를 요청한다. 미국은 절실했고 상대적으로 한국은 서두를 필요는 없다는 의미에서 여유가 있었다. 또다시 박정희 정부는 주한미군 감축 없는 계속 주둔과 한국군 현대화 작업에 대한 미국의 지원, 기술 원조, 차관 제공 등을 파병 조건으로 제시했다. 한미 간 협상은 3차 파병 협상 때와 같은 구도였다. 다만, 미국의 파병 요청 이후 한국정부의 수락이 3차 파병시 1개월에서 4차 파병시 2개월여로 늘어났다. 박정희 정부는, 미국측이 한국의 요구 조건을 수용한다는 약속을 받은 후 추가 전투병 파병을 결정한다는 입장이었다. 1966년 3월 4일 이런 내용을 골자로 하는 16개항의 서한을 브라운 주한 미 대사가 이동원 외무부장관 앞으로 보내왔다. 소위 '브라운 각서'다(부록 2 참조).

미국으로부터 파병 조건을 모두 획득한 박정희 정부는 국회 파병

동의를 적극 추진한다. 정부는 국회에 추가 전투병 파병안을 제출했다. 1966년 3월 18일 국회 본회의가 열렸다. 정부가 제출한 파병 동의안에는 "맹호부대 보충을 위한 1개 연대 전투단과 … 지원부대를 증파"하는 내용인데, 그 이유로 이미 파병된 부대의 성과에 바탕을 둔 국위 선양, 맹호부대의 완전한 편재, 한미월 군사협력을 통한 정세 호전, 결정적 승리를 위한 전투력 보강 등 네 가지였다. 그러나 이런 '추가' 전투병 파병 사유는 맹호부대 지원을 빼면 뚜렷하거나 새로운 것이 없다는 의원들의 지적을 받았다. 추가 전투병 파병안은 국회에서 심각한 논란에 휩싸였다. 추가 전투병 파병 이유가 앞선 경우와 같이 명확한 득실과 계획 없이 미국과 베트남의 지원 요청에 수동적으로 따르는 것에 불과하다는 비판도 있었다. 심지어는 "독재자의 이익"을 위한 것이라는 언급이 나오기도 했다. 전반적으로 토론의 중심은 증파를 해서 한국이 얻을 이익, 특히 미국으로부터 보장받을 이익이 무엇이냐였다. 토론은 18일을 넘겨 19일에도 계속됐다. 19일 오후 2시 30분에 속개돼 자정까지 계속됐다. 결국 20일 오전 11시 19분경 동의안에 대한 투표에 들어갔다. 투표 결과, 재석 의원 수 125명 중 찬성 95명, 반대 27명으로 정부 동의안이 통과되었다.[71]

추가 전투병 파병안이 국회를 통과하자 정부는 베트남에 증파할 부대로 제9사단(백마부대)과 수도사단(맹호부대) 보충연대인 제26연대(혜산진부대)를 선발하였다. 혜산진부대가 1966년 4월 16일 퀴논항에 도착함으로써 맹호부대는 완전 편성된 전투사단이 되었다. 백마부

---

71 제55회 제13차 본회의 회의록, 1966년 3월 18일, pp.241-270; 제55회 제14차 본회의 회의록, 1966년 3월 19일, pp.283-407.

대는 마지막 제대가 10월 8일 베트남 캄란에 도착함으로써 주월 한국군의 병력은 총 4만 8천여 명에 달했으며, 주월 한국군사령부는 예하에 야전사령부와 군수지원사령부를 거느린 군단 편제 규모로 증강되었다.

미국을 포함한 외국 군대가 최대 규모로 베트남전에 관여한 해가 1968년이었다. 1968년 1월 31일 북베트남과 베트콩의 뗏^{Tet} 공세로 사이공 소재 미국 대사관이 침탈당하고 중부의 후에^{Hue}지역이 25일간 전투에 휩싸이는 등 전쟁은 최고로 격렬한 상황으로 치달았다. 1968년 미군은 548,383명이 참전하였고 이어 한국군이 49,869명, 호주 7,661명, 태국 6,005명, 필리핀 1,576명, 뉴질랜드 516명, 대만 29명, 스페인 12명이었다. 미군은 뗏 공세를 격퇴했지만 워싱턴에서는 궁극적인 승리의 보증이 없는 상황에서 병력 증강은 없다고 결정했다.[72] 대신 동맹국들에게는 추가 파병을 요청한다.

전세가 계속 악화되고 전쟁이 장기화 추세를 보이자 미국은 한국에 또다시 전투병 파병을 요청하였다. 1966년 가을에는 존슨 대통령이 직접 한국을 방문해 주한미군의 계속 주둔 등을 공약하며 추가 전투병 파병을 요청하였다. 그 후에도 미국 정부는 고위 군 장성을 보내 파병을 거듭 요청하였다. 그러나 한국 정부로서는 전투병 파병 규모가 5만 명에 이른데다가, 북한의 대남 도발이 본격화 되고 있어 미국의 추가 파병 요구에 응하기 어려워졌다.

1966년 10월, 제2차 노동당 대표자대회에서 김일성은 북베트남 지원을 위한 파병과 조속한 통일을 언급하였다. 남한 정부는 북한의 베

---

72 클라이브 폰팅 지음, 김현구 옮김, 『진보와 야만- 20세기의 역사』(서울: 돌베개, 2007), p.359.

트남 전쟁 인식이 대남 도발과 관련성이 있다고 보고 안보의식 고취에 나섰다. 실제 북한은 베트남 전쟁과 "남조선혁명"을 "반제반미투쟁"의 시각에서 접근하고 있었다. 1968년 들어 본격화된 대남 무력도발, 구체적으로 1·21 청와대 기습을 기도하고 그에 실패하자 울진·삼척 지구에 무장간첩을 침투시키며(10.30-11.2) 위협과 혼란을 조성하였다. 그런 상황에서 베트남에 추가 파병을 할 수는 없는 노릇이었다. 여기에 미국이 북한의 도발에 이중적으로 반응하자 박정희 정부는 미국을 불신하기 시작한다.

1968년 청와대 기습기도사건(1·21사건)과 푸에블로호 사건이 잇달아 발생했다. 미국은 1·21사건에 대해서는 별다른 반응을 보이지 않은 대신 푸에블로호 사건에 대해서는 항공모함을 파견하는 적극 대응을 보였다. 여기에 박정희 정부는 분노했다.[73] 박 대통령의 반발을 무마하려고 존슨 대통령은 박 대통령을 하와이에 초청해 환대했지만 둘 사이의 불신이 완전히 해소되지는 못했다. 베트남 파병을 계기로 한 한미 간 밀월은 1968년에 끝나고 주한미군 철수문제로 양국은 갈등국면에 들어서기 시작했다. 미국은 박 대통령의 요구사항을 들어주고 그를 환대하고 부정선거를 묵인하는 등의 방식으로 추가 전투병 파병을 요청하였다. 당시 존슨 대통령은 뗏공세를 당한 이후 군사적 승리를 장담하기 어렵고 국내외적으로 더욱 높아진 반전, 미군철수 여론에 직면했다. 존슨은 결국 1968년 3월 31일 북폭 중단과 함께 북베트남과 베트콩에 평화협상을 제안하는 성명을 발표하기에 이른다. 이같은 결정은 박정희 정부와 사전 협의되지 않은 채 진행되어 박정희 정

---

73   홍석률(2010), pp.56-61.

부의 불만을 샀다. 결국 미국의 한국에 대한 추가 파병 요구도 중단되었다. 대신 그동안 수면 아래 있던 주한미군 감축 방침이 다시 수면 위로 올라왔다. 존슨 행정부가 1968년 6월 15일 작성한 "미국의 대한정책"이라는 문서는 베트남에서 한국이 귀환하는 때에 맞춰 주한미군을 단계적으로 철수하고 대신 한국군 현대화 작업을 1975년까지 완료하기로 되어 있다.[74] 1968년 말 대통령으로 당선된 닉슨은 "베트남 전쟁의 베트남화"를 주장하며 이듬해부터 철군을 개시한다. 군단급 규모의 파병을 해놓은 박정희 정부에게는 계속 주둔의 명분이 사라지는 꼴이었다. 이제는 그럴 듯한 철군의 명분이 필요했다.

한국의 3, 4차 베트남 파병 결정과정의 윈셋은 기본적으로 1, 2차 파병의 경우와 동일한 구도를 나타냈다. 다만, 베트남 전세의 격화와 그에 따른 동맹·우방국들의 협력이 절실한 미국의 입장에서 한국의 윈셋은 앞선 경우에 비해 상대적으로 작아졌다. 파병을 요청한 군대가 사단급 전투병이었던 사실이 윈셋 조정에 영향을 미쳤다. 전투병 파병은 한국의 안보에 중대한 변수였기에 한국정부는 단기적으로 주한미군의 계속 주둔, 중장기적으로 한국군의 현대화 지원 등을 미국으로부터 확약 받지 않으면 파병이 곤란할 수도 있었다. 휴전선 일대를 포함한 북한의 움직임이 심상치 않은 점도 3, 4차 파병 결정이 이전 경우와 다른 윈셋 형성에 일조했다.

이상과 같은 점들이 1, 2차 파병시와 비해 상대적으로 한국의 윈셋

---

74 "Paper Prepared by the Policy Planing Council of the Department of State: U.S. Policy Toward Korea," June 15, 1968, *FRUS 1964~1968*, VOL. 29, PART 1; 홍석률(2010), p.63에서 재인용.

을 좁힌 대신, 미국의 경우는 전면적인 베트남전 개입 결정으로 윈셋은 더욱 작았다. 미국은 동맹·우방국들의 협력, 특히 전투병 파병이 절실했던 것이다. 협력을 요청받은 국가들 가운데 한국은 미국에게 제일의 구애 대상이었다. 1965년 한국의 파병 규모는 미국을 제외한 다른 파병 국가들의 규모를 합친 것보다 많은 상태였다(표 2). 거기에 한국군의 전투력과 사기는 다른 파병국들의 군대보다 훨씬 뛰어났다. 미국 내에서 베트남전 반대와 군입대 회피 움직임은 베트남 전황의 격화와 겹쳐 미국의 대한^{對韓} 파병 요청 관련 윈셋을 제약했다. 미국은 전투병 파병 결정을 이끌어내기 위해 한국의 요구사항을 수용할 정도의 유연성을 발휘하지 않을 수 없었다. 이는 파병 협상에 있어서 미국이 윈셋 크기보다는 윈셋의 성질을 조정함을 의미한다. 만약, 미국이 주어진 작은 윈셋의 크기를 고정시킨 상태에서 자국의 입장을 일방적으로 관철하려 한다면, 자칫 이전에 비해 윈셋이 작아진 한국측의 반발을 초래할 우려가 있었다. 미국측이 충분한 반대급부 없이 파병을 한국측에 강요한다면, 박정희 정부는 파병을 거부하거나 최소한 관련 협

표 2 국가별·연도별 베트남전 참전 현황

연도	1964	1965	1966	1967	1968	1969	1970	1971	1972
계	17,607	183,425	441,194	557,958	614,051	545,453	412,088	210,898	67,392
미국	17,200	161,100	388,568	497,498	548,383	475,674	344,674	156,975	29,655
한국	140	20,541	45,605	48,839	49,869	49,755	48,512	45,694	37,438
태국	0	16	244	2,205	6,005	11,568	11,586	6,265	38
필리핀	17	72	2,061	2,020	1,576	189	74	57	49
호주	200	1,557	4,525	6,818	7,661	7,672	6,763	1,816	128
뉴질랜드	30	119	155	534	516	5,525	441	60	53
대만	20	20	23	31	29	29	31	31	31
스페인	0	0	13	13	12	10	7	0	0

* 출처: 최용호, 『증언을 통해 본 베트남 전쟁과 한국군』(서울: 군사편찬연구소, 2001), p.18; 국방부 군사편찬연구소(2013), p.96에서 재인용.

상을 지연하며 존슨 행정부를 곤경에 빠뜨릴 가능성이 있었다. 물론 박정희 정부는 파병 협상을 거부할 계획은 없었지만, 주한미군 계속 주둔의 확약과 같은 중대 요구를 미국이 수용하지 않을 경우 파병 협상을 지연하거나 야당의 반대를 과대해석 하는 식으로 윈셋 축소전술을 구사할 가능성은 충분히 있었다. 그럴 가능성을 최소화하기 위해 미국은 대통령과 부통령이 방한하는 등 적극 나서야 했다. 그만큼 3, 4차 파병 협상 국면에서는 윈셋의 크기 이상으로 윈셋 활용전략이 중요함을 알 수 있다. 그럼에도 한국군의 전투병 파병이 미국의 요청대로 비교적 짧은 시간에 이루어졌는데, 이는 3, 4차 파병 결정 역시 기본적으로 1, 2차 결정과 유사한 윈셋 구도에서 벗어나지 않았음을 말해준다.

　미군의 베트남 철수 방침에 따라 주월 한국군은 제1단계로 1971년 12월 4일, 해병 제2여단의 철수를 시작으로 제100군수사령부 등 9,476명을 철수시켰다. 반면 2개 보병사단을 주축으로 한 전투병력 37,000여 명은 1973년 초 정전이 될 때까지 잔류했다. 1973년 1월 27일 미국과 베트콩 간의 파리평화협정이 체결되자, 제2단계로 1973년 1월 30일 선발대 125명의 항공편 철수를 시작으로 11개 제대로 편성된 본대가 2월 3일부터 3월 14일까지, 후발대 118명이 3월 23일 철수함으로써 병력 철수가 완료되었다. 장비는 한미간 합의에 따라 미군 및 베트남군에게 인계하였으며 일부는 본국으로 해상 수송되었다.

10. 소결: 이라크 파병 대 베트남 파병

이라크 파병과 베트남 파병은 여러 측면에서 흥미로운 비교연구의 사레이다. 이에 관해 김관옥은 베트남 파병 협상시 한국의 윈셋이 컸던 반면, 미국은 작았다고 평가했다. 그에 비해 이라크 파병시 한국의 윈셋은 1차 파병시 컸다가 2차 파병때는 작아졌고, 미국의 윈셋은 작았다고 보았다.[75] 전쟁을 주도하는 쪽이 윈셋이 작고 파병을 요청받은 쪽의 윈셋이 상대적으로 큰 것은 당연해 보인다. 반면에 현실주의 시각의 주요 요소인 국력과 국제정치질서에서의 위상에서 볼 때 한국의 윈셋이 작은 데 비해 미국이 크게 보일 수도 있다. 비대칭적인 동맹관계를 특징으로 하는 한미 동맹관계 하에서 미국이 파병을 요청하는 입장이고 한국이 파병을 요청받는 입장도 양국 간 윈셋 형성에 영향을 주었다.

그런 가운데서 정책결정방식에 영향을 주는 정치체제의 개방성 여부 등이 파병을 요청받은 측의 입장 변화에 영향을 미친 변수로 작용하였다. 가령, 이라크전 추가 파병시 한국의 윈셋이 작아진 것은 자유주의 시각으로 보충 설명할 수 있을 것이다. 미국의 대규모 전투병 파병 요청에 반발하는 여론과 그것을 '참여정부'가 협상에 활용한 측면이 있었기 때문이다. 이런 점들을 적극 반영해 이병록은 한국정부의 베트남, 이라크 파병을 비교분석하면서 두 경우에 국가 유형을 종합적으로 비교한 뒤 결정요인의 차이를 설명한 바 있다. 베트남 파병의 경우 박정희 정부는 소국, 경제 후진국, 폐쇄적 정치체제의 특징을 띠면서 파병정책결정에 개인 〉 역할 〉 체제 〉 정부 〉 사회 변수의 순으로 영향을 미쳤다는 것이다. 그에 비해 노무현 정부 시기 한국은 소국, 경

---

75 김관옥(2005), pp.357-385. 이 연구는 베트남 파병의 경우 1-3차 파병, 이라크 파병의 경우 1-2차 파병을 사례분석하고 있다.

제 선진국, 개방적 정치체제의 특징을 보였는데, 이라크 파병 결정에 역할 〉 정부 〉 체제 〉 사회 〉 개인 변수의 순으로 영향을 미쳤다고 평가한다.[76] 이는 두 경우의 파병 결정에 대내적 요인들이 영향을 미쳤고, 그런 요인들 사이의 상대적 비중에 차이가 있었음을 의미한다. 그러나 두 사례의 차이에 치중한 나머지 두 사례를 관통하는 파병 결정의 전체 구도와 공통점을 무시하는 우를 범할 수는 없다. 특히, 이라크 파병시 개인 변수로서 대통령의 영향력을 최하위로 평가한 것은 공감하기 어렵다. 노무현 정부가 '참여정부'를 표방하고 파병을 둘러싸고 개방적이고 자유로운 의사표현이 가능했던 것은 사실이다. 그럼에도 대통령 중심제와 한미 동맹관계, 그리고 민감한 안보사안에서 대통령의 영향력이 작다고 평가하는 것은 실제와 거리가 먼 분석이란 비판을 살 수 있다.

앞에서 상세히 살펴본 것처럼 이라크 파병 결정과정에도 대통령의 영향력은 작지 않았다. 다만, 대통령의 파병 결정이 구성되는 과정과 방식이 박정희 정부와 노무현 정부 사이에 큰 차이가 존재했다. 두 경우의 파병 협상과 결정에서 여러 구체적인 차이를 발견할 수 있지만, 결국 파병이 모두 이루어졌다는 사실과 파병의 여파가 국내정치, 한미관계, 그리고 파병 당사자 및 유가족들에 걸쳐 영향을 미쳤다는 점을 기억할 필요가 있다. 비교분석에서 차이점과 함께 공통점을 균형 있게 다룰 때 그 사례가 현실에 미치는 영향력을 종합적으로 이해할 수 있을 것이다.

---

76 이병록(2014), pp.261-266.

V

파병 결과

파병 이후 이라크는 어떻게 되었을까? 전쟁이 끝나고 새로운 희망이 움텄는가, 거기에 한국군의 파병이 이바지했는가? 한반도 안보 상황은 개선되었는가? 노무현 정부와 국회가 이라크 파병을 단행한 최대의 이유가 '북핵문제의 평화적 해결'이었던 만큼 이 질문에 대한 답도 구해 보아야 한다. 또 파병 이후 한국사회는 나아졌는가? 파병 이후 정치권과 시민사회의 간극이 줄어들고 평화주의적 담론이 확산되었는가? 파병정책이 더 신중하고 더 민주적인 방향으로 나아갔는가? 이 부에서는 이 세 가지 질문들 중 두 가지, 파병 현지 상황과 한반도 안보 상황을 살펴보고자 한다. 파병 이후 한국사회의 동향은 다음 VI부에서 별도로 다룰 것이다. 앞의 두 가지 측면은 베트남 파병의 효과와 비교 검토될 것이다.

1. 한반도

1) 럭비공 같은 북핵문제

남북관계의 발전과 한계

2000년 6월 역사적인 남북정상회담이 평양에서 열려 김대중 대통령과 김정일 국방위원장은 6·15공동선언을 채택했다.[1] 남북정상회담은 남북관계를 그 이전과 이후로 구분 지을 만큼 남북관계사의 분기점이 되었다. 사실 6·15공동선언 이후 남북관계가 본격적으로 열린 것이

---

1 이하 내용은 서보혁·나핵집, 『지속가능한 한반도 평화를 향하여』(서울: 동연, 2016), pp.45-79를 수정 보완한 것이다.

라 해도 과언이 아니다. 6·15공동선언으로 화해협력을 약속한 남북은 이산가족, 개성공단, 금강산관광, 경의선 철도복구, 인도적 지원 등의 사업을 전개해나갔다. 이 시기 남북간 화해협력은 북핵동결, 북미관계 개선 등과 맞물려 전개되어 평화의 순풍이 불었다(표 3). 2000년에는 북미관계가 급진전하면서 클린턴 대통령의 방북이 예상되기도 했다.

그러나 2001년 대북 관여정책engagement policy2을 비판해온 조지 W. 부시 행정부가 등장하고 그해 9·11테러가 발생하였다. 그에 대한

표 3 2000년 남북정상회담 이후 남북 당국간 대화

정상회담	남북정상회담, 남북특사접촉, 남북정상회담 준비접촉, 통신·보도 실무접촉, 의전·경호 실무접촉
장관급회담	장관급회담, 실무접촉(2차 정상회담 이후 총리급회담으로 격상)
군사 분야	남북국방장관회담, 남북장성급군사회담, 남북군사실무회담·접촉, 남북군사실무접촉, 군사통신실무자접촉, 동해선통신선연결실무접촉
경제 분야	남북경제협력추진위원회, 남북경제협력실무접촉, 금강산관광활성화당국회담, 철도·도로연결실무협의회, 남북철도·도로연결실무접촉, 임남댐 공동조사실무접촉, 개성공단건설실무협의회, 개성공단건설실무접촉, 임진강수해방지실무협의회, 남북전력협력실무협의회, 남북해운협력실무접촉, 원산지확인실무협의회, 청산결제실무협의, 남북경제협력제도실무협의회
적십자	남북적십자회담, 남북적십자실무접촉, 면회소건설추진단회의
체육 분야	아시아경기대회참가실무접촉, U대회참가실무접촉

* 출처: 통일부 자료마당(검색일: 2016년 3월 15일).

2 'engagement policy'를 '포용정책'으로 옮기는 경우도 있는데 그럴 경우 유화정책과 혼동되거나 그럴 의도로 지칭되기도 한다. 그러나 engagement policy는 자국의 안보와 정체성 수호를 전제로 타방의 사고와 행동에 변화를 끌어내기 위해 접촉, 교류, 타협을 적극적으로 구사하는 외교정책을 지칭한다.

대응으로 부시 행정부는 아프가니스탄에 대한 대대적인 공격을 시작으로 대테러전쟁을 감행하게 된다. 2002년 10월 북한은 방북한 미국 고위인사에게 우라늄을 이용한 핵개발을 '시인'하였다. 소위 2차 북핵위기가 발생한 것이다. 부시 정부로부터 대테러전쟁 동참을 요청받은 김대중 정부는 미국과 긴밀한 협의와 신중한 상황 판단으로 위기를 관리하며 남북관계를 어렵게 유지해나갔다.

한반도 긴장이 고조된 가운데 2003년 2월 노무현 정부가 등장하였다. 노무현 정부는 미국의 이라크 공격 지지 및 동참 요구를 받는 가운데 한미동맹을 재정립해야 할 이중 과제에 직면하였다. '햇볕정책'을 계승한 노무현 정부는 '한반도의 평화증진과 공동번영'을 목표로 △ 대화를 통한 문제 해결, △ 상호신뢰과 호혜주의, △ 남북 당사자 원칙에 기초한 국제협력, △ 정책의 투명성 제고와 국민과 함께 하는 정책 등과 같은 추진원칙을 제시했다. '참여정부'는 민간교류, 경제협력 분야를 중심으로 남북관계를 점진적으로 발전시켜 나갔고, 다른 한편 북핵문제의 평화적 해결을 목표로 2003년 8월, 6자회담을 어렵게 성사시켰다. 그러나 부시 행정부의 대테러전쟁이 진행되는 가운데 북한과 미국의 입장이 평행선을 그리면서 6자회담은 한치 앞을 내다볼 수 없었다. 부시 행정부가 북한을 '악의 축'이라고 부르고 핵선제공격 대상으로 공개 거론하는 상태에서 노무현 정부의 제일 외교안보정책 목표는 한반도의 안정, 특히 북핵문제의 평화적 해결이었다. 개인 소신과 다른 노 대통령의 이라크 파병 결정의 제일 목적은 테러 근절, 이라크의 재건지원, 한국의 경제적 이익, 그 어느 것도 아니었다. 미국의 대테러전쟁을 지지하고 동참해 한반도에서 전쟁을 예방하는 일이었다. 물론 북핵문제는 한국의 그런 소망대로 움직이지는 않았다. 미국과 북한의 입장이 일차 변수였다. 그럼에도 노무현 정부의 위와 같은 입장은 6자회담 개최를 통한 북핵문제 접근과 남북관계 발전의 계기를 마련했다.

노무현 정부는 북한과 미국을 설득하고 중국 등과 협의해 한반도 비핵화와 평화 정착, 북미·북일관계 정상화 등을 담은 9·19공동성명(2005)을 채택하는데 적극적인 역할을 수행했다. 곧이어 BDA 사건[3]과 북한의 1차 핵실험이 있었지만 2007년 들어 2·13합의와 10·3합의 도출을 촉진하며 북한의 핵포기를 진전시켜 나갔다. 그와 병행해 노무현 정부는 2007년 10월, 2차 남북정상회담을 성사시켜 '남북관계 발전과 평화번영을 위한 선언'(소위 10·4선언)을 도출해낸다. 10·4선언 이전에도 노무현 정부 들어 남북관계는 당국 간, 민간 양 차원에서 발전해왔지만 그 이후에는 10·4선언 이행과 남북관계 제도화를 위한 각급 당국간 회담과 민간협력이 더욱 활발해졌다. 경제협력, 민간교류, 인도적 지원 등 남북관계를 보여주는 모든 지표들이 이때 기록을 경신했다(표 4). 그러나 노무현 정부는 임기 말에 다다랐다.

---

3 9·19 공동성명 채택 하루 뒤 미국 재무부가 연방 관보에서 마카오 소재 방코델타아시아(BDA)은행을 '돈세탁 우선 우려 금융기관'으로 규정했는데, 그 이유로 북한이 BDA를 통해 위조달러를 유통하고 마약거래 대금 등 불법자금을 세탁한 혐의가 있다는 것이었다. 그로 인해 9·19 공동성명 이행을 향한 분위기는 갈등 국면으로 전환된다. 2006년 북한의 미사일 발사와 1차 핵실험은 그에 대한 북한의 반발의 성격이 강하다. 이후 2007년 2월 6자회담이 재개되기까지 한국과 중국의 중재역할이 크게 작용하였다.

표 4 남북회담 및 남북합의서 현황

시기	정치	군사	경제	인도	사회문화	총계	남북합의서
1987년 이전	34	0	5	93	11	143	9
1988-1992	122	0	0	18	23	163	20
1993-1997	21	0	0	7	0	28	6
1998-2002	36	15	20	7	2	80	47
2003-2007	35	29	71	19	17	171	117

* 출처: 통일부 자료마당(검색일: 2016년 3월 15일).

위 표에서 보듯이 김대중 정부에 이어 노무현 정부 들어 모든 분야에서 남북대화와 협력이 활발하게 전개되었다. 군사분야에서의 남북대화도 눈에 띈다. 그러나 노무현 정부 시기 활발해진 남북대화, 특히 정치군사회담은 노 대통령 임기 마지막 해 들어 남북정상회담 준비와 10·4선언 이행을 위한 각종 실무회담이 많은 비중을 차지한다. 군사분야에서의 남북대화는 남북 경제협력 가령, 금강산 육로관광, 경의선 및 동해선 복원사업을 위한 남북 군당국 간 협력 차원이 대부분이었다. 다시 말해 군사적 신뢰구축과 직접 관련된 논의는 미흡했다. 그 원인은 남북 간 깊은 불신과 함께 북핵문제가 본격적인 비핵화 이행 수준으로 진전되지 못한 상황을 꼽지 않을 수 없다. 결국 남북관계가 활발하게 전개되었지만 그것은 한편으로 군사적 신뢰구축과 연계되지 못했고, 다른 한편 북미관계 개선과 병행되지 못했다. 그렇다면 노무현 정부의 이라크 파병이 평화적인 북핵문제 해결에 얼마나 기여했는가?

북핵, 6자회담, 그리고 파병

노무현 정부의 이라크 파병(연장)안은 2003-7년 사이 모두 7회 국회에서 통과되었다. 이때 파병(연장) 목적은 서희·제마부대 파병시 테러행위 근절이 포함된 걸 제외하면, 공통적인 것이 세계평화와 안정 기여, 한미동맹 발전이었다. 물론 한미동맹 발전은 2004년부터 매년 통과한 파병연장안에서는 목적이 아니라 '고려사항'으로 그 표현이 바뀌지만 질적인 차이는 아니라 하겠다. 2004년 추가파병안부터는 "이라크 평화정착과 재건지원"이 목적에 추가되었다. 이런 공식적인 파병 목적 언급에도 불구하고 한국정부의 제일 파병 목적이 미국의 협조를 통한 북핵문제의 평화적 해결이었음은 명백한 사실이다. 대통령부터 언론, 연구자 모두 이구동성이었다. 그럼 6자회담을 통해 북핵문제가 어떻게 전개되어 갔는지, 거기에 이라크 파병이 어떤 영향을 미쳤는지 살펴보자.

그림 2는 6자회담의 전개과정을 통해 2차 북핵위기를 네 단계로 나누어 보고 있다.[4] 1단계는 2002년 10월 3-5일 북한의 핵무기 보유 '시인'을 계기로 2차 북핵위기가 발생한 11개월여 만에 첫 6자회담(2003. 8. 27-29)이 개최되기까지다. 6자회담이 열리기 전에 3자회담이 한번 열렸고 그것은 북한의 태도 변화로 가능했다. 그 원인은 미국의 이라크 침공이었다. 북한은 미군의 강력한 화력과 짧은 시간 내 후세인 정권이 붕괴하는 현상을 목도했다. 물론 그런 사태 전개는 노무현 정부의 파병 결정과 조속한 파병에도 똑같이 영향을 미쳤다.

2단계에서는 위기가 관리되는 가운데 25개월 사이에 의미 있는 대화가 전개되었다. 한국은 위기관리의 한 방편으로 2004년에 3,000명

---

[4] 이하는 Bo-hyuk Suh, "The Inevitable Result of Immature Dialogue: A Discussion of the Failure of the Six-Party Talks," 『북한학연구』, 제12권 1호(2016), pp.243-244를 수정 보완한 것이다.

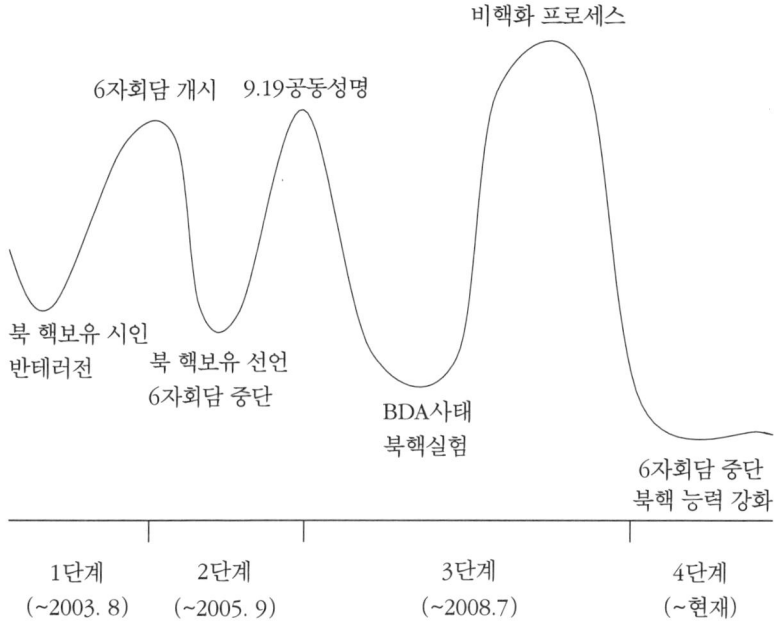

그림 2　6자회담의 파동

규모의 추가 파병을 단행한 데 이어 연말에는 파병 연장을 결정한다. 물론 위기가 순조롭게 관리되었다고 말하기는 어렵다. 9·19 공동성명[5]이 채택되기까지 북한은 핵보유와 6자회담 중단을 동시에 기도하였다(2005.2.10). CVID[6]로 알려진 미국의 북한에 대한 선先 비핵화 주장

---

[5] 2005년 9·19 공동성명은 3단계 6자회담의 성과로 발표된 것으로서 6자회담이 한반도 비핵화를 제일 목표로 하고 이를 위해 관련국들이 대화와 협상을 통해 상호 조율된 조치를 취하기로 했는데, 거기에는 미국의 대북 적대행위 중단, 미국·일본과 북한의 관계정상화, 대북 지원, 한반도 평화체제 논의 등이 담겨 있다.

[6] "완전하고 검증가능하고 비가역적인 해체(Complete, Verifiable, and

에 맞서 북한은 벼랑끝으로 달려간 것이다. 북핵문제가 나쁜 방향으로 나아가는 경우는 남북관계보다는 북미관계가 더 큰 영향을 발휘하는 경향이 있다. 물론 한국이 파병만으로 북핵문제의 평화적 해결을 추구한 것은 아니었다. 6월 14일, 정동영 통일부 장관과 김정일 국방위원장의 회담을 통해 남한은 북한에 대규모 송전 의향을 전달하는 한편, 미국에 대북 강경자세를 완화해줄 것을 설득하는 등 촉진자 역할을 수행했다.

3단계 전반부에서는 BDA 사건에 따른 미국의 대북 압박과 그에 따른 북한의 핵실험과 같은 일련의 위기가 발생했다. 시걸Leon Sigal[7]이 누차 강조한 티-포-탯Tit-for-Tat: 장군멍군이 북한과 미국 사이에 전형적으로 일어났다. 그러나 위기 국면을 지나 북한의 핵시설 폐쇄, 원자로 공개 폭파를 포함한 비핵화 초기 단계가 진행됐고 이어 핵 폐기의 조건을 탐색하는 단계까지 나아간다. 이 기간 한국군은 이라크 아르빌에 계속 주둔하고 있었다.[8] 2년 전에 이미 미 국방부와 이라크 정부가 아르빌은 안정되었으므로 한국군은 철수해도 좋다고 판단했는데도 말이다.

왜 자이툰부대는 계속 주둔했을까? 그것은 북핵문제의 평화적 해결을 위한 미국의 협력을 이끌어내는 역할을 했는가? 그 이전에도 미국의 이라크 침공의 명분이 허구라는 비판이 미국 안팎에서 일어났지

Irreversible Dismantlement)"로 표현된 미 부시 행정부의 북핵정책 노선을 말한다.

7 Leon V. Sigal, *Disarming Strangers*(Princeton, NJ.: Princeton University Press, 1999).

8 자이툰부대는 2008년 12월 19일 임무를 종료하고 철수하였다.

만, 2006년 들어서 부시 행정부는 이라크와 미국 양쪽에서 곤경에 처한다. 비록 이라크에서 5월 20일 새 정부가 출범하지만 무장저항세력의 테러로 내전의 늪은 더욱 깊어진다. 그 결과 11월 중간선거에서 공화당은 상하 양원에서 패하고 부시 대통령은 이라크 사태의 책임을 물어 럼즈펠드 국방장관을 해임한다. 12월 말, 이라크에서 미군 사망자 수가 3,000명을 돌파한다. 아르빌은 안전하지만 이라크 전체는 불안한 가운데 자이툰부대, 곧 한국의 이라크 파병정책은 그 길을 잃어버린 듯 했다. 국방부가 파병 효과로 거론한 한국군의 전투력 향상은 얼마나 높아졌을까. 이 단계에서 한국군도 많은 나라들을 따라 이라크에서 철군한다. 북핵문제는 파국으로 치닫고 있었다.

4단계는 6자회담이 중단돼 대화와 협상을 통한 비핵화 국면이 대결과 적대로 전환되는 시기다. 북한의 장거리로켓 발사 및 핵실험과 제재가 엮어낸 일련의 위기가 오늘날까지 이어지는 최장 기간이다.

비핵화를 기준으로 볼 때 위 네 단계는 탐색 〉 협상 〉 이행 〉 악화로 요약할 수 있다. 특히 2단계와 3단계는 각각 비핵화 프레임의 경쟁과 타협, 타협된 프레임에 대한 도전과 이행의 시기로서 대화와 위기가 가장 활발한 상호작용을 한 시기였다. 그런 가운데 비핵화와 평화 유지가 진척되었다. 그러나 현재진행형인 4단계는 6자회담의 무력화, 행위자들의 비타협적 태도, 행위자들 간 신뢰 문제를 보여준다. 6자회담은 그 자체가 위기를 제거하지 못했지만 위기를 관리하는 기능을 하며 근본적 해결을 향한 협상의 기회를 제공했다. 물론 6자회담의 그런 역할은 주요 행위자들 간 긍정적 상호작용이 회담 안팎에서 전개될 때만 나타났다. 그것이 6자회담의 동력이자 한계였다. 이억만리 이라크에 보내진 한국군은 아르빌의 안정에는 기여했는지 몰라도 이라크 전체의 안정은 물론, 북핵문제의 평화적 해결에는 특별한 기여를 했다고 말하기 어렵다. 6자회담의 파동과 결국 비핵화 프로세스의 실종은 행위자들 간의 긍정적 커뮤니케이션의 중단으로부터 연유하지, 특정 행위자의 태도에 의존한 것은 아니다.

그럼에도 한국의 이라크 파병은 6자회담이 성립해 북핵문제를 대화로 풀어나가는데 하나의 긍정적인 조건으로 작용했다. 어떤 조건인가. 세계 유일 패권국이 핵무기로 핵개발을 시도하는 '악의 축'을 공격할 뜻을 누그러뜨리는데 보탬이 됐다. 그러나 파병의 역할은 거기까지였다. 물론 전후 맥락에서 볼 때 1차 파병, 추가파병, 1차 파병연장 등으로 9·19 공동성명을 도출하는데 일익을 담당했다고 볼 수도 있다. 미군 주도의 연합군이 이라크 정세를 통제할 수 있는 상황이 그렇지 않은 경우보다 미국이 6자회담에 나서는데 유리했을 것이다. 파병을 포함한 한국정부의 적극적인 촉진자 역할로 부시 행정부는 처음 언급했던 북한 정권교체에서 행동변화를 거쳐 종전선언 협상 용의로 입장이 진화해갔다.

그렇지만 위 그림에서 보듯이 북핵문제는 변화무쌍하게 전개되었다. 1-2차 파병에 이어 파병 연장까지 강행하면서 노무현 정부는 6자회담을 이어가려 했는지도 모른다. 그러나 북한은 한국의 노력을 비웃기라도 하듯이 핵보유와 6자회담 중난을 동시에 선언한다. 6자회담 이후 첫 파국이 발생한 것이다. 달리 말해 파병을 포함한 한국정부의 적극적인 촉진자 역할보다 다른 변수가 회담의 분위기와 성패를 주도했던 것이다. 미국 주도의 경수로 사업 중단 결정과 북한의 핵보유 선언, BDA사건 이후 북한의 핵실험, 핵폐기 검증 협상 실패 이후 북한의 일련의 핵능력 강화 조치 등은 북핵문제가 기본적으로 북미관계, 구조적으로는 한반도 냉전구조에서 파생되어 전개되었음을 말해준다. 결론적으로 파병을 포함한 한국의 친미 외교안보정책은 한반도 평화와 안정에 제한적인 의미만 갖는 것이다.

2) 베트남 파병과 한반도 위기

건군 이후 최초로 단행된 한국의 베트남 파병은 그 규모와 기간에서도 최대였다. 연인원 324,864명이었고 기간은 1964년 9월부터 1973년 3월까지였다. 그동안 전사자가 5,099명, 부상자가 11,000여 명의 희생을 당했다. 미군이 살포한 고엽제로 인한 피해로 참전자의 보훈 대상이 7만 명을 넘었다.[9] 이런 희생을 대가로 한 파병으로 한국은 더 나아졌는가, 한반도의 안정은?

긍정적 평가

국방부는 국군 50년사를 회고하면서 베트남 파병이 국위를 선양하고, 전투경험을 축적하고, 국가발전에 기여하고, 국방력 강화를 촉진했다고 평가하고 있다. 파병 한국군이 농경지원, 교량 및 학교건설, 도로건설 등의 대민지원활동을 통해 베트남 국민들에게 삶의 의욕과 희망을 주는 '평화의 십자군'으로서 국위를 선양했다고 말한다. 또 파병 한국군이 M-16 자동소총, APC 장갑차, 81미리 박격포, 신형 무전기 등 57개 품목에 대한 각종 현대장비의 조작 능력 등 실전경험을 축적하고 돌아와 산악전과 게릴라전에 대한 전투력이 크게 강화되었다고도

---

9 국방부 군사편찬연구소(2013), p.103.

말한다. 미국의 파병 요구에 적극 응답해 한국군이 대미 의존으로부터 벗어나 미국의 지지를 받는 동반자적 위치로 지위가 상승하였으며, 베트남으로의 노동력 진출로 고용증대와 기술축적 등으로 국가경제 발전의 원동력이 되었다는 평가도 덧붙여진다.[10]

이상과 같은 일반적인 평가에서 한발 나아가 정부는 베트남 파병이 크게 정치안보와 경제, 두 측면에서 큰 성과를 가져다 주었다고 평가한다.[11]

정치안보적 성과는 구체적으로 첫째, 주한미군의 감축 없는 계속 주둔으로 미국의 대한 방위공약을 굳건히 하였고, 둘째, 군사정변 이후 불편했던 한미관계가 혈맹관계로 발전했고, 셋째, 국제문제에 대해 책임을 질 수 있고 다른 나라를 도울 수 있다는 자신감을 갖게 되었고, 넷째, 미국의 협조로 전력증강의 첫발을 내딛게 되었다. 방위력 증강의 경우 1966년 당시 연간 1.5억 달러 규모의 군사원조로는 병력 유지에도 부족하였으나, 존슨 미 대통령의 직접적인 공약 아래 원조 액수가 늘어나 무기와 장비의 성능 개선, 구축함 도입 등이 이루어졌다.

둘째, 경제발전 측면에서 베트남 파병이 만들어낸 성과로는 외화 획득, 수출산업 발전, 외국차관 도입 확대 등을 꼽을 수 있다. 1965-1972년 파월 장병과 노동자들이 받은 급여와 수당, 기업들이 벌어들인 수입 총액은 약 7.5억 달러에 이르렀다.[12] 파병 장병의 근무수당의

---

10 국방부(1998), p.129.
11 아래는 국방부 군사편찬연구소(2013), pp.103-105.
12 베트남 파병 기간인 1965-1973년 사이 참전군인 수당, 근로자 임금, 한국기업과 서비스업체의 수입, 그 외 무역액 등을 합해 한국이 베트남 전

본국 송금 총액은 약 2억 달러에 이르렀다. 브라운 주한 미국 대사가 발표한 각서에는 한국기업의 베트남 진출을 장려한다는 내용이 담겨 있었고, 미국정부는 경제원조와 함께 국제개발처^{AID}의 활동을 위한 조달사업에서 한국제품의 구매를 약속했다. 그에 따라 1965-1973년 베트남과의 무역에서 약 2.83억 달러를 벌어들였다.

그러나 베트남 파병이 위와 같은 성과만 가져다주었다고 말하는 것은 손바닥으로 하늘을 가리는 격이라는 비판에 직면할 수 있다. 그리고 위 언급들이 모두 진실인지도 회의해볼 만하다.

부정적 평가

한국군의 파병이 베트남인들의 생명을 앗아간 사실은 위와 같은 파병의 성과를 가리기에 충분하다. 거기에 파병 군인들의 희생도 빼놓을 수 없다. 이를 전제로 베트남 파병으로 한국사회가 병영사회로서의 성격이 굳어지고 한반도가 더 불안정해진 점을 살펴보자.

베트남 파병을 통해 반공주의가 확산되어 가는 가운데 박정희 대통령은 1969년 7월 25일 3선개헌 논의를 제안하는 대국민 담화문을 발표하였고, 이듬해 10월 유신을 단행해 일련의 정치규제 및 반정부인사 탄압을 바탕으로 영구집권을 도모하였다. 그는 10월 유신을 "정상적 방법이 아닌 비상조치"로 인정하면서 그런 "불가피한 조치"를 단행하게 된 명분으로 질서 있는 개혁, 통일, 그리고 안보를 내세웠다. 그는

쟁에서 벌어들인 돈이 10억 3,000만 달러라는 분석도 있다. 최동주, "정치경제학 시각에서 본 한국의 베트남전 참전," 한국정치학회 연례학술회의 발표문(1996); 홍석률(2010), p.55에서 재인용.

"남북 대화의 적극적인 전개와 주변 정세의 급변하는 사태에 대처하"는 것을 유신 개헌의 명분으로, 전쟁 위협을 그 배경으로 강조했다.[13]

베트남 전쟁 기간 중 한국은 베트남 전장의 입구이자 동시에 출구였다. 연병력 32만 4,864명의 군인이 전장에 파병되어 5,099명은 돌아오지 못했다.[14] 청춘의 피가 전장에서 솟구쳐 오르고 팔다리가 떨어져나갈 때 한국도 병영으로 변질돼갔다. 파병 기간 중 박정희 정권은 각종 통제와 동원 수단을 신설, 강화, 제도화 해 온 사회를 군대문화로 물들여갔다. 파월 군인을 위한 위문편지, 위문품, 성금 보내기와 위문공연이 대대적으로 조직되었다. 나아가 파병기간 중 징병제도를 국방부 관할로 갖고 와 지방병무청까지 만들어 100% 징병을 추진하고, 향토예비군을 만들고, 주민등록증을 발급하고, 교련을 정규과목으로 채택하는 등 온 사회를 반공으로 통제하고 건설로 동원해냈다. 베트남 전세가 위급해진 1972년 말 박정희는 유신 개헌을 감행했다. 그리고 1975년 베트남이 공산화 된 것을 하나의 명분으로 삼아 긴급조치 9호를 발동시켰다. 그 결과 '조국 근대화'의 꿈은 온 사회의 군사화 militarization로 귀결되었고 그 영향은 오늘날까지도 완전히 사라지지 않고 있다.[15]

---

13 박 대통령은 '국가비상시대 신인에 스음한 특별 담화문'(소위 유신선언, 1072.10.17.)에서 긴장완화와 열강들 간 세력균형관계의 변화를 거론하고, "그 누구도 이 지역에서 다시는 전쟁이 재발하지 않을 것이라고 장담할 수 없는 것이 또한 우리의 솔직한 현황인 것입니다."고 말했다.

14 베트남에 파견된 사람은 군인만이 아니라 그들을 따라 간 기술자 등 민간인들이 연인원 6만 2,800여 명에 달했다. 윤충로(2016), p.168.

15 오제연(2016), pp.195-212; 박태균(2015), pp.211-220; 김병로 · 서보

미국의 침략전쟁에 가담함으로써 한국은 미국의 세계안보정책의 하위 파트너 역할을 수행하면서 대미 종속이 심화되어 갔다. 한국의 베트남 파병, 특히 대규모 전투병 파병은 미국에게는 좋은 선례가 되었다. 필요시 동맹의 이름으로, 파병 대가의 지불을 조건으로 미국의 세계안보전략의 든든한 파트너로 손잡는데 용이한 사례가 되기 때문이다. 전쟁을 감행한 미국 정책결정자들과 많은 미국인들이 인정하듯이,[16] 베트남 전쟁은 명분 없는 "더러운 전쟁"이었다. 거기에 한국군은 동맹과 자유수호를 명분으로, 안보와 경제 이익을 위해 파병을 단행했다. 이에 대해 국제여론은 파병 한국군을 미군의 용병으로 간주하는 시선이 강했다. 베트남인들도 한국군이 독자적으로 작전권을 행사한 것을 무시한 채 미국을 상대로 하는 자신들의 민족해방전쟁에 미제의 용병으로 가담했다고 인식하였다. 세계 패권국이자 '불량국가'[17]로 불리기도 하는 미국이 개입하는 국제분쟁에 그 하위 파트너로 참가하는 불명예와 선례를 남긴 것이다. 그 연장이 2003년 이라크 파병이었

혁 편, 『분단폭력: 한반도 군사화에 관한 평화학적 성찰』(파주: 아카넷, 2016).

16 대표적으로 베트남전 당시 국방장관이었던 맥나마라(Robert McNamara)는 자신의 회고록 *In Retrospect-The Tragedy and Lessons of Vietnam*에서 "우리는 대단히, 정말 대단히 잘못했다. 우리는 그 잘못(베트남전 개입: 필자주)을 후대에 설명해야 할 빚을 졌다."고 후회했다. 호치민 혁명박물관 전시물(관람일: 2017년 1월 21일)

17 미국의 양심적 지식인 노암 촘스키 교수의 주장이다. Noam Chomsky, *Rogue States: The Rule of Force in World Affairs*(Cambridge, MA: South End Press, 2000).

던 것이다.

동남아시아 국가들과의 관계 악화를 비롯해 국제적인 이미지 실추도 파병의 그늘이었다. 베트남과 다시 국교를 정상화 하는 1992년 12월까지, 베트남 공산화 이후 한국과 베트남의 관계는 단절되고 동남아시아 일대의 제3세계 국가들을 비롯한 비동맹국가들을 향한 외교에도 타격이 불가피했다.

1970년대 나타난 국제질서의 다변화 현상은 달러화 약세와 함께 제3세계 국가들의 국제무대 진출을 배경으로 한다. 이에 따라 국제무대에서 남북한의 체제경쟁도 치열하게 나타난다. 남한은 동구 공산진영, 북한은 서구 자유진영과의 관계를 형성하려는 외교적 노력과 함께 똑같이 제3세계 국가들을 향한 비동맹외교에 박차를 가하게 된다.[18] 식민통치 경험을 갖고 있는 제3세계 국가들은 기본적으로 반제국주의 자주독립노선을 갖고 있는데, 이는 남한보다는 북한에 유리한 현상이었다. 거기에 미국이 주도한 "더러운 전쟁"에 한국이 적극 가담한 것은 한국의 비동맹외교에 좋지 않은 영향을 미쳤다. 미국과 그 동맹국들이 베트남에서 철수하고 베트남이 통일되는 1975년 들어 한국은 베트남, 라오스, 캄보디아와 국교를 끊는 등 동남아지역에서 비동맹외교는 타격을 받게 된다. 이와 대조적으로 같은 해 8월 북한은 페루 리마에서 열린 비동맹 중립국 외무장관회의에서 회원국이 되었다.[19] 그렇다고

---

18 임상순, "제3세계 · 유엔외교의 목표와 전략," 서보혁 · 이창희 · 차승주 엮음, 『오래된 미래? 1970년대 북한의 재조명』(서울: 선인, 2015), pp.243-267.

19 박태호, 『조선민주주의인민공화국 대외관계사 2』(평양: 사회과학출판사,

한국이 제3세계 국가들을 상대로 한 북한과의 체제경쟁 외교에서 뒤졌다고 말할 수는 없다. 다만, 베트남의 공산화 통일로 한국이 반제자주를 기치로 하는 동남아시아 비동맹진영 국가들과의 관계가 위축된 것은 부인할 수 없다.

그렇다면 베트남 파병으로 한반도 안보 질서는 어떤 영향을 받았을까? 전후 복구를 마친 북한은 1960년대 들어 공산화 통일을 위한 준비를 새롭게 전개해나가는데, 남·북·해외에서의 혁명 역량을 준비하는 소위 3대혁명역량 강화 노선을 수립하고 군사력 증강에 나섰다. 전쟁과 그 전후로 김일성의 경쟁세력이 모두 숙청되자 그를 중심으로 항일무장투쟁세력의 권력 장악이 완성되었다. 이들은 1962년 10-14일 열린 노동당 중앙위원회 전원회의 등을 통해 "인민경제발전에서 일부 제약을 받더라도 우선적으로 국방력을 강화해야 한다"는 판단 하에 4대 군사노선을 채택하고,[20] 1963년 4월에는 중앙당 연락부에 대남사업총국을 신설하고 이듬해 2월 노동당 중앙위원회 제4기 8차 전원회의에서는 3대 혁명역량 강화 노선을 채택한다.

북한은 미국의 개입으로 베트남 전쟁이 다시 발생하고 한국군이 파병하자 이를 묶어 미국의 아시아 침략 책동이라고 비난하였다. 1965년 5월 20일 최고인민회의에서 북한은 한국군의 파병을 베트남에 대한 침략이라고 규정하고 이는 "직접 조선인민에 대한 침략행위"로 경

1987), p.142.
20 4대 군사노선은 전인민의 무장화, 전군의 간부화, 전지역의 요새화, 전군의 현대화 등 4개항으로 이루어져 있는데 박정희 군사쿠데타, 쿠바 미사일 사태 등을 배경으로 한다.

사진 4   1968년 북한군의 청와대 기습 침투로 ⓒ 연합뉴스

고한 후 대남 강경노선을 천명한다. 김일성 수상은 노동당 창건 20주년 기념회의에서 공세적인 대남전략을 전개할 것을 제시하며 정규전은 물론 특수전, 게릴라전을 위한 전략전술과 무기 개발을 강조한다.[21] 3대 혁명역량 강화 노선에 기초한 북한의 대남 공세전략은 1966년 10월 당대표자회에서 4대군사노선을 재차 강조한 이후 구체화 된다. 1960년대 후반 북한은 청와대 침투를 비롯해 휴전선과 남한 각지에서의 무력도발과 미군 정보수집함(USS 푸에블로호) 나포 및 EC-121 정찰기 격추 사건을 일으킨다.

이상 1960년대 들어 북한이 적극적으로 추진한 군사화 정책과 그

---

21   김일성, "조선로동당 창건 스무돐에 즈음하여(1965년 10월 10일)," 『김일성저작선집 4』(평양: 조선로동당출판사, 1968), p.315.

연장선상에서 공격적인 대남전략은 베트남 전쟁이 초래한 위기 상황과 관련이 있음을 알 수 있다. 실제 1960년대 후반 북한이 감행한 일련의 도발은 베트남 전쟁의 늪에 빠진 미국과 한국의 틈을 노린 것이다. 이는 베트남 전쟁이 미국의 의도대로 전개돼 자신에게 위협이 될 가능성을 차단하는 방어적 측면과, 베트남전에 한국과 미국이 깊숙이 개입하면서 발생한 한반도에서의 안보 공백을 파고드는 공세적 측면이 결합되어 나타난 일련의 도발이었다. 북한의 이런 대남 도발은 동남아에서의 무장갈등이 한반도에서의 장기분쟁을 더 촉진하였음을 증명하는 셈이다. 실제 북한은 베트남전에도 개입해 한반도와 인도차이나반도에서 동시 공산화 혁명을 추구하였다.[22]

이렇게 박정희 정권의 베트남 파병으로 한반도는 위기에 처했다. 그에 비해 같은 파병이지만 노무현 정부의 이라크 파병으로 한반도 상황이 악화된 것은 아니었다. 똑같이 미국이 저지른 전쟁에, 미국의 요청으로 파병했지만 두 사례에서 한반도 상황은 달라 보인다. 미국은 반공 월남을 수호하기 위해 반공 한국의 안보를 실험한 꼴이 되었다. 박정희 정권은 파병을 통해 미국으로부터 자신의 정치적 지지와 경제적 이익을 추구했다. 그로 인해 사지로 보내진 젊은이들의 생명은 물론 한반도에 거주하는 모든 사람들의 안위가 위험에 처해졌다. 그에 비해 노무현 정부의 파병 결정은 유감스럽지만 한반도 평화를 위해 이라크를 향한 것이었다. 북핵문제의 평화적 해결을 위한 대화의 틀에 당사국들을 끌어내는 노력의 연장선상에서 미국의 파병 요청에 부응한 것이다. 다만, 파병으로 한국군의 희생이 일어나지 않도록 그 임무

---

22 이신재(2017) 참조.

와 파병 위치를 정하는데 부심했던 것은 사실이다. 전투와 테러와 먼 곳에서 평화정착·재건지원을 위한 파병이었다. 이는 젊은이들을 사지로 보낸 박 정권의 파병과는 크게 다른 현상이었다.

2. 이라크와 베트남

1) 이라크 전쟁의 충격과 상흔

미국 주도의 이라크 공격은 예상대로 후세인 정권의 몰락으로 끝났다. 생각보다 빨리 끝났다. 2003년 3월 20일 미군이 바그다드에 미사일 공격을 개시한 지 20여 일만에 바그다드가 함락됐다. 4월 9일 바그다드 시민들은 시내 중심부에 있던 후세인 동상을 무너뜨렸다. 5월 1일 부시 대통령은 전투 종료를 선언했다. 그러나 그때를 즈음해 이라크는 새로운 국면을 맞이하게 된다. 전국 각지서 약탈이 발생하고 후세인의 지지세력이었던 수니파는 미군과 시아파에 무장저항을 시작한다. 3월 29일 바그다드 남쪽 160km 떨어진 나자프에 설치된 미군 검문소가 자살폭탄 공격을 받았고, 바그다드 서쪽 70km 떨어진 수니파의 거점 도시 팔루자에서 미군 점령에 반대하는 시위가 일어났다. 이 시위가 격렬해지자 미군이 시위대에 발포해 민간인 17명이 사상하고 70명 이상 부상했다.[23] 이는 연합군 임시행정처가 창설(4.21)되고 재건·인도지원처 책임자인 가너Jay Garner가 그 책임을 맡기 전의 이야기다. 한편, 시아파는 권력장악과 정국주도를 둘러싸고 미군측과 경쟁하게 된

---

23 이근욱(2011), p.117.

사진 5 전쟁 이후 폐허가 된 이라크 ⓒ 연합뉴스
이라크 인구 15% 피난민(상), 구호품 받으려는 이라크 사람들(하)

다. 미국의 이라크 공격은 유엔 안보리 결의 없이 감행된 것으로서[24] 이라크인, 적어도 수니파인들과 반전평화운동진영으로부터는 불법 침략으로 비난받았다.

미 부시 행정부는 후세인 정권 제거가 단기간에 이루어질 것으로 판단하고 추가 병력 배치를 취소하고 점령에 필요한 예산도 확보하지 않은 상태였다. 럼즈펠드 국방장관은 이라크 점령이 장기화 될 수도 있다고 보고 5월 들어 재건·인도지원처를 연합군 임시행정청으로 대체하고 그 책임자로 브레머^{Paul Bremer}가 워싱턴에서 날라 왔다. 브레머는 조속한 주권이양 계획을 포기하였다. 단기점령계획의 포기 이후 연합군 임시행정청, 사실상 이라크 주둔 미군은 후세인 지지세력인 수니파 계열의 바트당과 기존 이라크 군대를 해체하면서 바트당원들과 군인들을 공직에서 추방하고 급여와 퇴직금을 지급하지 않아 결과적으로 이들이 무장저항세력으로 변신하는데 일조했다. 페리^{William J. Perry} 전 미 국방장관의 말처럼 전쟁 이후 이라크의 분열과 내전과 같은 일련의 참사는 "미국이 벌인 돈키호테 같은 행보"가 초래한 것이었다.[25]

7월 13일 이라크과도통치위원회가 설치되었는데, 이 위원회는 근본주의 성향의 시아파계열 인사들이 주도해 여성들에 대한 차별을 강화했고, 시아파 지도세력은 선거준비 과정에서 장기점령정책으로 선

---

24 2013년 5월 22일 유엔 안보리 결의 1483호가 채택돼 미군의 점령과 연합군 임시행정청 설치를 추인하는 역할을 했다.
25 윌리엄 J. 페리 지음, 정소영 옮김, 『핵 벼랑을 걷다: 윌리엄 페리 회고록』 (파주: 창비, 2016), p.322.

회한 미군측과 갈등을 빚게 된다.[26] 그 결과 2003년 하반기부터 이라크는 이들 삼자 간 무장갈등 국면에 들어선다. 서로가 서로를 공격하면서 내전과 국제전의 성격이 혼합된 충돌이 이라크 전역에서 발생했고 그 과정에서 어린이, 노인, 여성을 비롯한 민간인 희생이 늘어났다. 시아파와 수니파 간의 공격과 보복, 수니파와 미군 간의 공격과 보복이 동시에 일어났다. 그런 상황이 계속되는 가운데 2004년 3월 8일 과도통치위원회가 임시헌법을 승인하며 정국 안정화를 시도하는 듯 했다. 같은 달 31일 미국 보안회사 직원 4명이 팔루자서 피살되고 시신이 훼손된 사건이 발생하자, 4월 5일 미 해병대는 팔루자 일대를 봉쇄하고 이라크인 수백 명을 희생시키는 참극이 발생했다. 미군은 또 수니파에 대한 복수를 선동하는 시아파 세력과도 갈등을 빚어 시아파 거점도시인 남부 나자프와 바스라에서는 무력충돌이 발생했다.

위와 같은 예는 잘 알려진 예이지만, 크고 작은 여러 충돌이 일어나는 경우 미군과 미 정보당국은 테러 용의자를 체포해 구금시키고 거기서 학대와 고문을 일삼는 일이 벌어졌다. 2004년 4월 28일 미 CBS방송이 미군의 이라크인 포로학대를 폭로한 보도는 그 신호탄이었다. 5월 17일에는 살림Ezzadine Salim 과도통치위원장이 저항세력의 폭탄 공격으로 사망했다. 그런 혼란 가운데 6월 1일 과도통치위원회가 해산되고 알라위Ayad Allawi 총리가 이끄는 임시정부가 출범한다. 6월 28일 임시정부가 주권을 인수하고 연합군 임시행정청은 공식 해산한다. 2004년 8월 18일 임시의회가 출범한 가운데 임시정부는 총선을 준비한다. 그러나 이라크 각지에서 혼란이 진정되지 않고 무장충돌이 이어졌

---

26 이근욱(2011), pp.117, 119-126.

다. 임시정부는 2004년 11월 7일 총선 대비를 이유로 60일간 비상사태를 선포한다. 그 다음 미군과 이라크군의 팔루자 2차 공격이 일어나는데, 무장저항세력이 빠져간 상태에서 민간인 6만 명을 상대로 한 일방적인 공격을 단행한다. 민간인에 대한 사망 집계가 이루어지 않은 가운데 11월 26일, 이라크 국가안보보좌관은 이 사건으로 2,085명(미군 54명 포함) 이상이 숨졌다고 발표했다. 11월 17일, 47개 정치·종교지도자들은 팔루자 학살을 비롯한 곳곳에서의 미국에 의한 공격을 항의하며 이듬해 1월로 예정된 선거 참여를 거부하기로 결정했다. 그런 혼란의 와중에 12월 15일 총선 선거운동이 시작되었다.

  2005년 1월 30일 제헌의회 선거가 실시돼 시아파 및 쿠르드족 정당연합이 승리하고 3월 16일 제헌의회가 개회한다. 4월 28일 제헌의회가 총리의 내각 구성안을 승인하고, 5월 3일 이라크 정부가 공식 출범한다. 8월 28일 이라크 의회에서 헌법 초안을 확정 발표해 국민투표에 회부한다. 10월 15일 국민투표를 실시해 10월 25일 헌법안이 국민투표 통과 후 공식 발표된다. 그런 과정에 수니파가 배제되어 정국 혼란이 가속화 된다는 미국과 임시정부의 판단 하에 7월 4일 헌법제정위원회는 수니파 인사 15명을 헌법제정위원으로 지명했으나, 19일 3명의 수니파 위원이 총격으로 사망했다. 그래서 8월 들어 헌법 초안 마감 일자가 1주일 연기되기도 했다.[27] 이라크 정부 출범과 새 헌법 제정에도 불구하고 이라크의 정치적 혼란은 진정되지 않았다. 그런 이라크 재건 과정에 배제된 수니파 세력과 잔존 후세인 추종 세력은 새로운 극단주의 무장세력, 곧 '이슬람국가ISIS: The Islamic State of Iraq and Syria'

---

27 이상 사건일지는 이라크파병반대비상국민행동 정책사업단 편(2005) 참조.

를 만들어 이라크와 시리아 내전을 장기화 해갔다.

　미군의 희생도 2005년 3월 들어 1,500명이 넘었고 미군-수니파-시아파 간의 충돌은 계속되었다. 2005년 12월 15일 총선이 있고 그 결과 이듬해 5월 20일 시아파 중심의 이라크 정부가 출범한다. 5개월여 간의 시간차가 발생하는 것은 예정된 정치일정도 있었지만 무장충돌 등 혼란이 계속된 측면도 있다. 2006년 2월 22일 알아스카리 사원에 대한 폭파공격이 있었다. 같은 해 미국에서는 중간선거(11.7)에 즈음해 이라크 공격 결정이 거짓 정보와 잘못된 판단에 따른 것이라는 의회 안팎의 보고서가 제출되면서 그 책임으로 럼즈펠드 국방장관이 사임하고, 철군 여론이 비등해진다. 후세인은 12월 30일 처형되지만, 미국 내 그런 사정은 이라크 내 무장저항세력의 기세를 올려주었다. 2007년 1월 10일 부시 대통령은 이라크에 병력 추가 파견을 선언하지만 알아스카라 사원에 대한 폭파공격 등 무장저항세력의 저항은 더욱 기승을 부린다.

　한편, 연합군에 참여한 나라들이 군대 철수를 잇달아 결정하는 가운데 2007년 말 영국군이 바스라 지역 관할권을 이라크 정부에 이양하고, 2008년 8월 들어서는 미국과 이라크 정부 간에 2011년 미군 철수에 합의한다. 11월 4일 이라크 철군을 공약한 오바마$^{\text{Barack H. Obama}}$가 대통령 선거에서 승리한다. 2008년 12월 19일까지 한국군은 매년 국회 동의를 얻어 '평화정착·재건지원활동'을 임무로 계속 주둔하고 있었다. 2011년 6월 29일 미군이 이라크 주둔 각 지역에서 철수를 시작하고, 10월 21일 오바마 대통령이 이라크 전쟁 종료를 선언하고 12월 18일 이라크 주둔 미군을 완전 철수한다. 그때까지 이라크 내에서는 총격전은 물론 자살폭탄, 박격포 공격이 끊이지 않았다. 미군이 철수 중이던 2009년 8월 19일 바그다드에서는 300여 명이 부상하는 폭탄 공격이 일어났다. 그런 가운데서 이라크는 지방선거(2009.1.31), 2대 총선거(2010.3.7), 정부 출범(2010.12.21) 등 일련의 정치 일정이 진행된다.[28] 깨어진 평화 속에서 민주주의를 일구어가는 고난에 찬 여정이었다.

2003년 3월 20일 시작된 전쟁에서 비롯된 이라크에서의 희생은 지금까지 중단되지 않고 있다. 2003년부터 5천여 개 이상의 데이터베이스를 이용해 이라크 상황을 모니터링 해오고 있는 영국의 민간단체 이라크바디카운트 Iraq Body Count[29]는 2017년 5월 17일 현재, 민간인 사망자를 174,592-195,087명으로 집계하고 있다. 군인 사망자를 포함하면 268,000명에 이른다. 그림 3은 년단위, 월별로 이라크에서의 사망자 추세를 보여주고 있다. 2003년부터 2008년까지는 매년 1만 명에서 2만9천 명 이상 사망했고, 2009년부터 2013년까지는 매년 4천 명에서

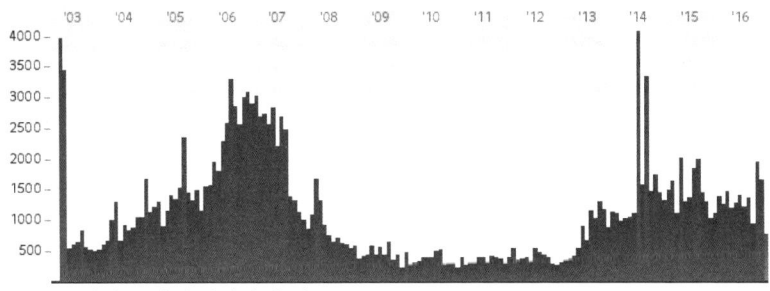

그림 3 이라크 전쟁 사망자 추세

---

28 이상 사건일지는 이근욱(2011), p.454.
29 '바디카운트'는 베트남 전쟁에서 미군이 공산 게릴라 사망자 수를 헤아리는 것에서 유래하는데, 이는 당시 곤경에 빠진 미군 사령부측에서 병사들이 전과를 올리도록 취한 하나의 작전이었다. 폰팅(2007), p.358.

9천 명 이상, 다시 2014년부터는 1만 명 이상 사망하는 추세를 보이고 있다. 연도별로는 2003년, 2006-2007년, 2014년에 희생자가 가장 많았다.[30]

구체적인 전쟁 피해, 특히 이라크 민간인들의 피해를 보자. 2003-2006년 사이 민간인 사망자는 얼마인가? 이 기간은 미국 주도 연합군과 후세인 정권의 전쟁과 그 이후 새로운 국면이 조성되는 시기다. 이 시기 민간인 희생자는 집계 주체와 방식에 따라 차이가 난다.

2003년 미국의 이라크 침공 이후 2006년 7월까지 전쟁과 관련된 폭력으로 숨진 이라크인은 약 60만 1,027명에 달한다고 미국 존스홉킨스 블룸버그 공중보건대학이 발표했다.[31] 이 대학 연구자들은 이라크 47개 지역의 1,849가구를 조사해 전체 민간인 사망자 수를 추산한 것이다. 이렇게 본다면 매달 약 1만5천 명이 목숨을 잃은 셈이며, 이는 월 기준으로 사상 최대치를 기록했던 2006년 7월의 민간인 사망자 수의 무려 4배에 달하는 수치다. 또한 이 수치는 2005년 12월 부시 미국 대통령이 밝힌 3만 명의 20배, 이라크바디카운트가 추정한 4만9천 명보다는 12배 이상 많은 수치다. 〈뉴욕타임스〉 등 외신들의 보도에 따르면, 위와 같은 사망의 원인은 전쟁이 진행될수록 내전 양상을 띠어 공습이나 총격에 의한 사망보다는 폭탄 폭발에 의한 희생 등 연합군 공격보다는 다른 원인에 따른 희생이 많은 것으로 분석됐다. 폭력과

---

30 https://www.iraqbodycount.org/database/(검색일: 2016년 12월 23일)
31 이하는 국민행동 정책사업단 편(2005), pp.58-89; 국민행동 정책사업단. 『이라크 점령 및 자이툰 부대 파병의 실태와 이라크 철수의 근거』(2006), pp.8-20.

관련한 사망자는 개전 뒤 1년간 인구 1천 명 당 3.2명이었으나, 2005년 6월 이래 1년간은 연간 12명으로 급증한 것이다. 그런 가운데 미군은 처음 민간인 피해 집계를 하지 않았고, 이후에는 이라크인 인명피해를 축소 발표한 의혹을 샀다. 상황이 호전되기는커녕 악화되자 유엔 이라크지원단UNAMI은 2006년 9월 20일, 법과 질서의 총체적 붕괴위기에 직면해 있다면서 5월 출범한 이라크 정부가 심각한 도전에 직면하고 있다는 보고서를 발간했다. 연일 끊이지 않는 유혈 폭력사태 속에 대량 국경 탈출 행렬이 이어졌다. 유엔 난민최고대표사무소UNHCR는 이라크 전쟁 후 전체 인구 2천600만 명 중 160만 명이 이라크를 떠났고, 150만 명은 국내 실향민이 됐다고 추산했다.

미군은 질서 안정, 이라크 민정이양 준비 등을 명분으로 미군 점령을 반대하는 무장저항세력과 그 지지 지역에 대한 공습과 육상 군사작전을 벌여나갔다. 국제기구와 언론의 주목을 받은 사건만도 1차 팔루자 공격(2004.4), 2차 팔루자 공격(2004.11), 마타도 작전Operation Matador(2005.5), 탈-아파르 작전(2005.9), 강철주먹 작전(2005.10), 하디타 작전(2005.11), 이샤키 사건(2006.3), 함다니야 사건(2006.4) 등이 있다. 이들 작전이나 사건은 주로 수니파 민간인들이 거주하는 도시를 포함한다. 작전은 미군에 의한 일방적인 공격과 시설 파괴를 말하고, 사건이란 그런 작전 수행 과정에서 민간인의 희생이 발생했다는 의미다. 각 사건마다 민간인이 최소 수십 명에서 최대 수천 명 사망하고, 최소 수백 명, 최대 수만 명이 부상당하거나 고향을 떠나야 했다. 어떤 경우는 수니파 무장세력에 의한 미군 희생에 대한 무차별 보복이 가해지거나, 무장저항세력이 떠나고 민간인만 남은 지역에서 군사작전이 전개되기도 했다. 어떤 군사작전은 명백히 정치적인 목적에서 전개되기도 했다. 대표적으로 2차 팔루자 공격이나 라마디, 카임 등지에서의 강철주먹 작전은 주요 정치일정(총선거와 헌법 국민투표)을 앞두고 수니파의 무장저항을 예방한다는 명목으로 수니파 밀집지역에 대한 무차별 민간인 공격을 가한 예이다.

그런 군사작전 과정에서 비인도적 행위가 자행되기도 했다. 미국과 영국군이 2차 팔루자 공격때 화학무기 백린을 사용했다는 증언이 나왔는데, 백린은 후세인이 쿠르드족 학살에 이용했다는 바로 그 무기다. 미군은 팔루자 작전 중 비무장 상태의 포로를 조준 사살하기도 했다. 민간인 지역에 대한 공습과 급습은 식수와 전기 공급을 중단시켰다. 그에 따라 이라크의 신임 말리키Nouri al-Maliki 총리는 미군이 이라크인들을 전혀 존중하지 않고 있다, 그들은 차를 타고 시민들에게 돌진하고 단순히 의심된다는 이유만으로 무고한 민간인들을 죽이고 있다고 비난할 정도였다.

미군은 작전수행만이 아니라 체포, 구금한 포로나 테러용의자들에 대한 반인도적 행위를 자행해 국제적인 비난을 샀다. 이라크 아부그레이브 교도소, 쿠바 관타나모 수용소 등 각종 구금시설과 체포 현장에서 미군과 영국군의 불법 구금, 고문, 성폭행, 살해 사건이 일어났다. AP통신은 2006년 9월 미국이 "'테러와의 전쟁'을 벌이면서 전 세계에서 1만4천여 명을 붙잡아 미국 밖에서 구금하고 있다."고 폭로했다. 그 전후 미국 행정부는 물론 미 의회와 사법부, 그리고 국제기구와 인권단체들이 이라크 전쟁을 비롯해 대테러전쟁 과정에서 발생한 미군에 의한 인권침해를 조사하고 법적 조치를 강구했다. 부시 행정부는 관타나모 수용소에서의 학대 행위를 포함해 이라크, 파키스탄, 아프가니스탄 등지에서 미군에 의한 민간인 학대 사실을 인지하고 있었다. 이를 두고 언론과 인권단체들 중에서 미국이 포로와 민간인 처우에 관한 제네바협정을 위반하고 고문하는 것이 미국 정부의 공식정책이라고 비난하는 경우도 있었다.

미군에 의한 반인도적 범죄에 관한 미국 내 조사는 미 상원 정보위원회의 활동이 대표적인 예이다. 상원 정보위원회는 2009년 3월 5일, 찬성 14: 반대 1의 투표로 미 중앙정보국^{CIA}에 의한 테러용의자 구금 및 심문 프로그램에 대한 조사권한을 승인했다. 이 조사 결과, 부분 공개된 요약보고서에는 백악관을 비롯해 부시 미 행정부의 고위 정책결정자들의 묵인, 방조 하에서 CIA가 세계 각지의 구금시설에서 테러용의자들을 불법 체포, 구금해 학대, 고문 등의 방법으로 정보를 수집하려 한 사실이 밝혀졌다.[32] 그에 앞서 2006년 6월 29일 미국 연방 대법원은 부시 대통령이 관타나모 수용소 내 특별군사법정에서 수감자들을 재판한 것은 위헌이라고 결론을 내렸다. 대법원은 관타나모수용소

---

32 요약보고서는 두 부분으로 구성되어 있는데, 한 부분은 CIA 구금 및 심문 프로그램의 수립, 발전, 운영, 다른 한 부분은 CIA 구금 및 심문 프로그램의 효율성에 대한 정보를 제공하고 있다. 보고서를 작성하는 데에만 3년 이상이 걸렸으며, 600만 페이지 이상의 결과물이 만들어졌고, 2012년 7월 완성되었다. 2014년 4월 3일, 전체 투표 결과 11대 3으로 미 상원 정보위원회는 조사 결과 및 결론을 일부 수정하고, 위원회 조사의 요약보고서에 대한 기밀을 해제하고 일반인에게 공개하기 위해 대통령에게 보내는 것으로 결정했다. 이 보고서는 미 상원 웹사이트와 일반 인터넷상에서 접근할 수 있다. Senate Select Committee on Intelligence, "Committee Study of the Central Intelligence Agency's Detention and Interrogation Program: Executive Summary," Declassification Revisions, December 3, 2014.

와 수용소 내 특별법정 운영은 법적 근거가 없는 행정부의 자의적인 월권 조치로 미국법과 제네바협정을 동시에 위배한다고도 판시했다. 비슷한 시기인 2006년 9월, 유엔 이라크지원단^{UNAMI}은 보고서를 펴내 이라크 전역에서 민간인에 대한 잔혹한 고문이 일상화되는 등 미국의 이라크 침공과 점령이 장기화되면서 인권유린이 더욱 심각해지고 있다고 지적했다. 국제민간인권단체는 물론 유엔 반고문위원회, 인권최고대표사무소^{UNHCHR} 등 국제인권기구의 관계자들도 미국의 이라크 침공 이후 상황이 후세인 정권때보다 더 악화되었고, 특히 이라크 민간인들의 희생과 고통이 더 심해졌다고 비판했다.

한편, 2006년 당시까지 이라크 재건을 위한 움직임은 불안한 정정政情과 준비 부족으로 걸음마를 벗어나지 못했다. 〈크리스천 사이언스 모니터〉지는 2006년 6월 15일자 기사에서 미국이 이라크 재건 비용으로 조성한 220억달러 규모의 '이라크구조재건펀드^{IRRF}'가 수개월 안에 고갈될 것이라고 보도했다. 이 신문은 수많은 재건사업이 이라크 반군의 공격과 관리 부재, 부패 등으로 인해 제대로 이뤄지지 않고 있고, 특히 파괴된 유전의 75%, 전력과 상수도의 40-50%가 복구되지 않은 실정이라고 지적했다. 그로 인해 이라크 재건을 위해 180억-280억 달러의 추가 비용이 소요될 것이라고 예상했다. 이 보도에 앞서 미 외교안보 싱크탱크인 국제전략문제연구소^{CSIS}도 4월 관련 보고서를 내 이라크 재건 사업이 부시 행정부의 잘못된 계획과 재건사업 수행능력의 부족으로 인해 실패에 직면했다고 평가한 바 있다. 이 보고서는 거의 약 600억 달러가 넘는 돈이 이라크 재건 사업에 투입되었지만 이라크 침공 전보다 이라크 내 석유 생산량, 전기 및 물 공급이 감소했다고 언급했다.

이상에서 알 수 있듯이, 미국의 후세인 정권 타도 후 이라크는 헌법

제정, 총선, 정부 출범으로 희망의 길을 걷기 시작한 듯 했다. 그렇지만 미국의 단기점령정책의 오판과 점령정책 변경, 그리고 미군-수니파-시아파 간의 무력충돌로 이라크 내정은 혼란에서 벗어나지 못하였다. 그런 상태에서 미국과 신 이라크 정부는 안정과 재건작업을 추진해나갔다. 평화정착·재건지원활동은 난관 속에서 희망을 만들어가야 하는 일이었다.

2) 이라크 파병의 명암

명(明)

미국 주도 연합군과 후세인 정권과의 전쟁이 끝나고도 이라크에 평화는 오지 않았다. 이라크 상황은 진정되지 않고 내전으로 치달아 무고한 인명의 희생이 이어졌다. 특히 2006-2007년은 내전의 늪이 매우 깊었다. 1980년 시작된 이란-이라크 전쟁부터 이라크는 30여 년을 전쟁에서 헤어나지 못했다. 그런 가운데서도 질긴 생명은 희망의 불씨를 피워갔다. 한국의 파병 명분도 이라크 평화정착·재건지원이었다.

   세계 각국에서 이라크의 재건지원에 나섰지만, 한국만큼 현지의 높은 평가를 받은 나라는 많지 않을 것이다. 이라크 현지에서 재건지원 활동 일선에 나선 외교관들은 한국이 할 수 있다는 자신감을 이라크인들에게 심어주었다고 자평했다. 또 한국이 높은 교육열과 경제발전 방식을 이라크인들에게 전수하고 4,000여 명의 이라크 공무원을 한국에서 연수시켜 재건 역량 배양을 지원한 점도 높은 평가를 받는 요인으로 꼽혔다.[33] 실제 쿠르드족이 거주하는 아르빌에서 전개한 자이툰 부

---

33 김현명·주중철 외, 『이라크, 재건30년 전쟁30년』(서울: 책보세, 2013).

대의 다양하고 현장밀착형 재건지원활동 결과 "자이툰은 쿠르드의 진정한 친구로 다가왔다."(탈라바니 이라크 대통령)[34]는 찬사를 받기도 했다. 한국국제협력단KOICA이 한국의 재건지원활동에 대해 이라크의 관련 기관 담당자 12명을 대상으로 한 설문조사에서 한국국제협력단의 지원 프로그램에 대한 만족도가 97점으로 나타났다. 응답자들은 또 이라크 사회경제에 가장 크게 기여한 분야로 기자재 제공(40.0%)과 인적자원개발(33.3%)을 크게 꼽았다.[35]

그 결과 한국은 이라크와 정치, 경제, 국방, 문화 등 다방면에서 우호관계를 형성할 수 있게 되었다는 것이 정부측의 평가다. 한국정부가 전개한 이라크 재건지원활동을 좀 더 살펴보자.

한국국제협력단은 2007년 8월 이라크 지원사업을 평가한 바 있다.[36] 그에 따르면, 후세인 정권 붕괴 직후인 2003년 4월에서 7월까지 국제사회는 이라크 긴급지원 및 재건복구를 위해 도합 6천만 달러를 지원하기로 했다. 그해 10월 마드리드에서 열린 이라크 재건 원조 공여국 회의에서 한국정부는 5년간(2003-2007) 이라크 재건지원을 위해 긴급지원예산을 포함해 총 2.6억 달러의 지원을 약속했다. 국제사회의 총 지원 약속액 330억 달러의 0.8%에 해당하는 규모다. 미국, 일본, 쿠웨이트가 이라크 재건지원 약속액의 80% 이상을 지원하기로 하

---

34 위의 책, p.218.
35 한국국제협력단, 『이라크 재건지원 사업 평가 보고서』, 2007, pp.195-196, 198.
36 위의 책. 본문의 2007년 지원 내역은 완료되지 않은 상태에서 기술된 것이다.

였다. 한국은 공여국 중 6위에 해당한다.

한국정부는 초기에 예산을 집중 배분하고, 2004년도 한국군의 파병과 함께 파병지역(아르빌)에 더 많은 예산을 배분 지원했다. 5년간 재건지원 금액은 이라크 중앙정부에 138,645천 달러, 파병 지역에 100,896천 달러, 그리고 국제기구 및 NGO에 27,191천 달러가 집행됐다. 이런 이라크 지원을 분야별로 보면 교육, 보건, 행정제도, 산업에너지, 환경 및 기타 분야에 집중 지원되었고, 상대적으로 농촌개발 및 정보통신 분야에 대한 지원은 미미했다(표 5).

표 5 한국정부의 대 이라크 지원 규모 (단위: 천 달러)

구분	계	교육	보건	행정제도	농촌개발	정보통신	산업에너지	환경 및 기타	재난구호
'03년	37,704	8,987	2,361	8,475	-	492	5,925	7,038	4,426
'04년	60,084	7,472	5,023	9,925	2,615	7,436	9,323	14,202	4,088
'05년	73,829	16,917	29,188	14,328	67	431	8,409	1,516	2,973
'06년	49,493	3,429	6,093	14,475	93	5,126	10,096	10,181	-
'07년	45,622	3,874	10,860	11,939	397	1,207	12,801	4,544	-
계	266,732	40,679	53,525	59,142	3,172	14,692	46,554	37,481	11,487
점유율	100%	15.3%	20.0%	22.2%	1.1%	5.5%	17.5%	14.1%	4.3%

* 출처: 한국국제협력단, 『이라크 재건지원 사업 평가 보고서』, 2007, p.16.

위 한국국제협력단의 보고서에 따르면 한국의 주요 이라크 지원사업은 인도적 원조, 정부기관 재건 및 도시 서비스 기능 향상 지원, 인적자원 개발 및 개발경험 전수, 그리고 사회인프라 중심의 개발 프로젝트 추진 등이다. 한국정부는 당초 이라크 재건지원 사업을 추진함에 있어 국제사회의 이라크 지원 노력에 동참하고, 한국의 국력에 상응하는 역할을 수행하여 국제적 위상을 강화한다는 목적을 설정했다. 악화된 치안여건에도 불구하고 현지에 인력을 파견하여 국제사회에 약속한 지원을 충실하게 수행하였고, 특히 한국군의 파병에 따른 반감 해소와 안전한 주둔을 위해 아르빌 지역에 집중 지원한 재건사업도 국제원조사회에서 호평을 받아 정부가 설정한 사업 목적은 충분히 달성했다는 것이 정부측의 평가다.

다음으로 이라크에 파병된 네 부대, 곧 서희부대, 제마부대, 자이툰부대, 다이만부대의 재건지원활동을 각각 간략히 살펴보자.[37]

이라크 1차 파병 부대인 건설공병지원단 서희부대와 의료지원단 제마부대는 2003년 4월 30일 편성되어 이라크 남부 나시리아 지역에 파견됐고, 그해 10월 15일 추가 병력이 파견됐다. 573명으로 편재된 서희부대는 2003년 6월 1일부터 나시리아 지역에서 인도적 지원활동을 시작했다. 초기에는 주로 병원 및 학교시설에 대한 보수를 실시하고, 이후 지역 도로건설과 도시기반시설인 급수관 및 하수처리시설에 대한 보수공사를 지원했다. 이런 공병활동 외에도 서희부대는 순회진료, 한글과 태권도 등을 공부하는 서희기술학교 운영, 위문활동, 그리고 미군과 연합해 불발탄, 유기탄 처리활동도 전개했다. 서희부대는 2003년 10월 15일, 1진과 2진이 쿠웨이트 공항에서 맞교대해 임무를 계속 수행하였다. 2004년 4월 21일 자이툰부대 공병대대(3진)가 도착하면서 인수인계작업이 시작돼 4월 28일 2진은 모두 귀국하였다.

---

[37] 이하는 국방부 군사편찬연구소, 『국군 이라크 자유작전 파병사: 서희·제마·자이툰·다이만부대』(서울: 국방부 군사편찬연구소, 2014); 이라크 평화·재건사단, 『2005 Zaytun, 당신이 대한민국입니다』(서울: 이라크 평화·재건사단, 2006); 권광택, "평화의 전파, 이라크 파병," 김현명·주중철 외(2013), pp.212-217.

둘째, 제마부대는 부대이름[38]이 말해주듯이 의료활동 전문부대로서 2003년 4월 나시리아에 6개월 파병되었고, 10월 15일 85명으로 편재된 2진이 파견돼 10월 22일 부대교대가 이루어졌다. 제마부대는 이라크에 주둔한 17개국 군대 중 유일하게 대민 진료사업을 전문적으로 전개하였다. 구체적으로 순회진료, 임시진료소진료, 병원진료, 간호 등의 방법으로 15,000여 명을 치료해 이라크 국민들은 물론 주둔국 부대들로부터도 많은 칭찬을 받았다. 2004년 4월 21일 자이툰 의무대대가 쿠웨이트 공항에 도착하자 제마부대는 4월 25일 임무교대를 마치고 귀국하였다.

셋째, 자이툰부대는 2004년 8월부터 시작해 3개 제대로 나누어 2,852명이 출국 이동했고, 소위 '파말마작전'을 통해 병력과 장비·물자가 9월 20일 아르빌에 도착을 완료했다. 임무[39]를 부여받은 자이툰부대는 이라크 군경 치안요원 양성 지원, 쿠르드 지역 재건을 위한 각종 시설물 신·개축, 인적 자원 양성, 다양한 주민친선활동 등을 전개해 성공적인 민사작전으로 평가받고 있다. 자이툰부대에는 도합 17,700여 명이 파견되었다. 임무 수행 기간 중 아르빌 일대에서 벌인 재건지원활동 내역은 공공시설 89건, 급수시설 88건, 교육시설 68건,

---

38 제마는 한국 사상체질의학의 창시자인 조선 후기의 이제마(李濟馬)를 말한다.

39 자이툰부대의 공식 임무는 △ 책임지역 평화정착 및 재건지원, △ 이라크 중앙정부 및 쿠르드 자치정부 지원·협조, △ 이라크 치안전력의 질서유지 지원 및 지도, △ 적대세력 공격시 방어적 조치, △ 유엔이라크원조단(UNAMI) 및 주이라크 한국대사관 경계지원 등이다. 국방부 군사편찬연구소(2014), p.210.

사진 6 자이툰부대를 방문한 노무현 대통령(2004. 12. 8) ⓒ 연합뉴스

보건소 16건, 치안시설 15건 등 도합 276건이다. 여기에 다양한 주민 친화활동을 전개해 현지 쿠르드인들은 물론 이라크 정부와 주둔국 부대들로부터 높은 평가를 받았다. 그 과정에서 노무현 대통령이 2004년 12월 8일 부대를 전격 방문하기도 했다. 물론 자이툰부대도 정찰, 방호, 경계, 대테러활동을 전개했지만 전투는 일어나지 않았다. 자이툰부대는 부대 및 지휘권 교대를 거듭하면서 4년 3개월여 동안 임무를 지속하다가 2008년 12월 19일 모두 철수 귀국하였다.

마지막으로 다이만부대는 한국군 병력 및 물자 수송, 환자수송 및 기타 긴급상황시 운용, 다국적군 항공수송 지원 등을 임무로 135-175명의 편제를 유지했다. 위 국방부측 자료에 의하면 다이만부대는 2004년 2월 13일 국회의 파병 동의를 받아 자이툰부대 환송식이 있던 8월 2일 1진이 출국했다. 그리고 같은 해 10월 24일 최초 작전을 개시하고 12월 29일 100회 출격을 기록한 후, 2007년 11월 27일 1,000회 비행을 기록했다. 2008년 12월 19일 철수할 때까지 전투임무 6,000시간의 비행기록을 남겼다. 그러나 눈길을 끄는 다국적군 인원 및 물자 공수는 바그다드, 알리, 알쿠트 등 전구戰區 내 각 기지로 행해졌다는 언급만 있을 뿐 자세한 내용은 공개되지 않고 있다.

훗날 국방부측은 이라크 파병부대가 거둔 성과로 첫째, 한국과 이라크 간 신뢰관계를 구축함으로써 국익 창출의 토대를 마련했고, 둘째, 파병부대가 수행한 민사작전이 동맹군의 민사작전 모델로 자리매김 되었고, 셋째, 파병을 통해 군 전투력 발전에 기여했다고 밝히고 있다.[40] 노무현 정부도 자이툰부대의 성공적인 민사작전으로 전후 이라크를 정상화 하고 재건하는데 한국군의 역할이 컸다고 평가하는 한편, 그렇게 중동지역에 심은 긍정적인 이미지는 향후 중동지역과의 경제관계를 발전시킬 수 있는 중요한 계기가 될 것이라고 전망했다. 또 자이툰부대의 파병으로 한미 동맹관계를 더욱 튼튼히 할 수 있는 계기가 됐다는 평가도 빼놓지 않았다.[41] 이와 같은 평가는 노무현 정부가 국회에 파병안을 제출했을 때 언급한 파병 목적의 대부분을 달성한 것으로 볼 수도 있다. 다만, 대테러전쟁 동참을 통한 세계평화 기여와 북핵문제의 평화적 해결에 대한 평가는 빠져있다. 앞에서 살펴보았지만 이라크 전쟁 개시 과정에서 테러 근절은 명분에 불과하였고 후세인 정권 붕괴 이후, 아니 오늘날까지도 테러 근절을 통한 세계평화는 요원해 보인다. 이와 함께 위와 같은 정부의 평가에 동의하지 않는 목소리도 적지 않다. 아래에서는 그런 의견을 살펴볼 것이고, 이라크 파병이 한반도 안정,

---

40　위의 책, pp.485-486.
41　국정홍보처(2008), p.281.

특히 북핵문제의 평화적 해결에 기여했는지도 살펴보아야 할 것이다.

암(暗)

이라크 전쟁의 결과를 모니터링 해 온 국내 한 평화운동단체의 보고서[42]에 따르면 민간인의 피해와 이라크의 분열은 심각하고 깊었다. 2003년 전쟁 개시 이후 10년 간 민간인 희생자 규모는 집계하는 기관에 따라 차이가 있지만 그 수는 절대적, 상대적으로 많다. 예를 들어 이라크바디카운트는 약 17만-19만 명으로 집계했지만 저스트포린폴리시 justforeignpolicy.org라는 단체는 그보다 12배 이상 많은 1,455,590명으로 잡았다. 그 기간 군인 사망자는 2만여 명 이하로 파악되었다.[43] 전쟁이 발발하면 군인보다 민간인 희생자가 더 많다는 이론을 증명해주는 셈이지만, 민간인 희생이 군인 희생보다 몇 배에서 수십 배 크다는 사실은 군사작전을 빙자한 민간인 학살이 적지 않았음을 강력히 시사해준다.

2003년 이후 전쟁과 점령으로 외세에 의해 이라크에서 분열과 폭력은 증폭되고 지속되었다. 미군 점령과 시아파 주도의 새 권력집단의 등장에 따른 수니파의 반발과 저항, 석유 개발을 둘러싼 국내외 이권 갈등, 그후 시리아 사태까지 겹쳐 정국 안정은 구조적으로 어려워 보

---

42 경계를넘어, 「이라크, 그들이 떠난 후: 이라크 침공 10년 모니터보고서」, 2014.

43 미 국방부는 미군이 철군한 2011년까지 미군 전사자가 4,484명, 다국적군 전사자 318명, 이라크 보안군 10,125명이라고 밝힌 바 있다. 위 보고서, p.44.

인다. 그로 인해 수도 바그다드를 포함한 중부지역의 수니(순니) 삼각지대[44]와 이라크 북부 시리아, 터키 국경지대는 테러를 비롯한 폭력의 진원지 역할을 계속 하고 있다. 2003년 이후 전쟁으로 이라크인들 가운데 해외 난민 170만여 명, 국내 실향민도 150만여 명이 발생한 것으로 집계되었다. 미국 주도의 이라크 공격과 점령 동안 이라크 민중들의 빈곤과 공포는 더 악화되었다. 예를 들어 전쟁 후 빈민가 수준의 환경에서 거주하는 비율이 침공 시점인 2003년 17%에서 2010년 53%로 증가했다. 세계식량프로그램[WFP]은 전쟁 후 내전 상태에 빠진 2008년의 경우 이라크에서 구호기관의 식량배급을 받는 인구비율이 90%에 달한다고 보고했다. 침공은 어린들을 비켜가지 않았다. 2012년 세이브 더 칠드런[Save The Children]은 이라크 어린이 5명 중 1명이 성장부진 등 영양실조 증세를 보인다고 보고한 바 있다. 세계보건기구[WHO]는 2007년 이라크 어린이들의 70%가 전쟁으로 인한 심리적 질환을 겪고 있다고 발표했다. 그런 이라크에 한국은 평화정착·재건지원을 임무로 설정해 제한된 규모의 비전투병을 파견했다.

위와 같은 광범위한 이라크인들의 피해상은 평화학자 갈퉁[Johan Galtung]이 말한 것처럼 이라크라는 한 사회 전체의 현재와 미래를 학

---

44 삼각형의 모양을 취하는 이 지역은 바그다드(남쪽), 라마디(서쪽), 티크리트(북쪽)가 각 꼭짓점을 이루고, 동쪽편에 바쿠바가 있다. 각 면은 거리가 대략 125마일 정도 된다. 이 지역에는 사마라와 팔루자도 포함된다. 순니 삼각지대는 과거 이라크 사담 후세인 정권의 주요 지지 지역이었다. 1970년대 이래 여러 정부 노동자, 정치가, 군사 지도자가 이 지역 출신이었다. 사담 후세인도 티그리트 외곽 출신이다. "순니 삼각지대," 위키백과 한국어판. 검색일: 2017년 1월 5일.

살한 소시오사이드^{Sociocide}라고 부를 수도 있다.⁴⁵ 그런데도 가해자들 가운데 누구 하나 거기에 대해 진지하게 반성하고 책임지는 사람은 아무도 없었다. 이라크 공격을 주도한 미국 부시 행정부가 꼽은 공격 명분이었던 후세인 정권의 대량살상무기 개발과 국제테러 지원은 사실이 아니었다. 그럼에도 불구하고 부시 대통령과 전쟁 결정자들은 공식 사과를 하지 않았다. 오바마 대통령은 부시 정부의 일방주의적인 대테러전쟁을 비판하고 관타나모 수용소 폐쇄를 공약했지만 침략의 진실은 완전히 규명되지 못했고 관타나모도 폐쇄되지 않았다.

한국의 파병은 후세인 이후 이라크 과도정부의 요청이 덧붙여졌지만, 그런 미국의 파병 요청이 일차적인 계기로 작용한 것이 사실이다. 침략전쟁, 심지어는 반인도적 범죄와 전쟁범죄를 초래했다는 비난을 산 미국의 이라크 침공을 지지하며 파병한 것이다. 물론 파병이 이라크인들을 대상으로 하는 전투가 아니라 평화정착·재건지원이라는 비전투 임무에 초점이 맞춰져 있었다. 그럼에도 미국의 이라크 공격 및 점령을 지지하는 연장선상에서 파병이 이루어졌고, 국회 동의가 확인되지 않는 다이만부대의 다국적군 공수작전은 점령 미군에 대한 직접적인 지원에 해당한다. 한국군의 파병은 이렇게 두 얼굴을 하고 있었던 것이다. 이를 바탕으로 평화운동진영에서 모니터링 한 한국군 파병부대의 활동에 대한 평가를 들어보기로 하자.

파병반대운동을 주도해온 국민행동측은 2005년 1월부터 평화활동가들로 이라크 점령 상황 및 자이툰 부대 모니터링을 위해 '이라크 모

---

45 경계를넘어(2014), p.3.

니터팀'⁴⁶을 구성해 활동을 전개하였다. 현지 주둔 이후 1년여 간의 자이툰부대를 모니터링 해온 국민행동은 자이툰부대의 재건지원활동 내용이 부실 허위보고로 가득하고, 현지에서 발생한 사건사고를 은폐하고 있다고 주장했다.⁴⁷ 국민행동측은 자이툰 부대 황의돈 사단장과 국방부 이라크 재건지원 실적 보고의 각종 수치가 들쭉날쭉이라고 주장했다. 예를 들어 장비지원 오차가 16만개, 의료지원 실적이 한 달 반만에 50% 증감, 재건지원 실적 부풀리기 등이 있었다고 주장했다. 2005년 7월 28일 국회에 보고된 '이라크 평화재건 사단장 임무수행 결과보고'에는 56개소(학교 13개소 신축 중)의 경제개발 지원활동을 펴고 있다고 되어 있는데, 국민행동측이 파악한 것은 3개소에 불과하다는 것이다. 또 국민행동측은 군이 자이툰부대의 지원내역과 KOICA의 지원물품과 민간 지원 물품을 섞어 자이툰부대의 실적을 부풀리기 하고 있다고 비판하기도 했다. 이와 관련해 재건지원 예산은 부대 주둔 비용의 1/10에 불과하고 지출명세도 오리무중이라고 비판한다. 특히 재건지원 예산과 미 작전통제국 지휘관 긴급자금^{CERP}의 지출내역과 명세 등이 전혀 공개되지 않은 점도 지적됐다.

위 보고서는 또 자이툰부대가 사건사고를 감추기에 급급하다고 비판했는데, 2005년 국방부가 국회에 제출한 국정감사 자료에는 자이툰부대 내 사고가 감전사고 1건, 총기사망사고 1건만 있었다고 지적한다. 이 중 총기사망사고는 노무현 대통령 방문 전날 일어났는데, 군은 이

---

46 이 팀에는 이태호, 이지은, 지영, 정영섭, 강이현, 윤지혜, 이주영, 최민 등의 평화활동가들이 참여했다.
47 이하 국민행동 정책사업단 편(2005), pp.153-162, 166-171.

를 숨긴 채 노 대통령의 부대 방문을 영접했다는 것이다. 국방부가 자이툰부대 사건사고가 2건밖에 없다는 보고는 언론에 보도된 것만 놓고 보더라도 축소 은폐보고라는 의심을 살 수 있었다. 예를 들어 자이툰부대 인근 폭발 사고(2004.10.27)로 병사 하지절단 사고 의혹과 부대내 가혹행위(2005.4.27)는 군에서 발표한 것이 아니라 이라크 모니터팀에 제보하거나 언론보도에 의해 확인된 것이다. 파병반대운동세력은 이런 주장을 하면서 정부에 "국민을 속이는 전시행정을 즉각 중단하고 … 군대에 의한 재건이 아닌 진정한 재건지원"을 촉구하였다.

2006년 11월 하순, 국민행동측은 또 다른 모니터링 보고서를 내면서 자이툰부대의 철군 필요성을 제기한다.[48] 이들은 미 국방부와 이라크 정부가 다국적군 철수가 가능한 곳으로 아르빌을 포함시켰다는 자료를 근거로 내놓았다. 미 국방부가 2006년 8월 작성한 분기별 의회보고서는 자이툰부대가 주둔하고 있는 쿠르드 자치지역인 아르빌을 치안권 이양 가능지역으로 분류했다는 것이다. 이들은 2006년 7월 13일 이라크 정부와 다국적군의 결정에 의해 무타나^{Muthanna}주의 치안권이 해당 주정부에 이양된 사실도 확인했다. 이들은 또 이브라힘 알-자파리 이라크 총리와 이라크 국가안보보좌관을 비롯해 이라크 정치지도자들이 2005년부터 아르빌을 다국적군 철군가능 지역으로 분류한 점을 거론하며 아르빌을 이라크 정부에 넘겨도 문제가 없다고 평가했다. 실제 위 미 국방부의 보고서 발표 이후인 2006년 9월 영국군과 루마니아군은 남부 디카르주에서 치안권을 이라크 정부에 넘긴 사실도 확인됐다. 이같은 점을 반영해 국회에서도 자이툰부대의 철군 결의안이 제

---

48 이하 국민행동 정책사업단(2006), pp.54-69.

출됐다. 2006년 11월 21일 임종인 의원 등 국회의원 39명은 "국군부대(자이툰부대)의 이라크 철군 촉구 결의안"을 제안했는데, 그 이유로 이라크에 새로운 정부가 들어선 사실(2006.5)과 자이툰부대가 철군해도 문제가 없다는 위 미 국방부의 판단을 꼽았다.[49]

그런데 그 즈음 자이툰 부대가 주둔지역 민간 정부와 함께 '지역재건팀RRT'을 구성하고 있는 사실이 확인되었는데 국민행동측은 이 팀을 "정체불명"이라고 폄하한다. 이들은 정부가 일부 감군과 재건지원 지속을 명분으로 지역재건팀을 구성해 이를 이라크에서 대미 협력의 장기적인 틀로 활용할 가능성을 제기했다. 그래서 이들의 결론은 이라크 파병 한국군의 즉각 철군이었다.

또 국민행동측은 위 보고서에서 자이툰부대의 재건지원 사업 중에 쿠르드 정보·경찰기관을 지원한 의혹을 제기했다. 이들은 국방부가 2006년 국정감사 자료에서 밝힌 '자이툰 부대의 재건지원 사업 중 자

---

[49] 위 미 국방부의 판단은 2006년 8월 국방부가 의회에 제출한 「이라크 안정과 안전 평가(Measuring Stability and Security in Iraq)」 보고서를 말하는데, 거기에 자이툰부대가 주둔 중인 아르빌 지역을 이라크 자치주 및 민간에게로 치안권 이양이 가능한 안전지역으로 분류하고 있다. 그러나 이 동의안은 투표를 거치지 못한 채 계류되었다가 2008년 5월 29일 임기만료 폐기됐다. 이에 앞서 2005년 7월 15일 임종인 의원 등 30명의 국회의원들이 "국회가 동의한 국군부대 이라크파견 연장의 목적과 임무를 더 이상 수행할 수 없도록 만들고 있다. 더구나 정부는 국군 자이툰부대가 이라크 유엔사무소의 경비업무를 맡는 역할변경을 긍정적으로 검토하는 등 평화정착과 재건지원이라는 처음의 파병목적을 어기려 하고 있다."는 판단 하에 '이라크파견 국군부대(자이툰부대) 철군 촉구결의안'을 상정하였지만 2008년 5월 29일 임기만료 폐기되고 말았다.

이툰 부대 예산으로 지급된 물품 지원 내역' 중 상당수의 물량이 파라스텐(KRG 정보국), 아사이쉬(쿠르드 경찰 정보기구)로 일컬어지는 정보국과 경찰기관, 그리고 제르바니(쿠르드민주당 민병대)에 지원되었다고 주장한다(표 6). 국민행동측은 이것이 사실이라면 한국군이 쿠르드 정보국의 위법적인 납치 구금활동을 방조하고 이라크 내 종파, 인종 갈등을 조장한다는 책임을 피하기 어려울 것이라고 비판했다.

마지막으로, 국민행동측은 정부가 국회 동의를 얻어 파병했다는 다이만부대에 대해 강력한 의문을 표시했다. 국회 동의 없는 파병이었다는 것이다. 이들은 다이만부대는 자이툰 부대가 이라크로 출발한 2003년 10월 쿠웨이트로 파견된 공군 수송부대라고 판단했다. 이어 군은 다이만부대가 자이툰 예하 부대라고 보고하고 있지만, 자이툰부대 파병 동의안 의결 당시 군은 민사재건부대 편성 보고에 한번도 공군 수송부대를 포함하여 보고한 바 없다고 주장했다. 그래서 국민행동측은 다이만부대의 파병은 명백한 위헌적 처사로서 부대의 예결산 내역을 공개할 것을 촉구했다. 다이만부대의 파병 근거는 앞으로 규명할 문제로 남아 있다.

결국 파병반대와 철군을 주장한 평화운동진영의 입장은 ① 파병은 기본적으로 미국의 이라크 공격 및 점령을 정당화 하고 지원하는 역할에 불과할 뿐이고, ② 소위 평화정착·재건지원활동의 성과는 미미하고 오히려 부작용이 크고, ③ 단지 계속 주둔을 통해 전투력 향상이란 언술 속에 담긴 군의 이해관계에 봉사했을 따름이므로, ④ 즉각 전면 철수가 유일한 해법이라는 것으로 요약할 수 있다. 물론 위에서 살펴본 이들의 주장은 자이툰부대 등 파병 부대의 주둔 전 기간의 모든 활동을 다루고 있지 않은 한계가 있다. 그럼에도 파병반대운동진영의 입

표 6 자이툰 부대 예산으로 쿠르드 정보·경찰기관에 지급된 물품

구분		물품명	세부내용	비고
'04년	폭발물 처리장비	폭발물 탐지장비	2 SET	파라스텐
	수사 장비	머그샷, 크리미널 관리 시스템	1식	범죄수사국
	컴퓨터 구매지원	컴퓨터/프린터	각 145대	일반경찰청
	아사이쉬 사무비품 지원	컴퓨터 등 15개 품목 173점	컴퓨터 30, 칼라프린터 10, 복사기 등	아사이쉬
	아사이쉬 차량 지원	업무용 차량 15대	스포티지 8대, 랜드크루저 4대, 도요타 3대	아사이쉬
	제르바니 차량 지원	업무용/경호용 차량 11대	소렌토 4대, 랜드크루저 7대	제르바니 여단
'05년	마을회관 추가 비품 지원	소파 등 11개 품목 532점	사무용 책상 4, 사무용 의자 4, 의자 8 등	가즈나, 세비란
	기술교육센터 지원	컴퓨터 등 10개 품목 95점 콤바인 등 5개 품목 2점	컴퓨터, 키보드, 마우스, CPU 등	기술교육 센터
'06년	KRG 정보국 지원	소렌토 15대 등 3개 품목 57점	소렌토 15, 스타렉스2, 컴퓨터 40	KRG 정보국
	아사이쉬 지원	소렌토 2대 등 7개 품목 167점	소렌토 2, 토요타 2, 복사기 10 등	아사이쉬
	경찰 국경 수비대	컴퓨터 60대 등 5개 품목 140점	진행	국경수비대
	학교비품 (10개소)	책상, 의자, 화이트 보드		학교
	제르바니 의약품	작전처 구매지원		제르바니

* 출처: 국방부, 2006년 국정감사 제출 자료; 국민행동 정책사업단 편(2006), p.60에서 재인용.

장은 헌법이 명시하고 있는 평화주의와 문민통제 원리를 구체적인 외교안보정책 사안에 구현할 때 검토할 문제를 진지하게 제기하는 의의가 있다.

3) 베트남전에서의 희생과 오점

한국군의 이라크 파병 결과를 베트남 파병 결과와 비교하면 어떨까? 미국은 베트남 전쟁에 엄청난 물적 자원을 퍼부었음에도 불구하고 사이공 정권은 무너지고 공산화 통일이 이루어졌다. 미국이 반공정부를 수호하기 위해 지원한 규모는 남베트남에 투입한 병력 외에도 군사비가 약 1,500억 달러, 원조비가 97억 달러다. 이는 미국이 중국 장개석 정부에 지원한 군사·경제원조 46억 달러를 30배 넘는 규모다.[50] 식민통치 경력이 있는 제국주의세력의 비호를 받는 반면 민중의 지지를 상실한 정권이 거기에 부패까지 겹치면, 그 길은 명확하다는 것이 베트남 전쟁이 잘 보여주었다. 베트남 전쟁은 식민지독립 이후에도 경제, 군사적으로 미국에 종속된 상태에서 벗어나지 못한 제3세계 민중들에게 자주, 자립의 등불이 되었다. 다만 그 희생이 엄청났다.

미국과 동맹국들이 개입한 베트남 전쟁의 피해를 군인 사망자와 민간 희생자를 통해 그려보자. 미 국립아카이브는 2008년 4월 29일 현재, 베트남 전쟁에서 사망한 미군 수를 58,220명으로 공식 집계하고 있다.[51] 이들 희생자들의 명단은 워싱턴DC에 있는 베트남 전쟁 추모

---

50 리영희(1994), pp.112-113.

51 https://www.archives.gov/research/military/vietnam-war/casualty-statistics.html#category(검색일: 2017년 1월 6일).

관 the Vietnam War Memorial에 모두 기록돼 있다. 베트남 전쟁 정보에 관한 최고의 웹사이트를 자처하는 The Vietnam War는 미군 희생과 함께 다양한 행위자들의 희생 규모도 말해주고 있다.[52] 미군과 함께 전쟁에 참여한 자유진영의 희생자들 중 한국군이 4,407명이 희생돼 가장 많고,[53] 호주군이 500명, 태국군이 351명, 뉴질랜드군이 83명 각각 희생되었다. 남베트남 군인의 희생자 규모는 정확하지 않는데 110,357명에서 313,000명 범위에서 집계되고 있다. 북베트남군과 공산게릴라의 희생도 다양하게 집계된다. 1978년 레위 Guenter Lewy는 그의 책 *America in Vietnam*에서 처음으로 공산군의 희생을 666,000명으로 추산했는데, 그 중 1/3은 공산군으로 잘못 판단된 민간인들이라고 평가했다. 그러나 1995년 베트남정부는 베트콩과 북베트남 공산군의 희생자 수를 110만 명으로 평가했다. 미 국방부는 공산세력의 희생을 950,765명, 럼멜 R. J. Rummel은 1,011,000명으로 추산하고 있다. 공산군의 희생을 1백만 명으로 볼 경우 그 희생은 자유진영 군인의 희생보다 15배 이상 많은 것이었다. 미군의 무차별 폭격과 살상을 방증해준다 하겠다.

베트남 전쟁 중 민간인 피해가 컸다. 물론 민간인 피해의 정확한 숫자는 알기 어렵다. 위 The Vietnam War에 따르면, 전쟁 직후 케네디 Edward Kennedy 미 상원의원 주도의 상원 입력으로 미국 정부가 추산한 1965-74년 사이 남베트남 민간인의 희생은 195,000-430,000명

---

52 http://thevietnamwar.info/how-many-people-died-in-the-vietnam-war/(검색일: 2017년 1월 6일).

53 베트남 전쟁에서 한국군의 피해 규모는 집계기관이나 연구자의 인용 자료에 따라 같지 않다.

으로 추산되었다. 럼멜은 북베트남군과 베트콩에 의한 남베트남 민간인의 희생을 164,000명, 남베트남군과 미군이 가담한 민간인 학살 60,000명, 한국군에 의한 민간인 학살 약 2,500명으로 추산하고 있다. 민간인 희생은 남베트남에서 많이 일어났고 거기에 가담한 국가권력의 총칼은 이념과 국적을 가리지 않았다.

베트남 전쟁에서 한국군의 피해도 있었다. 사망 5,099명, 부상 10,962명으로 집계됐다. 생존해 돌아온 이들은 국가와 사회의 무관심 속에서 외상후 스트레스 장애에 시달렸고, 특히 13만 명에 달하는 고엽제 피해자들은 당사자의 육체적, 정신적 고통은 물론 그 피해가 가족에까지 미쳤다. 그에 비해 전쟁에서 사망한 베트남인 숫자는 3백만 명으로 추정된다.[54]

베트남전에서 한국군에 의한 민간인 학살이 발생한 것이 한국에 알려지기 시작한 것은 오랜 시간이 흘러서였다. 산업화와 민주화를 거치고도 10년이 더 흐른 1990년대 후반에 들어 공론화되기 시작했다. 눈을 안에서 밖으로, 민족에서 세계로, 자부심을 넘어 성찰로 나아가면서 베트남 전쟁에서 한국이 행한 일 중 가려진 부분을 살피고 인정하기 시작한 것이다. 그런 흐름은 정부보다는 시민사회에서 먼저 일어났다. 역사와 세계를 더 크고, 더 멀리 내다보는 안목을 가지려는 노력의 일환으로 베트남 전쟁 바로알기, 베트남에서의 한국을 성찰하는 활동이 일어났다. 20세기를 마감하는 1999년 주간 〈한겨레21〉에 의해 처음으로 조명되어 파장을 불러일으켰다. 이후 소수 연구자와 시민운동가들에 의해 현지조사, 베트남전 개입에 관한 재평가, 그리고 베트남

---

54 이 집계는 위 The Vietnam War의 집계와 다른데 윤충로는 출처를 밝히지 않고 있다. 윤충로(2016), pp.188-189.

피해자들에 대한 사과와 기념사업이 일어났다.

　김현아 선생이 참여한 '나와우리'팀의 베트남 역사기행도 그 예이다. '나와우리'는 1999년부터 2001년까지 베트남을 네 차례 답사하면서 한국군이 '작전'했던 마을을 찾아가 학살에서 살아남은 촌로와 희생 유가족, 정부 관계자들을 만났다. 그 결과가 김현아의 책이다. 김씨는 『전쟁의 기억, 기억의 전쟁』을 통해 베트남 답사 결과, 특히 한국군에 의한 민간인 학살을 객관적이면서도 반성하는 자세로 알린다. 민간인 학살이 베트남인들에게 씻을 수 없는 피해를 가져다주었다는 것이다. 한국인들이 익히 들어왔던 귀신 잡은 해병, 베트남 전쟁의 영웅들이 전투만 한 것이 아니라 무방비의 민간인을 대량학살 했다는 사실이 상세하게 알려진 것이다. 그것은 전쟁범죄이자 반인도적 범죄로 간주될 수 있다. 전쟁포로, 민간인 보호 등 전쟁에 관한 국제조약이 체결, 발효되고 있었지만, 더러운 전쟁은 그런 것들을 무시했다.

　한국군에 의한 베트남 민간인 학살은 한국과 미국의 관련 문서를 통해서 확인할 수 있을 뿐만 아니라 베트남인들, 당시 미국 행정부의 고위인사와 미국인 종군기자, 그리고 참전 한국군의 증언 등 다양한 출처를 통해서 사실로 확인되고 있다. 베트남전 당시 한국군에 의한 민간인 학살은 80여 건에 이르고 그 수는 5,000명에서 9,000여 명으로 추정된다(이 숫자는 The Vietnam War의 추산과 차이가 난다). 한국군의 학살은 푸발, 로이안, 빈헤, 퀴논, 투이호아, 닌호아, 나트랑, 빈캄란 등 8개 지역에서 이루어졌다.[55] 학살의 이유는 베트콩 지원이 거론되기도 하지만, 한국군이 지뢰를 밟아 부상자가 발생한 데 대한 분풀

55　호치민 소재 베트남 전쟁박물관 비치 지도 (관람일: 2017년 1월 21일).

이나 작전 성과를 부풀리려는 경우도 있었다. 학살은 총살에서부터 민간인들이 숨어 있는 굴에 폭탄 투척이나 화염방사기 발사, 팔다리 찢기, 그리고 창자를 끌어내거나 성폭행을 동반한 살해도 증언으로 나왔다.[56]

베트남 피해 지역을 답사하며 피해자 등 관련자들을 직접 만난 김현아 작가의 증언을 좀 더 들어보자. 퐁니마을 사람들에 대한 학살은 한국군에 의한 대표적인 민간인 학살 사례로 꼽힌다. 베트남 사람들의 증언에 따르면, 1967년 1월 한국 해병에 의해 3,340명의 민간인들이 죽고, 1,734세대가 피해를 입었으며, 961명이 부상을 당하고, 610억 동의 피해를 입었다고 한다. 또 한국군은 민간인 학살 과정에서 죽은 시체를 다시 불도저로 밀어버렸다고 한다. 또 다른 큰 사건. 1966년 1월 23-26일(음력)에는 모두 15개 지점에서 맹호부대 3개 중대에 의해 민간인 집단학살이 일어났다. 이 과정에서 실종자를 포함해 모두 1,200여 명의 주민들이 학살당했고, 그 중 신원이 확인돼 명부에 올라와 있는 공식 사망자 수만 해도 728명이다. 그중 480여 명이 여성, 아동, 노인들이다. 또 2시간만에 320명의 민간인이 한국군에 의해 죽임을 당했다는 고자이마을은 기록만 있을 뿐 단 한 명의 생존자도 없다. 이런 민간인 학살이 억울하고 서러운 것은 그것이 어느 쪽으로부터도 인정받지 못하는 죽음이라는 데 있다. 학살 지역에서 살아남은 베트남인들과 그 후손들은 그 일을 잊지 않으면서도 베트남 정부의 방침에 따라 "과거를 닫고 미래를 보자."고 말한다. 그것은 그들 스스로 자신

---

56 앞에서 밝힌 관련 선행연구 외에 주간 「한겨레 21」의 279호(1999. 10. 21) 이후 관련 연재 기사들과 MBC 방송의 「이제는 말할 수 있다」, 2004년 3월 28일 방송 등.

들의 고통을 완화시키기 위한 불가피한 방편인지도 모른다.

1968년 1월 말부터 2월 말 사이 '구정공세 반격작전' 수행 중 한국군은 퐁니마을의 민간인 수십 명을 집단학살하는 일을 벌이는데, 이 사태가 미국 조야까지 알려져 문제가 되자 미 국방당국은 한국군에게 해명을 요구한다. 그때 파월한국군사령관 채명신 중장은 "100명의 베트콩을 놓치더라도 한명의 베트남 양민을 구하기 위해 최선을 다할 것을 거듭 강조했"다고 말했다. 그러나 민간인 학살에 가담한 한국군 장병들은 베트남으로 가는 배에서, 현지에서 그런 지시나 교육을 받은 적이 없다고 말했다. 참전군인과 그 가족은 한번만이라도 "민간인 죽이지 마라. 강간하지 마라."고 얘기했다면 그렇게까지는 안 했을 것이라고 항변한다. 그리고 박정희를 "나(참전군인 부인)뿐만 아니라 베트남 사람들과 참전군인들을 죽음으로 몰고 간 사람"이라고 비난한다. 베트남 전쟁 참전 고위장교들은 민간인 학살에 대해 일관되게 침묵하거나 부인하고 있다. 그런 가운데 2000년대 들어서 참전 일선 장병 중에는 민간인 학살이 있었고 거기에 가담한 적이 있다고 인정하는 이들이 나타났고, 베트남인들에게 사죄하고 위령비 건립 등 화해 노력에 나서는 이들도 나타나기 시작했다. 민간 차원에서 베트남 전쟁의 진실을 국내에 알리고 베트남인들에게 사과하고 그들과 화해하려는 노력을 벌이는 이들은 "박정희 정권은 조국과 민족의 이름으로 자신의 특수한 이해를 보편적 이해로 둔치시켰다."며 한국의 베트남 전쟁 가담을 부끄러워한다.[57]

인류학자 권헌익이 베트남 전쟁에서의 민간인 학살이 남긴 정신

---

57 이상 김현아(2002) 참조.

적, 물질적 유산을 연구하기 시작한 것도 1990년대 들어서였다. 그는 1968년 2월, 미군의 구정공세에 즈음해 베트남 중·남부지역에서 미군과 한국군이 자행한 대규모 민간인 학살을 고발하고 규명한다. 미라이 학살도 그중 하나다. 일련의 학살은 인종차별과 반공주의에 기초한 무차별 발포였다. 그 과정에서 "미군의 용병부대"로 불린 하위행위자는 더 적극적으로 평정 작전에 가담하면서도 국제사회의 관심을 끌지 않을 수 있었다고 한다. 이후 전사자들은 영웅으로 만들어진 반면 민간인 망자들에 대한 추모는 격하되었다.[58]

베트남 전쟁 당시 한국군의 작전통제권은 한국군이 행사했다. 당시로는 이례적이었다. 왜냐하면 한국군의 작전통제권은 한국전쟁 기간 중 미군에게 넘겨줘 베트남 파병에 즈음해서도 미군에 있었기 때문이다. 미군은 지휘의 일원화를 이유로 '당연히' 한국군에 대한 작전권을 행사하려 했다. 그러나 한국측은 국내 파병 반대론자들의 비판을 잠재우고 파병 요청을 받은 나라가 작전권을 행사하지 못한다면 명분이 서지 않는다는 이유를 내세워, 작전권을 한국군에 둔다는 한미 간 협정을 맺었다. 그 결과 맹호, 백마, 청룡 부대 등은 전술책임지역에서 독자적인 작전을 실시하면서, 제한적으로 미군과 연합작전을 전개했다.[59] 그런 상태에서 베트콩은 모두 빨갱이라는 인식 하에서 한국군은 전투와 토벌작전을 구별하지 않고 민간인들에 대한 '자유로운' 무력행사에 나설 수 있었는지도 모른다. 그 결과 한국군의 민간인 학살은 미군의

---

58 권헌익 지음, 유강은 옮김, 『학살, 그 이후: 1968년 베트남전 희생자들에 대한 추모의 인류학』(서울: 아카이브, 2012).
59 국방부 군사편찬연구소(2013), pp.97-98.

책임 회피와 한국군의 부인 속에서 덮여갔다. 그리고 한국군의 작전권은 베트남 철수 이후 다시 미군에게 귀속되었다. 박정희 정부가 작전통제권 환수를 위해 미국 측에 협상을 요청한 사실은 발견되지 않고 있다.

만약 베트남 파병으로 한국이 얻은 안보, 경제상의 이익이 베트남인들과 파월 한국군의 희생 위에서 만들어진 것이라면 그 이익을 누리는 일이 정당할까? 냉정한 국제정치 현실 속에서 국가이익을 위해서는 안타깝지만 불가피한 일이라고 말할 수도 있을 것이다. 다만 파병으로 얻은 안보, 경제적 이익, 나아가 정치적 이익이 정말 국가이익이었는지는 토론할 문제다. 오히려 그것은 특정 권력집단의 이익이었는지도 모를 일이다.

베트남 전장에서도 후방에서 행정일을 본 병사들은 부모가 배경과 힘이 있는 경우가 적지 않았고, 전투와 그 와중에 학살에 가담한 병사들은 가난한 부모를 둔 이들이 대부분이었다고 한다. 그들은 고향 부모에게 황소 한 마리, 논 몇 마지기 사 드리려고 명분도 없고 이유도 모르는 전장에 뛰어든 것이다. 그들 중 살아 돌아온 이들은 사회의 무관심과 정권의 통제, 그리고 고통 속에서 살아가야 했다.

베트남 전쟁 그 자체와 한국의 베트남 파병은 베트남인들에게 영원히 지울 수 없는 죄를 지은 것이고 파병 한국군들에도 무거운 희생을 강요한 것이었다. 그 피해와 희생의 크기를 이라크 전쟁과 한국의 이라크 파병과 비교하는 것이 가능할까? 두 경우는 정의의 전쟁(그것이 있다면)도 아니었고 거기에 파병을 한 것은 현지 민중들과 파병된 사람 모두에게 잊고 싶은 일이다. 그러나 의도적인 망각 노력은 기억의 이면이 아닐까.

VI
이라크 파병반대운동

1. 평화운동 연구의 필요성

평화운동은 국경을 넘어 영구적이고 지속가능한 세계 평화라는 이상을 실현하려는 사회운동이다.[1] 이를 달성하기 위해 비폭력 저항, 평화교육, 민간외교, 로비, 보이콧, 단식, 서명운동, 청원, 모니터링monitoring, 불복종운동 등 각종 비폭력적인 방법을 동원한다. 평화운동은 종교, 철학, 정치, 사회 등 제 측면에 근거를 두고 있고, 대규모 전쟁이 일어난 유럽에서 태동하여 세계적으로 발달해왔다.[2] 평화운동은 힘에 의한 평화에 익숙한 주류 학계나 정치권으로부터 이상주의적이라는 비판을 받기도 하지만, 개인과 집단이 처한 위치와 조건에 따라 백 가지 이상의 다양한 실천양식을 제시하며 전개되어왔다.[3] 이 장에서는

---

1 Ⅵ부는 필자의 "현실주의 평화운동의 실험: 한국의 이라크 파병반대운동 재평가," 『시민사회와 NGO』, 제12권 제1호(2014) pp.105-132를 대폭 수정한 것이다.

2 David Cortright, *Peace: A History of Movements and Ideas*(Cambridge: Cambridge University Press, 2008); Charles Chatfield and Robert Kleidman, *The American Peace Movement: Ideals and Activism*(New York: Twayne Publishers, 1992); Roger Peace Ⅲ, *A Just and Lasting Peace: The U.S. Peace Movement from the Cold War to Desert Storm*(Chicago: The Noble Press, 1991); Caroline Moorehead, *Troublesome People: The Warriors of Pacifism*(Bethesda, MD: Adler & Adler, 1987); B. Srinivasa Murthy, ed., *Mahatma Gandhi and Leo Tolstoy Letters*(Long Beach, California: Long Beach Publications, 1987).

3 Mary-Wynne Ashford and Guy Dauncey, *Enough Blood Shed: 101*

한국에서 일어난 이라크 파병반대운동을 사례로 삼아 평화운동이 이상주의에 근거한 비현실적 주장이나 행동이라는 통념을 반증(反證)하는 데에 목적을 두고 있다. 민주주의 국가에서 외교안보정책은 문민통제의 원리에 입각해 결정된다. 그렇게 본다면 본 연구사례는 비정부 행위자의 아래로부터의 시각이 외교안보정책 결정과정에서 어떤 역할을 하는지를 보여줄 것이다.

한국에서 평화는 평화의 제일 위협세력으로 간주되는 북한과의 대화·협력과 연결되므로 평화운동은 분단 현실을 망각하는 이상주의 혹은 낭만주의로 치부되기 쉽다. 그런 점에서 평화운동이 이상주의적이라는 주장을 반증하는데 한국을 사례로 삼는 것은 적절하다고 하겠다. 한국에서 평화운동이 본격화 되고 커다란 정치사회적인 반향을 불러일으킨 것은 2003년 미국 주도의 이라크 전쟁과 그와 관련한 미국의 파병 요청이 계기가 되었다. 미국이 일으킨 이라크 전쟁, 소위 2차 걸프전은 1차 걸프전[4]과 달리, 국제법을 위반하고 공격 명분이 입증되지 않은 가운데 전개되었다. 거기에 부시 행정부의 일방주의 외교안보정책까지 겹쳐 미국은 전 세계적인 반전여론에 직면하였다. 그 연장선

Solutions to Violence, Terror and War(Gabriola Island: New Society Publishers, 2006).

4 1차 걸프전쟁은 1990년 8월 2일 시작된 이라크 후세인 정권의 쿠웨이트 침략 및 병합에 대한 미국 주도의 대이라크 전쟁을 말한다. 1991년 1월 17일에 시작된 전쟁(소위 '사막의 폭풍작전')은 5주 간 지속되었는데, 2월 24일 대규모 지상 공격이 개시된 100시간 만에 이라크는 패배하고 이후 국제사회의 제재를 받기 시작한다. 이 전쟁은 2003년 미국의 이라크 공격, 즉 2차 걸프전쟁 이전에는 걸프전쟁, 페르시아만전쟁으로 불리기도 했다.

상에서 한국에서도 이라크전에 반대할 뿐만 아니라, 파병을 반대하는 국민여론이 증대하였고 조직적인 파병반대운동이 전개되기에 이른다.

한국에서는 파병 찬반을 둘러싸고 국론이 분열되었고, 그런 가운데 노무현 정부는 많은 고심 끝에 파병을 결정하기에 이른다. 이때 파병반대세력은 전통적인 시민사회운동만이 아니라 중도적 시민단체와 종교권, 국회, 그리고 소수지만 정부 내 인사들에 이르기까지 폭넓게 형성되었다.[5] 그래서 미국의 파병 요청 〉 정부의 파병 결정 〉 국회 통과 〉 파병 실행까지 적지 않은 시간과 정치적 비용이 발생하였다. 미국의 파병 요청에서 실제 파병까지 1차 파병의 경우 약 5개월, 추가파병의 경우 1년여가 걸렸다.[6]

이 장에서는 한국 정부의 이라크 파병을 둘러싼 찬반 논쟁을 파병 지지=현실주의=국익 증진 대 파병 반대=이상주의=보편가치 증진이라는 통념적인 구도에서 탈피해 두 현실주의의 대립으로 평가해보고자 한다. 이런 논지 전개를 위해 2장에서는 분석틀을 만들고 연구범위를 언급할 것이다. 3장에서는 파병 찬반 논리를 현실주의 대 현실주의라는 구도에서 비교 분석해보고자 한다. 4장에서는 파병반대운동의 전개과정을 몇 개의 시기로 나누어 검토한 후 5장에서 두 차원에서 평가를 시도할 것이다.

---

5 위와 같이 파병반대세력을 규정한다면, 파병반대운동진영은 파병반대세력 중에서 시민사회에 기반을 두고 전개되는 일련의 파병반대활동과 그에 참여하는 사람들과 단체를 말한다.

6 우경림(2010), pp.24, 51.

2. 분석의 틀과 범위

파병반대운동에 관한 분석틀을 수립하는데 주제어는 '국가이익'과 '평화'이다. 국가이익과 평화는 전쟁, 파병, 외교안보정책과 같은 용어의 상위 개념이다. 그런 용어들에 관한 시각에 따라 파병에 대한 입장도 달라질 수 있다. 국가이익이란 개념은 많은 사람들이 그 정의를 시도해 왔지만,[7] 힘과 도덕, 현실과 당위가 혼합된 것으로서 이 중 어느 한쪽에만 의존하는 국가이익은 불완전하다.[8] 도덕과 당위를 중시한 이상주의자에 의한 국익 개념은 힘과 현실을 중시하는 현실주의에 의해 비판 받아왔고, 그 반대도 마찬가지다. 무정부 상태인 국제정치 현실에서 생존을 기본으로 하는 국가이익은 힘에 의해 정의되지만, 그렇게만 한다면 자기파멸의 위험에서 벗어날 수 없을 것이다. 두 차례의 세계대전과 핵무기 경쟁이 그런 위험을 잘 보여주었다.

국가이익은 국민들이 정치, 경제, 문화적으로 추구하는 욕망이나 자기애가 국가공동체로 전이된 것으로 정의할 수도 있지만 명확한 정의가 쉽지는 않다. 그럼에도 국가이익을 군사적 측면에서 생존, 경제

---

[7] Edward H. Carr, *The Twenty Years Crisis, 1919~1939*(London: Macmillan Company, 1956); Robert E. Osgood, *Ideals and Self-Interest in America's Foreign Relations*(Chicago: University of Chicago Press, 1953); Hans J. Morgenthau, *In Defense of the National Interest: A Critical Examination of American Foreign Policy*(New York: Alfred A. Knof, 1951).

[8] 구영록,『한국의 국가이익: 외교정치의 현실과 이상』(서울: 법문사, 1995). p.23.

적 측면에서 번영, 외교적 측면에서 위신으로 정의하는 것이 일반적이다. 물론 이 세 요소로 국가이익을 정의해도 다양한 요소들 사이에 우선순위 문제가 발생할 수 있고, 민주화, 과학기술 발전, 국제질서 변화 등에 의해 국가이익 개념도 변할 수밖에 없다.[9] 또 같은 시대라 하더라도 국가 구성원들에 따라 국가이익에 대한 정의가 달리 나타날 수도 있다. 요컨대, 국가이익에 대한 정의도 정태적 시각과 동태적 시각에 의해 다를 수 있다. 그 아래에 국가이익은 유형의 이익과 무형의 이익, 단기적 이익과 중장기적 이익 등 다양한 분류가 가능하다.

한편, 평화가 인류 공통의 염원인 것은 분명하지만 그것을 달성하는 방법에 있어서 입장 차이가 크다. 그 차이는 단지 방법상의 차이가 아니라 평화관, 세계관의 문제이기도 하다. 평화를 원하거든 전쟁을 준비하라$^{Si\ vis\ pacem,\ para\ bellum}$는 현실주의적 평화관과 평화를 원하거든 평화를 준비하라$^{Si\ vis\ pacem,\ para\ pactum}$는 이상주의적 평화관으로 대별할 수 있다. 대북정책, 한미 동맹관계를 포함한 한국의 외교안보정책을 둘러싼 국내 여론의 균열도 기본적으로 이런 평화관의 차이에서 연유한다. 현실주의적 시각은 국가이익을 생존에 우선순위를 두고 정의하고 그 달성을 위해 힘에 의존한다. 이때 힘은 군사력으로서 국력이 부족할 경우 강대국에 의존할 수 있는데, 이때 두 국가 간에 불균등한 후원-수혜관계가 성립된다. 이라크 파병 지지론은 현실주의 시각에서 한국의 국가이익을 위해서는 미국이 관여하는 이라크 전쟁에 파병하는 것이 불가피하고 그것이 장래 대등한 한미관계 정립에도

---

9 위의 책, pp.24-36.

유익하다는 입장이다.[10]

한편, 이상주의적 평화관에서 볼 때 이라크 파병은 미국의 침략전쟁에 동조하는 것으로서 이라크 민중의 생명을 앗아가고 중동평화를 해치고 국제법을 위반하는 반평화적 처사이다. 이라크 전쟁은 잘못된 정보, 잘못된 판단에서 시작됐고 '반테러전'을 명분으로 한 부시 미 행정부의 일방주의 외교안보정책으로 중동 평화와 이라크인들의 생존을 앗아간 대규모 국가폭력이라고 할 수 있다.[11] 그 연장선상에서 한국의 이라크 파병은 미국의 침략전쟁에 동조하는 것이므로 노무현 정부의 제일 파병 명분인 한반도 평화에도 도움이 되지 않는다고 볼 수 있다.[12] 이렇게 파병에 반대한 여론의 상당 부분이 이상주의적 평화관에 기초하고 있음을 부인할 수 없다.

그러나 파병반대세력의 입장이 도덕과 명분에만 의존했다고 단정하기는 어렵다. 주로 현실주의론에 의존한 파병지지세력도 세계평화, 동맹국에 대한 의리, 반테러 등 명분론을 활용하는 경우가 있다. 마찬가지로 파병반대세력도 현실주의 논리를 제시하며 파병지지세력과 경쟁한 측면이 적지 않다. 이 연구는 파병 지지 대 반대를 현실주의 대 이상주의가 아니라, 현실주의 대 현실주의 구도로 파악할 것이다. 그럼으로써 이라크 파병문제를 둘러싼 한국사회 내 갈등을 객관적으로 재조명하는데 기여하고, 향후 파병 논의가 보다 현실적이고 미래지향적인 방향으로 나아갈 발판을 만들어보고자 한다. 파병지지세력은 파

---

10   김성한(2004); 구우회(2012) 참조.
11   노엄 촘스키·하워드 진 외(2002) 참조.
12   이라크파병반대비상국민행동 정책사업단(2005) 참조.

병 명분으로 한미동맹 강화, 한반도 평화, 경제적 이익, 군사적 이익 등 네 가지를 거론했는데, 파병반대세력은 그런 기대가 비현실적이라는 입장을 보이며 상호 대립하고 있다. 이상의 논의를 바탕으로 이 장의 분석틀을 그림 4와 같이 만들어 보았다.

그림 4 한국의 이라크 파병 갈등 구도

이 부에서는 주로 노무현 정부의 이라크 1차파병 및 추가파병 결정 과정에 초점을 두고 있지만, 파병반대운동의 전개과정을 다루는 4장에서는 2006년 말까지 다루면서 전반적인 흐름을 파악할 수 있도록 하였다.

3. 파병반대의 명분과 실리

1) 파병의 기대효과

정부와 국회가 국내외 반전 여론에도 불구하고 파병을 결정한 것은 손익계산 결과 파병이 더 유익하다고 보았기 때문이다. 그 중심에 국가이익이 자리하고 있다. 노무현 대통령도 미국의 이라크 침공을 개시한

날 "미국의 노력을 지지해 나가는 것이 우리의 국익에 가장 부합한다는 판단"[13]을 내리고 파병을 결정했다.

파병에 거는 기대효과는 첫째, 한미동맹 강화이다. 노무현 정부 들어서면서 대통령의 대미관과 통일외교안보정책 결정집단 내 '자주적' 성향을 가진 인사들로 인해 서울과 워싱턴 내에서 한미관계를 우려하는 목소리가 일어났다. 부시 정부 들어 한미관계는 해외주둔 미군의 '전략적 유연성' 제고와 관련한 주한미군 재배치 문제, 한미동맹의 미래 비전, 북핵문제의 해법 등을 둘러싸고 양국이 서로 민감해진 상태였다. 그리고 미 대외정책의 우선순위 변화와 일방주의 외교안보노선, 한반도에 대한 중국의 영향력 증대 등으로 한미관계는 전환기적 도전에 직면해있었다.

그런 상황에서 이라크 파병은 한미동맹의 도전을 극복하고 미래 양국관계를 설계하는 문제와 연관되어 있는 것으로 보였다. 구체적으로 9·11 이후 국제질서의 재편 과정에서 미국은 동맹관계를 평가하는 데 있어 미국이 주도하는 반테러전쟁에의 참여 여부를 가장 큰 기준으로 적용해왔다. 앞으로 동맹은 20세기적 혈맹血盟 개념으로부터 21세기적 신맹信盟 개념으로 변화할 것으로 보인다는 점에서 한국의 이라크 파병은 미국과의 신맹을 이룩하기 위한 투자, 즉 용신用信의 과정이라는 것이다.[14] 실제 정부가 국회에 제출한 이라크 파병 동의·추가파병·연장 동의안은 모두 한미 동맹관계 발전을 일관된 파병 이유로 꼽고 있다.

---

13 「경향신문」, 2003년 3월 21일.
14 김성한(2004), pp.8-10, 12.

둘째, 북핵문제의 평화적 해결을 통한 한반도 평화정착에 거는 기대이다. 한국정부의 입장에서 파병은 힘을 중심으로 한 국제정치 질서에 대한 적응이라는 의미 외에도 국민의 안전과 직결되는 한반도 평화 문제가 가장 큰 고려요소였다. 노무현 대통령은 2003년 4월 2일 국회에서 가진 국정연설에서 미국의 대북 공격 가능성을 언급하며 "미국을 도와주고 한미관계를 돈독히 하는 것이 북핵 문제를 평화적으로 해결하는 길이 될 것이라는 결론을 내렸습니다."라고 말했다. 즉 "북핵문제의 평화적 해결을 위해서는 무엇보다 굳건한 한미공조가 중요"하다는 것이 그의 판단이었다.[15]

2003년은 북핵문제를 둘러싸고 한반도에 긴장이 고조된 시기였다. 2002년 부시 행정부가 북한을 '악의 축'으로 간주한 상태에서, 10월 북한의 우라늄 핵개발 '시인'으로 2차 북핵위기가 발생하였다. 미국은 이라크 전쟁을 준비하며 북핵문제를 중국을 위시한 다자회담 틀로 관리하려 하였다. 이에 북한은 처음 반대 입장을 취했지만 후세인 정권 몰락을 목도한 직후 다자회담 참여로 입장을 선회하였다. 그렇지만 극도로 상반된 입장을 가진 미국과 북한 사이의 대립으로 다자회담(6자회담)의 틀을 짜고 그것이 안정적으로 진행될 것을 낙관하기는 어려운 상황이었다.[16] 북핵문제는 철저하게 대화를 통해 평화적 방법으로 풀어가야 한다는 노 대통령의 소신은 확고했다. 그러나 그렇게 이끌어가기 위해서는 미국의 협조가 반드시 필요하다는 것이 '참여정부'의 판

---

15 제238회 국회본회의회의록, 제1호, p.2.
16 서보혁, 『탈냉전기 북미관계사』(선인: 서울, 2004), pp.341-347. 6자회담은 2003년 8월 27-29일 처음 열렸다.

단이었다.[17]

  한반도 평화를 위한 미국의 협조를 얻기 위해 파병이 불가피한 조치라는 주장이 일어났다. 위 노 대통령의 국정연설 후 국회의원들 간의 파병 토론에서 오세훈 의원(한나라당)은 "우리가 미국의 요구를 받아들였을 때와 그렇지 않았을 때 미국 정책결정자들의 부담감은 같을 수 없을 것"이라고 판단하고, 파병을 "북한에 대한 미국의 일방적 행위를 제어할 수 있는 최소한의 보험이 될 수 있을 것"이라고 말했다.[18] 더 나아가 박세환 의원(한나라당)은 "주한미군 없이는 한반도의 전쟁을 막을 수 있는 방법이 희박하다"고 전제하고, 북핵문제로 한반도 위기가 고조되고 있는 상황에서도 주한미군이 움직이지 않고 있다고 하면서 파병을 지지하였다.[19] 박병석 의원(새천년민주당)은 의무병만 파견해 명분 없는 전쟁을 견제하는 동시에 한미 동맹관계의 최소한의 틀을 연결하자는 제안을 했다.[20] 이렇게 여야 할 것 없이 북핵문제를 평화적으로 해결하는데 미국의 협조가 필요하다는 데에는 일정한 공감대가 있었다.

  셋째, 경제적 이익에 대한 기대이다. 파병시 한미동맹 강화로 위기가 완화되고 그럼으로써 해외 투자자들의 대한 투자 심리 개선과 한국의 대외 신인도 상승이 기대되었다. 그와 반대로 파병 거부시 한미동맹 악화로 투자 이탈, 남북관계 악화, 국내 금융시장 불안 등 기회비용

---

17 문재인(2011), p.268.
18 제238회 국회본회의회의록, 제1호, p.21.
19 위와 같음, p.16. 그러나 이후 이라크 사태가 심각해지자 미국은 주한미군의 일부를 이라크에 보낸 바 있다.
20 위와 같음, p.27.

이 증대한다는 전망도 나왔다. 이라크 파병을 지지하는 측에서는 이라크전 이후 한국기업의 이라크 재건 참여와 중동 및 카스피해 지역에서의 에너지 자원 확보 등 경제적 이익에 대한 기대를 강조했다.

넷째, 군사적 이익에 대한 기대도 파병지지세력으로부터 나왔다. 연합작전능력 배양, 독자적 군수지원 능력 제고, 한미 간 신뢰 강화 등이 거론되었다.

이상 파병을 통해 얻을 수 있는 네 가지 국가이익을 살펴보았는데, 그중 정부가 중시하고 파병지지 여론 중 가장 큰 공감대를 얻은 것은 한미 동맹관계 발전과 한반도 평화였다.[21] 노무현정부는 경제적 이익과 군사적 이익은 부차적으로 보았다. 노무현 대통령은 "경제적 이익 확보 요소를 과신하지 않는 것이 옳다"[22]고 강조했고, 군사적 이익은 전투병 파병까지 지지하는 적극 파병론의 기대까지 묶은 과도한 기대였다. 노 대통령의 입장에서 파병은 '잘못된 선택'이지만 '불가피한 선택'으로 판단되었고, 결국 국익을 증진하는데 효율적인 파병외교를 전개했다고 평가하였다.[23]

그러나 현실주의에 입각한 국익론이 파병지지세력의 전유물은 아니었다. 파병반대세력도 규범적 판단에 그치지 않고 현실주의 관점에서 파병지지세력과 경쟁하였다. 파병반대세력도 지지세력의 네 가지 논거에 대응하였는데 한미관계와 한반도 평화문제에 초점을 두는 양상을 보였다.

---

21 문재인(2011), p.269.
22 국정홍보처(2008), p.275.
23 노무현(2009), p.223.

2) 파병 반대의 명분

노무현 정부의 첫 이라크 파병 동의안에 대한 국회의원들의 반대 명분은 서상섭 의원(한나라당)의 발언에 잘 나타나 있다.[24] 서 의원은 파병이 명분 없는 전쟁, 부도덕한 전쟁, 국제법을 위반한 전쟁이라고 지적했다. 실제 미국의 이라크 공격은 물론 그 이후에도 후세인 정권의 대량살상무기 제조 의혹, 후세인 정권과 알카에다의 연계 의혹은 입증되지 않았다. 오히려 그런 의혹이 고의적인 정보 조작이라는 의혹이 제기되기도 했다. 2004년 7월 9일 공개된 미 상원 정보위원회가 후세인 정권의 대량살상무기개발 의혹이 거짓이라는 보고서를 발표하자, 미국은 물론 전 세계에서 부시 행정부를 규탄하고 이라크 철군을 요구하는 여론이 높아졌다. 그 보고서 발표 직후인 2004년 7월 16일, 한국 국회에서도 '미국 상원 정보위원회 보고서에서 밝혀진 잘못된 이라크 전쟁 중단 촉구 결의안'이 김원웅 의원 등 51인의 국회의원 명의로 국회에 상정되기도 했다. 이 결의안은 다음과 같은 내용을 담고 있다.

1. 대한민국 국회는 진정한 한미동맹의 신뢰회복을 위하여 부시행정부에 이라크 전쟁동기와 진행과정에 대해 정확한 사실을 밝힐 것을 요구한다.
2. 부시행정부는 왜곡된 정보를 근거로 시작한 이라크 전쟁을 즉시 중단하고 한국정부에 왜곡된 정보를 제공하고 명분이 없는 전쟁에 파병을 요구한 것에 대해 공식적으로 사과할 것을 촉구한다.[25]

---

24 제238회 국회본회의회의록, 제1호, pp.24-25.
25 그러나 위 결의안은 2008년 5월 29일 임기만료 폐기되었다.

또 많은 양심적 정치인과 지식인들의 지적처럼 미국의 이라크 공격이 부시 대통령과 미국 무기산업과 석유자본, 그 정치적 대변자로서 네오콘 세력의 이익을 위한 결정이라는 비판도 일어났다.[26] 미국의 이라크 전쟁은 침략전쟁을 부인하는 국제법을 위반한 것이자 일방주의 외교안보노선을 노골화 한 것이었다. 그것은 세계여론의 반발과 미국의 고립을 초래하기 시작하였다.[27] 그런 전쟁에 한국이 파병을 한다면 평화주의를 적시한 헌법[28]은 물론 한미상호방위조약의 적용 범위[29]를 뛰어넘는 것으로서 미국의 침략전쟁에 동참하는 결과를 초래한다는 여론이 비등해질 것이었다.

2003년 9월부터 공론화 되기 시작한 추가 파병동의안에 대해서는 파병 반대 여론이 더 격렬했다. 국회에서는 추가 파병에 반대하는 국회의원들이 적지 않았는데, 파병반대 이유가 추가되었다. 예를 들어 제238회 국회에서 김영환, 박금자, 정범구 의원(이상 새천년민주당)은 파병 동의안에 대한 반대 명분에 정부가 추가파병 동의안을 졸속으로 상정한 점, 이라크 국민 80%가 반대하고 이라크통치위원회의 요청이나 승인절차가 없었고 이라크인들의 생명을 앗아가는 점 등을 추가했

---

26 Helen Caldicott, *The New Nuclear Danger: George W. Bush's Military-Industrial Complex*(New York: The New Press, 2002).

27 Chalmers Johnson, *The Sorrow of Empire: Militarism, Secrecy, and the End of the Republic*(New York: Owl Books, 2004), p.256.

28 대한민국 헌법 제5조 ①: 대한민국은 국제평화의 유지에 노력하고 침략적 전쟁을 부인한다.

29 한미상호방위조약 전문과 제3조는 양국간 군사협력이 태평양지역에 한정되고 그것도 양국의 헌법적 절차에 따를 것임을 밝히고 있다.

다.[30]

　이라크 파병을 반대하는 시민단체들의 입장에서도 강력한 명분이 있었고, 그 내용은 파병을 반대하는 국회의원들과 큰 차이가 없었다. 2003년 9월 23일, 351개 시민단체들로 결성된 이라크파병반대비상국민행동은 발족선언문(부록 5)에서 이라크 전쟁이 첫 단추부터 잘못 채워졌고 명분을 상실한 일방적 전쟁과 점령이라고 규정하고, 한국이 거기에 전투병을 파견하는 것은 점령군으로서 미군의 부담을 분담하는 것일 뿐 주권국가임을 포기하는 처사라고 비판했다. 이 단체가 낸 첫 정책자료집에는 미국 주도의 이라크 다국적군이 평화유지군이 아니고, 파병은 부시의 재선을 위해 한국군의 생명을 바치는 처사로서 위헌이자 명분 없는 '그들만의 파병'이라는 주장이 실려있다.[31] 이라크 파병을 반대하는 사람들의 명분은 "우리는 힘의 평화보다는 평화의 힘을 믿습니다."고 한 김원웅 의원(개혁국민정당)의 발언으로 요약할 수 있을 것이다.[32] 이 표현은 파병을 둘러싼 서로 다른 두 개의 현실주의가 대립하고 있음을 잘 보여주고 있다. 특히, 이라크전 및 파병 반대 입장에서 선 평화운동세력이 명분을 중시하는 이상주의만이 아니라 실리를 중시하는 현실주의 논리도 제시하고 있음을 알 수 있다. 그것은 파병지지세력의 현실주의론과 팽팽한 대척점을 형성하였다.

30　제245호 국회본회의회의록, 제5호, pp.7-9.
31　이라크파병반대비상국민행동 정책사업단 편(2003) 참조.
32　제238회 국회본회의회의록, 제1호, p.29.

3) 파병 반대의 실리

국내 평화운동세력이 보여준 현실주의 관점에서의 파병반대 논리는 위에서 말한 파병지지세력의 네 가지 입장에 맞서고 있다. 그것은 파병지지세력의 현실주의론, 즉 국익을 위한 파병론이 허구임을 폭로하고 파병반대는 보편가치는 물론 국가이익에도 부합한다는 점을 알리려는 의도를 갖고 있었다. 국민행동이 내놓은 성명 중 하나인 "이라크 전투병을 보내서는 안 될 12가지 이유"[33]에는 파병 반대 명분만 아니라 국익의 관점에서 볼 때도 실익이 없다고 지적하며 여러 현실주의적 근거를 제시하고 있다.

첫째, 가장 강력한 파병 지지론의 근거로 제시된 한미동맹 강화론에 대한 반론이다. 위 성명은 이라크 파병이 장기적인 한미관계에 결코 도움이 되지 않는다고 주장하고, 파병지지세력이 미국 내 일부 강경파와 미국 국민 전체를 혼동하고 있고, 파병 거부에 따른 일시적 불편은 미국 대선, 미군철수 여론 등 다른 변수들로 상쇄될 수 있다고 판단하였다. 특히, 부시 대통령의 이라크전 승리 선언 이후 오히려 이라크 상황이 3면전쟁 양상을 띠며 장기화 조짐을 보이는 가운데 미군 사망자 수가 증가하고, 거기에 전쟁 명분이 입증되지 않으면서 미국 내에서 전쟁중단, 미군철수 여론이 높아지기 시작하였다. 또 미국으로부터 이라크전 협력을 요청받는 나라들 중 터키와 같이 의회가 정부가 제출한 미국의 터키 영토 사용허가 요청안을 거부한 나라도 있고, 전 세계적으로 미국 지지를 선언한 45개국 중 그것을 파병이 아닌 정치적

---

33 이라크파병반대비상국민행동 정책사업단 편(2003), pp.228-231.

지지 선언으로 그치는 나라가 30여 개국,[34] 파병 방침을 가진 국가들 중에서도 이라크 상황 악화를 보며 파병 철회 혹은 연기를 발표한 나라들도 발생하였다. 다시 말해 미국의 파병 요청 거절= 한미 동맹관계 악화= 국익 손상의 논리는 사실과 거리가 있다는 비판이 파병반대세력으로부터 나왔다. 물론 동맹 강화론자들은 파병시 동맹의 이익보다는 파병 거부시 동맹관계 악화를 우려하였다. 이에 대해 파병반대세력은 파병 거부시 한미관계가 일시적으로 냉각되겠지만, 양국간 상호 필요에 의해 동맹관계가 유지될 것이라고 전망하고 거기에 파병이 주요 변수로 작용하지 않을 것이라고 판단했다.

둘째, 파병반대세력은 이라크 파병으로 한반도 평화를 가져온다는 것은 넌센스이고, 오히려 파병이 부시정부의 대북 강경정책에 날개를 달아주는 격으로 그럴 경우 국제사회의 평화여론을 끌어내기도 어렵다고 주장했다. 이 지점에서 파병반대세력과 노무현 정부의 입장이 현격하게 맞섰다. 파병반대세력은 파병이 부시 정부의 핵선제공격 독트린을 추인하는 행위로서, 한반도에서 전쟁은 안 된다고 주장할 논리적 근거를 한국 스스로 부정하는 처사라고 주장했다. 이어 파병은 곤경에 빠진 미국 내 강경파와 부시 정부를 정치적으로 지원하는 대신 한반도 평화를 지지하는 미국 내 온건파와 세계 평화세력을 등지는 일이라고 비판한다. 평화운동가 정욱식은 한반도가 국제사회로부터 평화와 통일에 대한 지지와 협력을 이끌어내기 위해서는 '반전'이라는 가치를 보편화하는데 솔선수범해야 한다면서 파병 반대가 한반도 평화에 부

---

34 제238회 국회에서 김성호 의원의 발언, 제238회 국회본회의회의록, 제1호, p.19.

합한다고 주장했다.[35]

국민행동측은 앞에서 말한 성명에서 일차 파병으로 확인된 것은 이라크 파병과 한국의 안보문제 사이에는 별 관계가 없다는 것이라고 말한다. 이어 파병이 미국의 대북 적대정책을 완화하지 못했고, 주한미군 재배치 결정 등에서 보듯이 미국의 외교안보정책은 한국의 파병과 무관하게 전개되고 있다고 판단하였다. 실제 노무현 정부는 파병을 한반도 평화에 대한 미국의 협조와 연계시키는 접근을 시도하기도 했으나 파월 국무장관으로부터 거부 반응을 초래하기도 했다.[36] 그렇지만 노무현 정부의 통일외교안보정책을 진두지휘한 이종석 전 통일부 장관은 "미국은 한국에 대해 불편한 소리를 했지만 6자회담 진전을 희망하는 한국 정부의 입장에 대해 점차 긍정적으로 반응하기 시작했다."[37]고 증언한다. 파병이 북핵문제의 평화적 해결에 이바지 했다는 것이다. 그러나 파병반대세력의 입장은 달랐다. 부시 정부는 대량살상무기 확산방지구상PSI을 추진하며 대북 봉쇄를 강화하고 대북협상을 선호하던 노무현 정부에 PSI 전면 참여를 요구하였다.[38] 이런 사실은

---

35 정욱식, "한반도 평화 위협하는 전투병 파병," 이라크파병반대비상국민행동 정책사업단 편(2003), pp.195-198.

36 David E. Sanger, "Intelligence Puzzle: North Korean Bombs," *New York Times*, October 14, 2003.

37 이종석(2014), p.210.

38 PSI는 미국 주도의 대량살상무기 확산방지 방안을 말하는데 8개항으로 구성되어 있다. 한국정부는 2005년 미국의 참여 요청에 참가국 간 역내·외 훈련에 참관단을 파견하거나 브리핑을 청취하는 등 옵서버 자격으로 가능한 5개 항에는 참여해왔지만, 정식 참여, 역내 차단훈련시 물적지원,

파병을 통한 한반도 평화정착이 현실주의적 접근이 아니라 파병을 정당화 하는 측의 희망적 사고 wishful thinking 임을 반증해주는 것인지도 모른다.

셋째, 파병반대세력은 파병이 경제적·군사적 이익을 가져다 줄 것이라는 파병지지세력의 기대는 허상이라고 말한다. 국민행동측은 앞의 성명에서 부시 정부가 이라크문제에 관해 국제사회를 향해 '위험부담'의 분담을 요구하고 있지만 석유와 정부 구성 등 핵심부분에 대해서는 통제권을 놓지 않으려 한다고 비판했다. 그리고 이라크전이 새로운 양상을 띠며 장기화 될 조짐을 보이면서 미국정부가 약속할 수 있는 것이나 전후 안정화 및 재건사업으로 얻을 이익이 기약이 없다는 지적도 일어났다. 파병 반대측은 한미 간에도 파병을 통한 경제적 이익이 없다고 주장한다. 이들은 정부가 1차 파병과 뒤이은 방미외교로 경제신인도 회복에 기여했다고 말하지만, 곧이어 하이닉스 반도체에 대한 미국의 보복관세 부과로 한국경제가 피해가 입었음을 지적하며 파병이 경제 이익을 가져다 준다는 주장이 비현실적이라고 말한다. 나아가 파병반대세력은 이라크 파병이 베트남 파병과 달리 참전비용을 한국이 일체 부담해야 하고, 한국의 전후 재건사업 참여도 이라크 상황 악화로 불투명하고, 현대건설의 이라크 채권도 이라크 전후 재건과정에서 탕감될 가능성이 있고, 파병 거부시 미국의 경제압박은 그것과 무관하게 진행될 것이지만 예상처럼 크지 않을 것이라는 분석을 내놓

역외 차단훈련시 물적 지원 등 3개항에는 참여하지 않다가 이명박 정부 들어 전면 참여한다.

은 바 있다.[39]

넷째, 군사적 이익 측면에서도 뚜렷한 이익이 없다는 것이 파병반대 세력의 입장이다. 사실 파병 주무 부처인 국방부에서도 파병동의안을 국민들에게 설명하면서 한국의 군사 이익을 거론하지 않았다. 1차 파병 동의안을 국회에 제출하면서 조영길 국방장관은 파병 목적으로 세계 평화와 안정에의 기여, 한미 동맹관계 공고화, 경제적 고려 등을 꼽았다.[40] 앞에서 살펴본 것처럼 파병지지세력은 파병을 통한 군사적 이익이 적지 않음을 주장하고 있다. 그렇지만 국방 당국이 그런 주장을 공식적으로 밝히기는 곤란했을 것이다. 그것을 공식 언급할 경우 이슬람권으로부터의 광범위한 반대 여론과 중동지역에서의 한국의 중장기 이익 훼손에 대한 우려가 크기 때문이다. 파병지지세력이 기대하는 군사적 이익이 이슬람권에서의 한국의 부정적 이미지와 중장기적 국익에 대한 비관적 전망을 압도할 정도로 큰 것인지는 불확실했던 것이다. 이밖에도 파병은 이라크인들은 물론 이슬람인들에게 한국이 미국의 침략전쟁에 동조했다는 종속적 이미지를 만들어 낼 뿐만 아니라, 한국의 대중동 자원외교, 이슬람권 지역 관광 등 국가이익과 국민안전 측면에서 장기적으로 좋지 않을 결과를 초래할 수 있다는 지적도 여러 차례 있었다. 실제 김선일씨 피살사건으로 그런 우려는 현실화되었고 그것은 파병반대운동에 기름을 붓는 격이 되었다.

파병 반대여론은 정부의 1차 파병동의안 처리를 지연시키며 농성을 이어가던 국회에서도 뜨거웠다. 2003년 4월 2일 노무현 대통령의

---

39 이라크파병반대비상국민행동 정책사업단 편(2003), pp.199-202.
40 제237회 국회본회의회의록, 제1호, p.7.

국회 국정연설에 이어 진행된 본회의에서 김근태(새천년민주당), 정범구, 김성호, 서상섭, 김원웅 의원 등은 파병이 세계평화여론과 배치되고 미국의 침략전쟁에 동조하는 것으로서 부메랑이 되어 한반도 평화를 해치고, 경제이익은 파병을 통해서가 아니라 한국경제의 불투명성, 불공정성을 개선해 투자 매력을 증진해 해결할 문제라고 지적했다. 특히, 김근태 의원은 파병이 2002년 월드컵 개최로 획득한 코리아 브랜드 가치라는 미래 가치를 손상시키고 동북아 중심 국가의 비전을 사실상 포기하는 것이라고 주장하면서 무형의 국익과 장기 국익을 저버리는 처사라고 주장했다.[41] 이런 주장은 추가파병동의안을 반대했던 박금자, 정범구 의원의 국회 발언에서도 재확인되는데 장기적 윤리외교, 한미동맹보다 더 큰 한미우호관계라는 표현이 그 예이다.[42]

요컨대, 파병반대세력은 현실주의적 관점에서 볼 때도 파병을 지지하는 측의 국익론이 허구이고, 파병은 경제적·군사적 실익이 거의 없고, 북핵문제 해결에도 도움이 되지 않고, 파병을 거부해도 한미관계에 이상이 없다고 판단하기 때문에 "파병 거부가 국익이다"는 결론을 내리고, 대중동 우호관계를 위해 이라크에 평화봉사활동을 제안하고 있다.[43] 파병반대세력의 현실주의적 주장이 보인 특징은 첫째, 형식논리 측면에서 한미관계와 한반도 평화를 상대적으로 중시하고 있는데 이는 파병지지세력의 논리와 유사하다. 둘째는 파병을 국익의 관점에서 파악할 경우 무형의 이익과 장기적 이익을 포함시켜 동태적이고 미

---

41 제238회 국회본회의회의록, 제1호, pp.22-23.
42 제245호 국회본회의회의록, 제5호, pp.8, 11.
43 김연철(2003), pp.189-194.

래지향적인 국익론을 전개하고 있고, 셋째는 베트남 파병 사례와 비교하며 이라크 파병은 경제적, 군사적 이익이 과장되었다고 판단하고 있고, 넷째는 국가이익을 보편가치와 연결지어 개념 구성을 시도하고 있다는 점이다.

4. 파병반대운동의 전개

시민사회운동이란 사회적 공론 혹은 정치 쟁점이 되는 이슈에 관해 시민들이 보편가치 혹은 공공성을 추구해나가는 일련의 조직화된 활동을 말한다. 파병반대운동도 시민사회운동의 한 유형이다. 그런데 이라크 파병 결정과 같이 그 파장이 크고 전개과정이 긴 경우를 다룰 때는 적절한 기준을 갖고 시기를 나누어 살펴보는 것이 유용하다. 파병반대운동의 경우에도 6년여의 시간 동안 전개되었기 때문에 이라크 현지 상황이나 한국정부의 파병정책을 염두에 두면서 시기를 나누어볼 수 있다. 아래에서는 한국의 이라크 파병반대운동을 세 시기로 나누어 살펴볼 터인데, 세 시기란 정부의 1차파병 결정, 추가파병 결정, 이후 파병 연장 시기를 말한다.

1) 1차파병 반대운동(2002.10-2003.8)

2002년 들어 미국은 이라크 정권의 대량살상무기 개발과 쿠르드족 탄압 등을 이유로 후세인 정권에 강력한 압박을 가하고 있었다. 이미 이라크는 1차 걸프전 이후 파상적인 경제제재를 당하고 있어 후세인 정권은 물론 이라크 대중들의 생활은 최소한의 인간적인 필요도 절대 부족 상태였다. 부시 미 행정부의 외교안보정책은 근본주의적 세계관과 일방주의적인 정책 노선, 그리고 군사력에 의존하는 네오콘에 의해 장악당했다. 네오콘 그룹은 이라크 공격 시나리오는 이스라엘 정부와 친유태계 로비세력과 결탁해 실행 모드로 전환되었다. 2002년 하반기에 들어서는 대내적으로 전쟁 준비에 나서는 한편, 국제사회를 향해서도 동참과 지지를 구하기 시작했다. 동맹·우방국들에 대한 파병 요청이 그것이었다. 유엔 안보리와 국제언론 등을 통해 후세인의 백기투항 없이는 전쟁이 불가피하다는 여론조성에도 10월 하순 들어 국제평화운동진영은 미국의 이라크 침공 준비를 비난하며 연대활동에 들어갔다. 전 세계에서 시작된 '석유와 패권을 위한 미국의 대이라크 전쟁을 반대하는 반전평화행동'이 서울에서도 개최되었다.

2003년 들어 미국의 이라크 공격 준비가 본격적으로 진행되었다. 1월 28일 부시 대통령은 국정연설을 통해 후세인 정권이 대량살상무기를 은닉하고 알카에다와 연계하고 있다고 주장하며 이라크에 대한 군사행동을 경고하고 나섰다. 이어 파월 미 국무장관은 2월 5일 유엔 안보리 발언 도중 위성사진을 제시하며 부시 대통령의 주장을 반복했다. 훗날 파월 장관이 내민 사진은 대량살상무기 개발과 관계없는 것으로 드러났고, 단지 미국의 이라크 공격을 정당화 하기 위한 여론조성에 쓰였을 뿐이었다. 그날 한국에서는 '이라크반전평화팀'이 결성되었다.

미국의 이라크 공격이 초읽기에 들어가자 전 세계적으로 반전운동이 도처에서 일어났다. 예를 들어 2월 15일 전 세계에서 대규모 반전시위가 일어났는데, 런던에서 최소 50만 명, 시드니 10만 명, 뉴욕 10만 명 등 총 참가인원이 1천여만 명에 달했다. 런던 하이드파크에서는 영국정부의 이라크전 참여[44]에 반대하는 시위대로 꽉 찼다. 시위대는 "블레어$^{Tony\ Blair}$는 부시의 푸들"이라고 비난하며 파병을 반대했다. 일부 시위대는 텐트 노숙을 하며 블레어 정권의 파병에 반대하는 운동을 전개하고 있었다. 같은 날 서울에서도 참여연대 등이 주도하는 이라크 전쟁 반대시위가 3,000명이 참가한 가운데 있었다. 이들 시위는 '2·15 국제공동반전평화대행진'의 이름으로 동시에 전개되었는데, 서울에서는 "미국의 이라크 침공반대", "한국정부의 이라크전 전쟁지원 반대", "미국의 대북적대정책 철회", "한반도 평화보장 체제 촉구" 등과 같은 구호들이 제창되었다.

  2월 24일 미국, 영국, 스페인 등 3개국이 이라크가 평화적 무장해제의 마지막 기회를 놓쳤음을 선언하는 새 결의안을 유엔 안보리에 제출했다. 이는 이라크 공격을 앞둔 외교적 명분쌓기였다. 그러나 미국 주도의 이라크 공격이 순탄하게 진행된 것만은 아니었다. 3월 1일, 후세인 정부는 유엔 사찰단이 명령한 알-사무드2 미사일 파기 요구에 응해 해당 미사일을 파기하기 시작했다. 터키 의회는 미국이 요청한 이라크 전쟁에 투입할 미군의 기지 사용을 허용하지 않기로 결의했다. 그런 가운데 2월 27일 한국 이라크반전평화팀 10명의 평화운동가들이 이라크에 입국했다. 이들은 2003년 12월 12일까지 이라크 현지에서 구호활동, 전쟁반대집회, 현지조사 등을 진행한다고 밝혔다. 3월 1

---

44 영국 정부의 이라크전 참전 과정에 대한 비판적 논의는 "The Report of the Iraq Inquiry: Executive Summary," Ordered by the House of Commons to be Printed on 6 July 2016. http://www.iraqinquiry.org.uk/the-report/ (검색일: 2017년 5월 2일)

일에는 서울에서 촛불대행진이 탑골공원에서 광화문까지 시민 2,500여 명이 참가한 가운데 진행됐다.

3월 4일 미 국방부가 걸프지역에 미군 6만 명 추가배치를 명령하였고, 3월 7일 미국, 영국, 스페인이 3월 17일을 이라크 무장해제 시한으로 못박은 최후통첩 수정결의안을 안보리에 제출하였다. 13일 노무현 대통령은 부시 대통령과 전화통화를 갖고 미국의 이라크 공격을 지지하고 대이라크 전쟁 지원을 약속했다. 이때부터 국내에서는 노무현 정부의 파병 방침과 미국의 대북 강경정책에 반대하는 집회가 보다 조직적으로 전개되었다. 그리고 국민들의 관심과 참여도 높아갔다. 3월 15일 '3·15 반전평화 촛불대행진' 행사가 진행되었고, 17일 참여연대 평화군축센터는 청와대 앞에서 이라크 파병 반대 1인 시위를 시작했다. 그럼에도 20일 미사일을 앞세운 미국의 이라크 침공이 개시되었다. 미국의 군사공격은 유엔 안보리 결의 없이 감행됐다는 점에서 국제법을 위반한 침략전쟁이란 비난을 사기에 충분했다.

3월 21일 정부는 임시국무회의를 소집해 '국군부대의 이라크 전쟁 파견동의안'을 의결하고 이를 국회에 회부하였다. 곧바로 국회 소관 국방위는 정부의 파병동의안을 통과시켰다. 그러자 파병반대운동의 화살이 청와대에서 국회로 옮겨갔다. 이라크 파병동의안의 국회 본회의 통과 저지가 목표였다. 각계각층, 전국 각지의 시민사회운동진영은 보다 광범위한 활동을 전개하였다. 3월 24일, '전쟁반대 평화실현 공동실천'은 4만여 명이 참여한 파병반대 서명용지를 국회에 제출하고 촛불시위를 진행했다. 전국적인 조직망을 갖춘 한국노총과 민주노총은 공동 기자회견을 열어 파병 동의안이 국회를 통과할 경우 찬성 의원에 대한 낙선운동을 벌일 것이라고 밝혔다. '평화와 참여로 가는 인천연대'는 인천지역 국회의원 11명에게 파병동의안에 찬성하는 의원에 대한 낙선운동 방침을 담은 공문을 각 의원 사무소에 전달하기도 했다. 또 '노무현을 사랑하는 사람들의 모임'(노사모) 회원들은 인터넷에서 파병 찬반투표를 실시한 후 파병 철회를 촉구하는 입장을 밝혔다. 노무현 대통령의 지지세력 노사모가 노 대통령의 외교안보정책을 비판하고 나선 것이다. 3월 27일 국회에서도 반전·평화의원 모임이 결성돼 기자회견에 나섰다. 김근태 의원, 김희선 의원 등 31명의 국회의원들은 전쟁반대, 파병반대 입장을 밝혔다. 노무현 정부의 파병안이 국회를 통과하는데 새로운 변수가 국회 안에서 형성된 것이다.

3월 25일 들어서 국회 앞에서 이라크 파병 반대 1인시위가 시작되었다. 가수 윤도현, 방송인 김미화, 배우 변정수, 가수 신해철, 배우 정진영 등이 1인시위에 참여하며 대중의 관심을 끌어올리는 역할을 했다. 같은 날 민족문학작가회의 회원들은 이라크 침공 규탄 집회를 열고 미 대사관을 향해 행진하였다. 이 날 집회에는 고은, 신경림, 박완서, 조정래, 황석영 등 유명 원로 작가들이 앞장섰고 총 203명의 작가들이 참여했다. 26일에는 국가인권위원회가 반전, 평화, 인권, 인도주의 등 7개 원칙에 입각하여 "이라크 전쟁에 대한 국가인권위원회의 의견"을 아래 4개항에 걸쳐 밝혔다.

1. 우리는 이라크 국민의 생명과 안전을 위협하는 전쟁에 반대한다.
2. 우리는 이라크의 정치사회적 문제가 군사력이 아닌 평화적 방법으로 해결되기를 희망한다.
3. 우리는 대한민국 정부와 국회가 이라크 전쟁으로 희생된 사람들의 인권을 위해 노력할 것을 촉구한다.
4. 우리는 대한민국 정부와 국회가 이라크와 관련된 사안을 반전, 평

화, 인권의 대원칙에 입각해 접근할 것을 권고한다.

같은 날 환경운동연합 회원원들이 맥도널드 본점 위에 올라가 'NO WAR'라고 적힌 프랭카드를 붙였다. 28일에는 파병 찬반 집회가 동시에 열려 이라크 파병에 관한 국민들의 뜨거운 관심을 나타냈다. 해병전우회, 재향경우회, 주권찾기시민모임 등 30여 개 단체들은 '파병찬성 긴급 궐기대회'를 연 반면, YMCA전국연맹, 이라크 파병에 반대하는 시민사회단체 일동 등의 단체는 국회 본회의 방청 여부와 국회의원들의 파병 찬반투표 등을 묻는 질의서를 국회의장에게 전달하였다. 참여연대는 성명을 발표해 "민주적 절차를 무시하고 파병동의안을 강행 처리할 경우 낙선운동도 불사하겠다."고 주장했다. 이와 같은 각계각층의 이라크 전쟁 규탄 및 파병반대 운동, 그리고 국민적인 논란으로 인해 정부가 국회에 제출한 파병동의안의 의결 일정이 3월 25일에서 28일로, 다시 4월 2일로 연기되었다.[45]

그럼에도 4월 2일 제238회 국회본회의에서 정부의 이라크 파병 동의안이 통과되었다. 이어 전국 각계각층에서 전쟁중단, 파병반대를 외치는 캠페인이 일어났다. 파병안의 국회 본회의 통과 여부를 지켜보던 시민사회단체는 2일 '학살전쟁 중단, 파병반대 범국민대회'를 열었다. 이때 서울대학교 학생과 교수 2,000여 명이 동맹휴업하고 집회에 참가했다. 파병안 반대를 주도해온 민주사회를 위한 변호사모임과 참여연대는 3일, '파병 결정취소를 위한 헌법소원과 효력정치가처분 신청'을 헌법재판소에 제출했다.

---

45 김현미(2007), p.72.

이라크 전쟁은 미국의 압도적인 화력으로 조기에 끝나는 듯 하였다. 4월 9일 미군이 바그다드를 장악하고 후세인 체포작전에 들어갔다. 이제 국내 파병반대운동은 이라크에 파병된 한국군의 철수로 투쟁 방향을 조정했다. 추가파병 반대운동은 아직 생각할 단계가 아니었다. 오히려 파병이 결정된 군대의 출국을 저지하는 일이 남아 있었다. 4월 12일 '반전평화 국제행동의 날' 집회가 서울에서도 열렸는데, 집회 참가자들은 미국의 이라크 침략 전행 중단, 한국군 파병 철회, 한반도 전쟁위험 반대 등을 외쳤다. 4월 17일 한국군 파병 선발대(의료 10명, 공병 10명)가 출국한데 이어, 5월 14일 서희부대 329명이 출국을 위해 서울공항에 모였다. 파병반대운동세력은 서울공항에서 파병부대 출국 저지 시위를 하며 "한미공조 파기하고 한반도 평화 지키자"고 외쳤다. 물론 파병부대의 출국을 저지하지는 못했다.

미군의 이라크 점령이 시작되면서 국제반전운동세력은 향후 투쟁 방향을 모색하기 위해 5월 19-21일 자카르타에 모였다. 아시아평화연대, 영국반전연합, 평화와정의를 위한 연대, 이탈리아 사회포럼, 참여연대 등 각국의 평화단체들이 참여한 가운데 참석자들은 회의 마지막 날 '자카르타 평화합의'Jakarta Peace Consensus를 채택하면서 세계화와 군사주의에 반대한다는 공감대 하에서 이라크 시민단체들과의 연대를 통한 현지상황 조사, '이라크점령감시센터' 설립 준비, 미국산 상품 불매운동 등 5개항을 채택했다. 그러나 미군 점령 후 이라크 상황이 안정되기는커녕 악화되면서 부시 행정부는 또다시 동맹·우방국들에게 추가 파병을 요청하게 된다. 한국의 반전평화운동은 새로운 국면에 직면하게 된다.

2) 추가파병 반대운동(2003.9-2004.4)

미군은 후세인 정권 수비대에 손쉬운 승리를 거둔 이후 어려운 2차 전투에 빠져들었다. 점령 미군측이 구상한 단기점령정책은 수니파 저항세력의 게릴라 투쟁과 집권을 앞둔 시아파 정치세력과의 갈등으로 표류할 수밖에 없었다. 무장저항세력을 격퇴하는 과정에서 이라크 군인보다 수 배 많은 시민들의 희생이 발생했고 체포한 테러(의혹)분자들에 대한 고문 의혹도 일어났다. 미국이 한국에 추가 파병, 즉 대규모 전투병 파병을 요청한 배경이다.

9월 4일, '미래 한미동맹 정책 구상 4차회의' 참석차 서울을 방문한 롤리스 미 국방부 부차관보는 한국정부에 이라크 추가파병을 요청한다. 9월 국정홍보처에서 조사한 이라크 파병에 관한 국민의식 조사 결과, 추가파병 반대가 58.8%로 찬성 35.0%보다 높았다. 반대 이유로는 "우리 군인들의 희생이 예상되므로", "미국의 침략전쟁이므로", "파병에 따른 비용 부담" 등이었고, 찬성 이유로는 "북핵 평화적 해결 등 안보에 도움", "한미 동맹관계 개선/강화", "전후복구사업 등 경제적 이익" 등이었다. 10월 민주평화통일자문회의가 실시한 여론조사에서도 파병 반대(51.6%)가 찬성(48.4%)보다 많았다. 다만, "유엔 안보리 결의안이 통과되면"이란 전제가 붙을 경우 파병 찬성 여론이 73.9%로 크게 나타났다.[46]

---

46 국정홍보처의 여론조사는 코리아리서치센터가 담당했는데 전국 만 20세 이상 성인 남녀, 1,044명을 대상으로 실시했다. 신뢰수준은 95%, 표본오차는 ±3.1%. 민주평통의 여론조사는 TNS코리아가 수행했는데 전국 성인남녀 1,000명을 대상으로 했다. 신뢰수준은 95%, 표본오차 ±3.1%. 김현미(2007), p.84에서 재인용.

그럼에도 불구하고 미국의 추가 파병 요청이 대규모 전투병이란 사실이 알려지면서 파병반대운동진영은 물론 국민들도 반대 여론이 높아졌다. 9월 23일, 참여연대, 다함께, 전국민중연대, 사회진보연대, 보건의료단체연합, 민주노총, 녹색연합, 한국여성단체연합 등 수많은 시민사회단체들이 이라크전투병파병반대비상시국회의를 개최했고 그 자리에서 이라크전투병파병반대국민행동을 결성했다. 이들은 "국민에게 드리는 글- 이라크 전투병 파병을 막기 위한 비상국민행동을 호소합니다."는 제하의 발족선언문(부록5)을 통해 파병 국익론, 유엔 결의를 통한 파병론을 비판하며 미국의 추가 파병요구 자체가 "우리가 전투부대를 파병해서는 안 되는 이유를 가장 잘 드러내주고 있습니다."고 주장했다. 이들은 또 미국이 추가 파병을 요구한 배경으로 "미국 내에서 이라크 전쟁이 실패한 정책이었다는 우려와 비판의 목소리가 높아지게 된 결과"라고 언급하고, "미국의 파병 요청은 이라크 전쟁에 대한 책임과 뒷수습을 국제사회에 떠넘기는 것에 불과한 것"이라고 주장했다. 국민행동은 국민들에게 "이라크 전투병을 보내서는 안 될 12가지 이유"[47]를 제시하며 "초가을 단풍이 온 나라의 산과 강으로 번져나

---

47 12가지 이유는 다음과 같다. 1. 명분 없는 전쟁, 거짓으로 점철된 침략을 지원해서는 안 된다. 2. 미국 스스로도 실패를 인정한 전쟁에 한국군을 파견해선 안 된다. 3. 한국의 파병은 헌법과 국제법에 위배된다. 4. 전투병 파병은 미래 한미관계를 위해서도 바람직하지 않다. 5. 전투병 파병은 미군을 도울 수도, 이라크에 평화를 가져다 줄 수도 없다. 6. 이라크인들이 원하는 것은 파병이 아니라 점령군의 조속한 철수이다. 7. 전투병 파병은 한반도 평화를 근본적으로 위협한다. 8. 전투병 파병과 한반도 안전보장은 별 관계가 없다. 9. 이라크 재건 특수를 노리고 전투병력을 보내는 것은 어리석은 일이다. 10. 파병에 따른 미국의 경제적 반대급부는 환

사진 7 국내외 이라크전쟁 반대운동 ⓒ 연합뉴스

상에 불과하다. 11. 유엔 결의도 여러 가지다. 점령군을 지원하는 다국적 군 파병은 있을 수 없다. 12. 미국 압력 때문에 한국민의 자유로운 선택이 왜곡되는 것만큼 중대한 국익손실은 없다. 이라크파병반대비상국민행동 정책사업단 편(2003), pp.228-231.

가듯 파병에 반대하는 범국민운동이 전국 각지로 퍼져나가도록 함께 합시다."고 촉구했다.

정부는 9월 24일 이라크 현지 조사단을 파견해 이라크 현지상황 조사에 나섰다. 이는 추가 파병의 타당성을 검토하는 조치의 일부로 간주되었다. 25일 한국이라크 반전평화팀은 한국의 이라크 추가파병을 반대하는 성명서를 발표했다. 정부 조사단은 10월 3일 귀환해, 6일 이라크 북부 모술지역이 안전하고 테러위험이 감소하는 추세라는 요지의 이라크 상황을 국회에 보고했다. 이에 대해 국민행동측은 같은 날 장영달 국회 국방위원장 앞으로 공개서한을 보내 △ 정부 조사단의 조사대상과 가이드가 객관적이지 않고, △ 조사일정이 부족했고, △ 파병시 후보 주둔지(모술지역)에 대한 조사가 부실하다고 주장하고 조사결과에 대한 공청회 개최와 민간전문가 중심의 2차조사단 구성을 촉구하였다.

정부의 추가 파병 검토작업에 대한 비판 여론이 조성되는 가운데 10월 8일, 한미 간에 정책구상 5차 회의가 합의문을 발표하지 못한 채 끝났다. 그에 비해 파병반대운동은 기치를 더욱 올리는 형세였다. 11일 '이라크 전투병 파병반대 범국민행동의 날' 행사가 열렸다. 참가자들은 "파병반대 범국민결의대회 결의문"을 채택했다. 13일에는 국민행동 주최로 '이라크 파병과 한반도 정세, 반전평화운동의 과제'라는 제목의 토론회를 개최해 정부의 추가 파병 움직임에 관한 대응전략을 숙의하였다. 그러나 16일 유엔 안보리 결의안 1511호가 통과되자 정부의 추가 파병에 대한 찬성 여론이 올라갔다. 결의 1511호의 요지는 △ 이라크 주권의 조속한 이양, △ 이라크의 안정 회복을 위한 다국적군의 모든 조치 승인, △ 이라크 주권정부 성립까지 이라크 행정을 담당할 연합임시행정처^{CPA} 설치 등이었다. 17일 파병반대국민행동측 대표단은 노무현 대통령과 면담하는 자리에서 추가파병반대 의사를 전달했고, 노 대통령은 국민적인 합의 절차를 지킬 것을 약속했다. 그러나 같은 날 노무현 대통령은 각 당 대표와 미국에게 파병 입장을 통보해 파병반대운동측은 이미 정해놓은 파병 방침에 요식행위로 이용당했다고 정부를 비난했다.[48] 이들의 분노는 이해할 만했다. 18일 정부는 NSC 상임위원회를 열어 이라크 추가 파병을 결정했다. 16일 국민행동측은 몇일 앞으로 다가온 아태경제협력체^{APEC} 일정 중 예정된 한미정상회담에서 "노무현 대통령은 미국의 파병 압력 거부하라"고 촉구했다. 그러나 20일 노무현 대통령과 부시 대통령은 한미 정상회담을 갖고 공동성명을 발표해 이라크문제에서 양국간 협력, 곧 한국의 추가파병에 합의했다. 다만, 추가파병의 성격과 형태, 규모와 시기는 추후 결정하기로 남겨두었다. 이는 한국 정부의 입장을 재확인한 것이다. 정부는 이렇게 파병반대운동진영과 여야의 의견 청취와 2차 민관합동조사단 구성 합의 등 국내적 절차를 밟고 유엔 안보리 결의와 같은 외교적 계기를 활용하면서 추가파병의 분위기를 조성해나갔다. 동시에 미국과의 협의를 통해 '최적의' 파병 조건을 확보하려고 했다.

파병반대운동 역시 반대의 명분을 축적하고 운동의 조직을 확충하면서 추가파병 반대운동을 전개해나갔다. 정부의 추가파병 방침이 공식화 된 가운데 11월 30일 이라크에서 한국 오무전기 직원 2명이 무장세력의 총격에 사망하고 2명이 부상을 입는 사건이 발생했다. 군인, 민간인을 불문하고 이라크에서 한국의 희생이 처음으로 발생한 것이

---

48 김창수 전 NSC 정책조정실 행정관의 언급. 인터뷰: 2014년 1월 6일.

다. 12월 1일 경제정의실천시민연합(경실련)이 성명서를 발표해 한국에 대한 이라크 저항세력의 공격을 지적하며 파병 결정에 대한 전면 재검토를 촉구하였다. 12월 8일 시민사회단체와 국회 반전평화의원모임 소속 의원들은 국민대토론회를 개최할 것을 노무현 대통령에게 요구하였다. 이 제안에는 여야 구별이 없었고 정치권과 시민사회가 함께 했다. 한나라당 김홍신, 민주당 김영환, 열린우리당 김성호, 무소속 정범구 의원과 최병모 민변 회장, 박순성 참여연대 평화군축센터 소장이 국민대토회 개최를 공동으로 제안했다.

그러나 2003년 12월 말과 2004년 1월 사이 정부는 3,000명 규모의 이라크 추가파병 결정(12.17), 추가파병 동의안 국회 제출(12.24), 국방부 추가파병 창설기획단 편성(1.12) 및 군수지원조사단 이라크 파견(1.11-19) 등 일련의 조치를 취해나갔다. 한편, 국회에서는 1월 16일 제244회 국회 국방위회의에서 추가 파병안이 상정되었으나 의결정족수 부족으로 다음 회기로 미뤄졌다. 정부와 시민사회단체 양측으로부터 강력한 로비 대상이었던 장영달 국방위원장은 위원장 직권으로 시민사회단체 대표들의 국방위 회의 참관을 허용하였다. 당시 김대환 국회 국방위 수석전문위원은 국방위 보고에서 정부의 추가파병안에 파병부대의 규모와 임무, 배치 위치와 시기, 특히 예산이 제대로 제시되지 않았음을 지적하고, 이라크 파견부대의 비용을 전액 한국이 부담하는 점에 대해 정부의 적극적인 대처가 필요하다고 지적했다.

드디어 2월 9일 제245회 제1차 국회 국방위원회 회의에서 추가파병안이 심의 의결되었다. 찬성 12명, 반대 2명이었다. 이때 시민사회단체대표의 참관을 둘러싼 여야의 대립이 있었다. 열린우리당 김근태 원내대표는 정부가 내놓은 파병안이 열린우리당 당론과 어긋난다고

하여 본회의 표결을 연기시켰다. 그날 국회 앞에서는 이라크 파병 국회통과 결사저지 결의대회가 열렸다. 겨우 영상에 오른 날씨였지만 집회 참석자들의 결의가 여의도 공기를 데웠다. 참석 단체들은 서울진보연대, 전교조, 전국민중연대, 전노련, 한총련, 민주노동당 등 1,000여 명이 참가했다. 화물연대는 대형트럭을 앞세우고 참가했다. 국회 안에서는 추가파병을 둘러싸고 당적과 출신을 초월해 의원들 사이에 치열한 찬반 논쟁이 전개되었다. 국회 안팎에서의 다양한 의견을 국회 파병안 투표가 모두 수렴할 수 없었다. 파병 지지 혹은 반대, 둘 중 하나였다. 파병 반대측에서 볼 때 투표 결과는 잔혹했다. 2월 13일 국회 본회의에서 2차 파병 동의안이 통과됐다. 파병 부대의 성격과 주둔지가 모호한 상태에서 파병이 추진되기 시작했다.

　3월 11일, 이라크 공격을 찬성했던 스페인의 마드리드에서 열차폭파 테러사건이 발생해 190여 명이 사상을 당했다. 이라크 현지에서도 미군 점령에 반대하는 무장저항세력의 활동이 활발해졌다. 모슬에서 키르쿠크로 한국군 주둔지를 변경한 한미 양국 당국은 다시 키르쿠크 치안상태가 악화되자 파병지를 변경하기로 결정했다. 그런 가운데 3월 12일, 노무현 대통령에 대한 탄핵소추안이 국회에서 가결되었다. 그 반작용으로 4월 15일 국회의원 총선거에서는 여당인 열린우리당이 175석으로 과반수를 확보하였다.[49] 총선 결과를 염두에 둔 듯, 이미 티지 Richard Armitage 미 국무부 부장관은 한국의 새 국회가 어떤 결정을

49　4.15 총선 결과 국회 의석 분포는 열린우리당 175석, 한나라당 142석, 민주노동당 10석, 새천년민주당 9석, 자민련 4석, 국민통합21 1석, 무소속 2석으로 나타났다.

내리더라도 존중할 것이라고 논평했다. 세계반전평화운동진영은 4월 14일 미국, 영국의 이라크 침공 1주년에 즈음해 '국제전범민중재판'을 시작했다. 이 행사는 브뤼셀을 시작으로 베를린, 스톡홀름, 히로시마, 뉴욕, 로마, 서울, 바르셀로나 등지에서 개최되어 2005년 6월 23일 터키 이스탄불에서 마무리되었다.

이라크 내 무장저항세력의 미군 및 친미세력 공격이 빈번하게 나타났다. 서방 민간인 억류, 살해도 발생했다. 이에 4월 14일 팔루자에서 미군이 무장저항세력에 대한 1차 공격을 전개하자, 저항세력은 이탈리아 민간인을 납치해 살해했다. 22일 이라크평화네트워크는 '이라크 팔루자 학살 보고서'를 발표했다. 이 즈음 이라크 현지에서 활동하고 있던 평화단체들은 바그다드와 팔루자 주변 피난민 수용소 7곳에서 난민 349명으로부터 미군에 의한 학살 증언을 담았다. 4월 28일에는 서방 방송으로는 처음으로 미 CBS방송이 미군의 이라크인 포로학대를 보도했다.

국회의 추가파병 결정 이후 국내, 한미관계, 이라크 등지에서의 혼란한 상황 속에서 파병반대운동진영은 전열을 정비하며 상황을 주도해나가려고 힘썼다. 5월 4일 국민행동은 "비상시국선언"을 발표했다. 사회 원로와 학계, 종교, 여성, 교육계 인사 등 10,571명의 이름으로 이라크 파병철회를 촉구하는 내용이었다. 이어 국민행동은 13일 '이라크인 수감자 학대 및 팔루자 학살사건 긴급토론회'를 개최해 이라크전쟁과 미군의 이라크 점령이 반인도적 범죄를 초래했음을 부각시켰다. 5월 들어서는 매주 토요일 광화문에서 다시 촛불이 등장했다. '파병철회 촛불 한마당' 행사로 시민들의 평화감수성을 자극하며 파병철회운동을 지속해 나가려고 한 것이다.

노무현 대통령은 헌법재판소의 대통령 탄핵소추안 기각 결정(5.14)에 따라 업무에 복귀한다. 노 대통령은 지지세력의 상당 부분을 잃었고, 파병반대운동세력은 노 대통령과 정부에 대한 신뢰를 버렸다. 추가 파병될 병력이 전투병이냐, 비전투병이냐를 둘러싼 '참여정부'측과 파병반대운동측의 논쟁은 그 과정의 일부에 지나지 않았다. 파병반대운동 내부에서도 '참여정부'와 정부의 파병정책을 둘러싸고 혼란이 일어나기도 했다. 탄핵 당하지 않은 대통령을 비난할 수 있는가, 그와 관계없이 침략전쟁에 동조하는 정부를 지지할 수 있는가, 정부의 대내정책과 대외정책을 구별해 대응하는 것이 어떤가, 그것이 가능하고 타당한가 등등.

3) 파병연장 반대운동(2004.4-2005.12)

2004년 4월 국방부는 파병 실무단을 이라크에 추가 파견해 현지 치안 상황을 점검한 결과 가장 안정된 아르빌을 파병 예정지역으로 결정했다. 이후 자이툰 부대를 편성해 현지적응 교육 및 훈련을 하고 8월 초까지 쿠웨이트로 이동했다. 그리고 쿠웨이트서 9월 22일까지 아르빌로 병력과 장비를 이동시켰다. 그렇게 추가 파병이 한창 진행되던 6월 21일, 이라크에서 한국인 김선일씨가 무장세력에게 납치된 상태가 비디오로 공개되었다. 작년 11월 30일 오무전기 직원들이 무장세력으로부터 피격되는 일이 있었지만, 무장세력에게 피납돼 살해 위협을 당하는 상황이 발생하기는 처음이었다. 이틀 후 외교통상부는 김선일씨가 피살됐다고 공식 발표했다. 같은 날 노무현 대통령은 '김선일씨 테러와 관련한 대국민 담화문'을 발표하며 민간인을 희생시키는 테러 행위를 "반인륜적 범죄"로 규탄하고 "국제사회와 함께 단호하게 대처해 나

갈 결심"을 천명했다.[50]

　김선일씨 피랍 및 살해에 즈음해 파병에 관한 국민여론은 변모했다. 6월 21일 김선일씨가 이라크 저항세력에게 피랍된 사실이 알려진 직후 온라인상(네이버)에서 실시된 추가파병에 관한 인터넷 긴급투표에서 62.86%(4,605명 중 3,500명)가 반대 의사를 표명했다. 그런데 김선일씨가 살해된 것이 확인된 이후 한국사회여론연구소가 실시한 여론조사에서는 파병 찬성이 53.4%로 파병 철회 응답 44.4%보다 높았다. 이때 이라크 전쟁의 성격에 관한 조사에서 "자국(미국)의 이익을 위한 명분 없는 전쟁"이란 응답이 84.3%로 높았지만, 파병을 하지 않으면 "미국과의 관계가 악화돼 경제적 불이익을 당할 것"이라는 의견도 74.2%로 나타났다[51] 그럼에도 파병반대 및 철회를 주장하는 정당과 단체의 입장은 굳힘이 없었다. 6월 23일, 김원웅, 이경숙, 송영길 등 50명의 국회의원은 "국군부대의 이라크 추가파병 중단 및 재검토결의안"을 국회에 제출했다. 이들은 "이라크 내외 여건의 중대한 변화" 곧, "김선일씨 피살 등 추가파병 결정 전후 파병군은 물론 일반 국민들의 안전마저 심각하게 위협당하는 상황 속에서 평화재건 임무 수행이 불가능하다는 점이 확인되고 있다."며, "대통령과 정부는 국군부대의 이라크 추가 파병을 유보하고, 이와 관련된 일체의 실무추진을 중단해야 한다."는 요지의 결의안을 낸 것이다. 이 결의안은 부결되었지만 김선일씨 피랍 및 살해사건이 국민들에게 준 충격은 큰 것이었고, 파병철회를 주장하는 여론이 만만치 않았음을 말해준다. 이 결의안 제출 이

50　김현미(2007), p.78.

51　「한겨레」, 2004년 7월 1일. 위 설문은 성인 남녀 700명을 대상으로 이루어진 것이다. 김현미(2007), p.85에서 재인용.

후 민주노동당원들은 국회 앞 농성에 돌입해 8월까지 이어갔다.

  2004년 들어서도 이라크는 혼돈을 거듭하고 있었다. 수니파와 시아파 간의 갈등, 수니파와 미군과의 갈등은 격렬한 무력충돌을 초래했고, 여기에 외부로부터 사람과 무기 등 물리적 개입이 이루어졌다. 특히, 미군과 미군에 우호적인 나라의 민간인들에 대한 테러와 납치 살해가 증가했다. 자국민이 이라크에서 인질로 잡힌 상태에서 해당국 정부의 반응은 일정하지 않았다. 예를 들어, 2004년 7월 13일 필리핀 정부는 자국민이 피납되자 이라크 파견 병력 철수를 결정하고 19일 철수를 완료했다. 그러자 다음날 피납 필리핀인이 석방되었다. 이는 미국과의 외교적 갈등을 초래했다. 이와 달리 불가리아, 일본, 호주 정부는 무장세력으로부터 자국민이 납치되거나 이라크 주둔군 철수 요구를 받았지만 응하지 않았다. 그 결과 피납 일본인과 불가리아인은 살해되었다. 한편, 이라크 임시정부가 들어서고 이라크 내에서 미군이 연루된 내전 양상이 전개되자 파병에 참가한 나라들 중에 철수 결정 혹은 움직임이 일어났다. 그런 상황에서 한국은 추가 파병을 단행했던 것이다.

  10월 추가 파병된 자이툰 부대 본진과 국회 파병안에 포함되지 않은 다이만 부대(공군 항공수송단)가 아르빌에 도착했다. 가을 들어서도 파병철회운동은 계속 되었고 해외교포와 국제반전운동과의 연대도 확대되었다. 10월 16일 COREA평화연대는 "한국 전투병 이라크 파병 반대를 위한 국제사회에서의 호소문"을 작성해 세계와 한국의 평화단체, 환경단체, 개인들로부터 지지서명을 받아 노무현 대통령과 부시 대통령에게 전달했다. 17일 국민행동은 '10·17 국제공동반전행동'을 서울 대학로에서 개최해 "미국의 침략행위를 저지하라", "파병 한국군 철수하라", "파병연장 중단하라"와 같은 구호를 외쳤다.

한편, 6월 1일 성립한 이라크 임시정부가 11월 7일 총선 대비를 이유로 60일간 비상사태를 선포했다. 이를 틈타 미군은 2차 팔루자 공격을 감행해 민간인 4천여 명이 학살된 것으로 알려졌다. 이에 대해 세계평화운동진영은 이라크 침공을 주도한 전범들에 대한 민중재판을 벌였다. 이 운동은 12월 2일 발의되었고 서울과 세계 각지에서 12월 7-11일 진행됐다.

2004년 말 들어 이라크 파병 국가들 중 많은 나라들이 철군과 감군을 결정하는 상태였다. 그런 상황에서 한국 정부는 11월 이라크 파병부대[52]의 "평화정착과 재건지원 등의 임무를 수행"하도록 파견을 1년 연장하는 동의안을 제출했다. 논란이 일어나지 않을 수 없었다. 당시 철군을 결정했거나 논의하는 대다수 나라들은 영국과 호주를 제외하고는 한국보다 늦게 파병을 한 나라들이었다. 이라크전에 적극적인 태도를 취했던 호주도 파병 6개월 만에 2,000명의 병력을 800명 규모로 감축했고 1,600여 명 규모의 군대를 약속했던 우크라이나도 결국 200명만 잔류시키고 있는 상태였다.[53] 2004년 말 현재, 이라크 파병 37개국 중에서 9개국이 철군한 상태였다.[54] 그러나 1차 파병 연장안은 통과되었다. 파병철회운동을 전개한 국민행동측은 단호하게 파병 연장에 반대했지만 정부와 국회의 결정을 바꿀 수 없었다.

---

52 정부의 이 파견 연장 동의안에서 평화정착·재건지원부대는 2003년 4월 파견된 건설공병지원단과 의료지원단을 포함하고 있어 동의안은 일건화(一件化) 한 것이다.

53 송봉숙 의원의 발언. 제251회 국회본회의회의록, 제3호, 2004년 12월 31일, p.3.

54 임종인 의원의 발언. 위와 같음, p.10.

2005년 3월 들어 이라크 내 미군 사망자가 1,500명을 돌파하고 철군 움직임이 계속 일어났다. 미국 등 전 세계 800여 개 도시에서 이라크 철군 등을 외치며 집회, 행진, 시민불복종, 침묵시위가 진행되었다. 특히, 이라크 참전군인 단체와 가족 등 4,000여 명이 군사기지 앞에서 시위를 진행해 이목을 끌기도 했다. 국내에서는 7월 15일 임종인 의원 등 30명의 국회의원들이 자이툰 부대 철군 촉구 결의안을 재발의하기도 했다. 국내에서 대규모 반전평화집회가 이어졌다. 9월 24일 전 세계에서 '9·24 이라크 점령 종식을 위한 3대 파병국(한·미·영) 공동행동'이 일어났다. 광화문에서는 1천여 명이 참가한 가운데 "미국은 이라크를 떠나라", "자이툰 부대 철수하라, 파병연장 반대한다." 등의 구호가 퍼져나갔다. 12월 17일 국민행동은 서울 대학로에서 '이라크 파병연장항의행동' 집회를 열고 정부의 추가 파병연장 계획을 성토했다. 그러나 이들의 힘은 정부와 국회의 추가 파병연장안을 철회시키지 못했다. 12월 31일, 제251회 국회본회의에서 1차 파견연장 동의안이 큰 표차로 통과됐다. 2006년의 경우도 같은 양상이었다. 다만, 2005년 있었던 파병 연장동의안에 정당으로서는 민주노동당만이 당론으로 반대했다. 민주노동당 천영세 의원은 파병 연장 반대의사를 표명하고 같은 당 의원들과 퇴장했다.

2004년 들어서면서부터 미국 내에서 거짓 정보에 의한 전쟁, 테러 용의자 고문, 내전 양상의 이라크 내 혼란 등으로 철군론이 부상하기 시작하였다. 2005년 9월 미 국방부는 하반기 혹은 2006년까지 이라크 주둔 10개국에서 8,300여 명이 철군할 것이라고 전망할 정도였다.[55]

---

55 이라크전투병파병반대국민행동 정책사업단 편(2005), p.143.

이라크 내에서도 혼동이 가시지 않고 있었지만 2005년 10월 헌법 선포, 12월 총선거가 진행되면서 재건과 안정화를 향한 노력이 시작되었다. 그런데 한국정부는 파병연장 동의안을 통과시키며 이라크 주둔을 지속하고자 했다. 국민행동측은 2005년 11월 23일 정부가 제출한 파병연장안 상의 기본계획과 예산상의 문제를 지적하면서 파병연장안이 결국 "백지위임"이라고 규정하고 부결을 주장했다.[56]

이상 살펴본 것처럼 파병반대운동의 명분이 줄어들었다고 하기는 힘들다. 그렇지만 반대운동이 길어지고 정부의 재건지원활동 홍보가 계속 되면서 파병반대운동의 동력이 약해진 것은 분명했다. 그럼에도 한국의 이라크 파병반대운동은 전 국민의 평화의식을 고무시켰을 뿐만 아니라 한국민이 세계적인 평화문제에 적극적이고 조직적으로 관여한 일대 사건이었다. 또 한국의 파병반대운동은 국제평화운동과 연대한 동시에 그간 통일운동의 일부로 여겨져 온 평화운동을 독자적인 영역으로 자리매김 하는 결정적인 계기가 되었다.

5. 파병반대운동의 평가

파병반대운동진영은 폭력을 제외하고 가능한 모든 수단을 개발 동원해 시민사회의 단결을 이끌어냄은 물론, 국회를 평화운동의 대열에 동참시키고 정부를 감시 압박하는 등 소기의 성과를 거두었다. 비록 한국정부의 파병을 저지 철회시키는 못했지만 파병 부대의 임무, 파병

---

56 위의 책, pp.211-214.

시기와 주둔지 등에 걸쳐 정부의 파병 결정을 최대한 신중한 방향으로 나아가도록 압박하였다. 노무현 정부가 파병부대가 한 번의 전투 없이, 한 명의 희생도 없이 평화정착·재건지원 활동을 벌였다고 평가하는 바탕에는 파병반대운동진영의 지속적인 비판과 감시가 있었음을 간과할 수 없다. 아래에서는 이 운동을 미시적, 거시적 양 차원에서 평가하고 있다.[57]

1) 미시적 평가

미시적 차원의 평가는 파병반대운동의 조직, 이념, 활동 방식 등 구체적으로 나타난 활동 행태를 대상으로 한다. 우선, 파병반대운동은 분단 이후 전국적이고 범국민적인 평화운동이었다. 경향각지, 각계각층에서 미국의 이라크 침공과 한국군의 이라크 파병을 반대하는 물결이 일어났다. 특히, 2003년 봄, 1차 파병 이후 미국의 전투병 파병 요구에 즈음해서는 351개 시민사회단체들이 '이라크전투병파병반대비상시국회의'를 개최하고 '이라크전투병파병반대국민행동'을 결성하였다. 국민행동은 고문단, 공동대표단, 대표자회의, 운영위원회, 공동운영위원장단, 기획단, 정책사업단, 상황실, 지역조직 등을 설치하고 조직적으로 운동을 전개하였다. 이런 조직 구성에서 보듯이 파병반대운동은 전국 각 부문을 아우르며 조직석으로 전개되었음을 알 수 있고, 조직화가 신속하게 이루어진 점도 눈에 띈다.

이렇게 진행된 파병반대운동은 그동안 민주화, 인권, 민중생존권,

---

57 미시적 평가는 김현미(2007), pp.89-99, 124-131을 참조하고, 거시적 평가는 서보혁(2014), pp.127-128을 수정 보완한 것이다.

통일 등 다양한 분야에서 전개해온 민족민주운동의 전통과 경험이 배경이 되었고, 거기서 배출되고 확산된 지도력이 1987년 민주화 이후 시민사회운동의 저변을 닦아온 것과 시민사회 자체의 성숙을 밑거름으로 하고 있다. 그러나 파병반대운동의 조직력이 계속해서 견고하게 발휘된 것은 아니었다. 2004년 2월 추가 파병안이 국회를 통과하고 6월 김선일씨가 피살되고, 이후 일부 국가들에서 철군 움직임이 일어나면서 파병반대운동은 분수령을 맞는다. 이미 파병이 단행되었고 정부는 2004년 말에 접어들어 파병 연장 동의안을 제출한다. 파병반대운동은 새로운 대응을 준비하면서도 이전과 같은 폭발력은 줄어든다. 여기에는 앞에서 살펴본 파병반대운동 내의 사정도 작용하였다.

둘째, 파병반대운동이 표방한 대표적인 주장은 '전쟁반대, 파병반대'이다. 추상적으로 말하면 평화주의다. 평화주의는 "평화를 원하거든 평화를 준비하라"는 경구로 요약할 수 있는데, 분쟁의 평화적 해결과 비폭력 저항을 활동원칙으로 삼는다. '전쟁반대' 구호에서 전쟁은 미국의 이라크 공격, 즉 침략전쟁을 지칭하지만, 평화주의 시각에서 볼 때 모든 전쟁을 의미할 수도 있다. 물론 민족해방, 식민지독립, 민족자결을 위한 불가피한 물리적 저항을 인정하느냐가 평화주의를 절대적 평화주의와 맥락적 평화주의로 가를 수 있다. 그러나 이라크 파병반대운동의 경우 그런 논쟁은 일어나지 않았다. 전쟁과 파병이 명백히 침략전쟁과 그에 대한 동조였기 때문이다. 파병반대운동은 1차 이라크 파병 이후에는 추가 파병반대와 현지 파병철회 구호를 혼용하였다.

파병반대운동이 부각시킨 또 다른 입장은 문민통제, 즉 안보정책의 민주적 결정이다. 파병, 군사무기 도입 등 긴요한 안보정책은 군인과 고위관료 등 소수 정책결정자들이 아니라 헌법에 의거해 국민의 동의와 지지에 의해 결정되어야 한다는 것이다. 여기에는 투명성, 책임성, 효율성, 참여 등 거버넌스^{governance}의 원리가 적용된다. 물론 노무현 정부 시기의 파병 결정은 박정희 정부 시기의 그것에 비해 치열하고 충분한 공론화, 정부와 시민사회의 소통이 이루어졌다. 그럼에도 민주헌법의 기준과 높아진 국민의 기대수준 등에 비추어볼 때 만족스럽지 못한 측면도 있다. 가령, 다음과 같은 파병반대운동진영의 주장은 평화주의와 민주주의에 대한 열망을 잘 보여주고 있다. 그것은 침략전쟁에 대한 부정과 함께 민주적 안보정책 결정에 대한 기대를 말한다.

"정부가 졸속으로 파견한 1차 조사단은 부실조사였을 뿐만 아니라 노골적인 정보조작을 시도하여 국민의 분노를 샀다."
"노무현 대통령의 파병 결정은 국내적으로는 민주주의에 대한 파괴행위이자, 국민신뢰에 대한 씻을 수 없는 배신이며,…"
"우리는 또한 전투병 파병에 대해 국민의 대표인 국회가 이를 승인하는 일이 있어서는 안된다는 점을 분명히 밝힌다."[58]

파병반대운동이 언제나 일치단결해서 전개된 것은 아니었다. 파병을 주도하는 정치세력이 '참여정부'라는 점과 그런 정부를 비판할 경우 보수강경세력을 유리하게 할 우려, 그리고 대통령 탄핵 정국에서는 파병반대세력이 파병을 추진하는 노무현 대통령에 대한 탄핵을 반대하는 딜레마에 직면하기도 했다. 그런 모순은 집회장에서 그대로 나타

---

58 "성명: 파병 결정은 참여정부의 자기부정이자, 대미굴종의 고백, 이라크 국민들에 대한 선전포고," 2003년 10월 18일, 국민행동 정책사업단 편 (2003), pp.239-242.

났다. 2004년 들어 국회에서 노 대통령 탄핵안이 가결된 3월부터 헌법재판소에서 탄핵이 기각된 5월을 경과하고 다시 대통령이 대통령직을 수행하기까지 파병반대운동 내에서는 혼선이 일어났다. 물론 그 혼선이 전쟁반대, 파병반대라는 기본 이념을 흩트리지는 못했다. 그럼에도 노사모가 위축되고 노 대통령 지지와 파병반대가 공존하면서 대열이 약화된 것은 사실이었다.

그런 가운데서도 파병반대운동은 다양한 형태의 활동을 전개해나갔는데, △ 로비, 간담회, 의견서 전달과 같은 대국회활동, △ 정부와 파병부대 출발 공항 앞 시위와 같은 직접행동, △ 이라크 현지활동, △ 전세계 동시집회와 지속적인 소통, 해외 행사 참여 및 국내행사에 해외 평화활동가 초청 등과 같은 국제연대, △ 개인 단식, 일인시위, 인터넷 블로그 운영 등과 같은 개인 활동 등 실로 다양했다.

군사권위주의 정부 하에서 이루어진 베트남 파병에 대한 반대운동은 없었다. 단지 국회 회의장 안에서 소수 의원들의 반대 주장만 있었지만 그 목소리는 회의장 유리창을 깨지 못했다. 그에 비해 민주화 30년 가까운 시점에서는 광범위한 파병반대운동이 일어났다. 그 양상은 앞에서 본 것과 같다. 전투병 파병을 둘러싼 추가 파병반대운동은 대중의 참여 규모 확대와 활동방식의 다변화를 나타냈고 그 결과 파병 규모와 시점에 작지 않은 영향을 미쳤다. 파병에 대한 근본적인 비판을 통해 결과적으로 파병지를 안전한 곳으로 정하고 파병의 임무를 비전투 분야로 한정하도록 했다. 파병반대운동세력이 정부의 파병정책을 자세하고 치밀하게 감시 비판하면서 파병지가 모술에서 키루쿠크로, 거기서 다시 아르빌로 변경되었던 것이다. 이는 분명 파병반대운동의 힘에 의한 것이었다. 그렇기 때문에 파병을 철회시키지 못했다고 그런 성과를 과소평가할 수는 없을 것이다.

2) 거시적 평가

이라크 파병반대운동의 성과에도 불구하고 결국 파병은 이루어졌다. 이것은 평화운동의 저발달 때문인가, 아니면 불균등한 한미 동맹관계의 운명 같은 것인가? 평화운동의 발육부진은 분단체제에서 연유하는 정치·사회적 환경 때문이다. 그러나 평화를 '적극적 평화'로 정의할 경우 북핵문제의 평화적 해결은 물론 양심적 병역거부, 동북아 비핵지대화, 핵확산금지조약 체제 개혁, 군사문화 지양, 주한미군 범죄근절, 군에 대한 문민통제 등 한국 평화운동은 꾸준히 발전해왔다.[59] 그 가운데서 한국평화운동이 본격화된 계기가 2003년부터 전개된 이라크전 중단, 파병 반대를 기치로 한 반전평화운동이었다. 이라크 파병을 둘러싼 찬반 논란은 격렬했고 정치사회, 시민사회를 막론하고 한국사회 전체를 뒤흔들었다. 그러나 이에 대한 평가는 아직 충분하지 않으며, 그런 가운데서 파병 찬반을 현실주의 대 이상주의라는 도식으로 이해하려는 통념이 자리해왔다. 이라크 파병을 둘러싼 논쟁을 하나의 현실주의 대 또 다른 현실주의 구도로 바라볼 이유가 충분하다. 한국의 이라크 파병반대운동은 그 명분 못지않게 현실주의적 입장을 취했고 그것은 국익을 우선하며 파병을 지지한 나쁜 현실주의 입장과 대립구도를 형성하였다.

이라크 파병반대운동은 ① 한국의 평화운동이 통일운동과 분리해 본격적인 출발을 보여준 일대 사건으로서, ② 그 범위가 시민사회에

---

59 서보혁·정욱식,『평화학과 평화운동』(서울: 모시는사람들, 2016).

그치지 않고 한국 사회 전체로 확대되었고, ③ 세계 평화운동과 본격적으로 연대하였고, ④ 도덕적 호소에 그치지 않고 현실주의적 입장을 제시한 점에서 주목할 만하다.

사실 이라크 파병의 명분은 노무현 대통령을 비롯한 절대 다수 여론이 인정할 정도로 적절하지 않았다. 파병을 둘러싼 논쟁은 파병이 국가이익에 유용한가 아닌가로 모아졌지, 전쟁과 파병의 명분에 관해서는 비판적인 방향으로 수렴되었다. 앞에서 살펴본 파병 찬성 및 반대 세력의 논거는 모두 국익에 초점을 둔 현실주의적 판단에 따른 점에 공통점이 있다. 실제 국익을 중심에 둔 정부의 파병 결정에는 파병 찬반 주장에서 제시된 현실주의적 요소들이 종합적으로 반영되었다. 정부의 파병 결정에는 비대칭적인 한미관계와 북핵문제가 가장 큰 변수로 작용했지만 파병 규모와 성격, 시기 등을 감안할 때 이라크 상황, 국내외 여론 등과 같은 요소들도 영향을 미쳤음을 알 수 있다. 파병 찬반을 둘러싼 두 가지 현실주의적 입장도 정부의 파병 결정에 영향을 미쳤다. 이는 파병반대운동이 단순히 시민사회 일각의 도덕적 주장이 아니라 국가이익과 보편가치의 조화에 영향을 미칠 수 있는 현실적인 변수로 작용함을 의미한다. 실제 정부의 파병 결정과정을 추적해보면 국내의 상반된 여론을 활용하였음을 알 수 있다.

물론 파병반대운동진영의 현실주의론은 '평화적 수단에 의한 평화'라는 이상주의를 지렛대로 삼고 있었다. 이상주의적 파병반대론은 현실주의적 파병반대론의 범위를 규정해준다. 그에 따라 현실주의적 파병반대론에서 국가이익은 현실주의적 파병지지론의 그것과 달리 정의되고 해석되었다. 또 하나의 현실주의가 기성 현실주의와 치열하게 경쟁했지만 결국 현실 정치에서 승리하지는 못했다. 그럼에도 재스퍼

James Jasper가 말하듯이[60] 저항운동이 주목하는 것은 승리보다 대중의 의식 변화이기 때문에 파병반대운동을 패배로만 말할 수는 없다. 평화주의와 평화를 위한 국제연대는 파병반대운동을 통해 대중의 의식 속에 깊이 심어졌다. 분단된 한반도에서 전례 없는 일이었다. 그것은 분단 속에서도 민주화의 진전으로 만들어진 새로운 성과였다.

---

60 제임스 재스퍼 지음, 박형신·이혜경 옮김, 『저항은 예술이다: 문화, 전기, 그리고 사회운동의 창조성』(파주: 한울아카데미, 2016).

VII
파병정책의 쟁점과 전망

1. 해외 파병 현황

한 나라가 자국의 군대를 해외에 파견하는 데는 정치, 경제, 외교, 군사 등 여러 측면에서 신중하고 진지한 검토를 거쳐야 한다. 군대는 일차적으로 국가를 보위하고 국민의 생명과 재산을 수호하는 게 임무이다. 파병은 일국의 외교안보정책 중 매우 특별한 경우로서 국제평화와 안정, 파병국의 국제적 위신은 물론 가시적인 국가이익에 관한 깊은 논의를 유발한다. 특히, 민주국가의 경우 파병 결정시 정부의 독단이 아니라 정당과 시민사회 등 다양한 여론을 수렴하는 것이 필수적이고 그 과정에서 정치적 기회비용이 발생할 수밖에 없다. 현행 대한민국 헌법 제5조 2항에서는 국군의 임무를 "국가의 안전보장과 국토방위"로 한정하고 있고, 군대의 해외 파견의 경우는 국회의 동의를 받을 것을 별도로 명시하고 있다(제60조 2항). 여기에 동맹관계가 작용할 경우 파병 결정과정은 더 복잡해진다.

한국군의 해외 파견은 베트남전 파병을 제외하면 1990년대 들어 시작되었다. 경제발전과 민주화 이후였고 88 서울올림픽을 거치며 국제적 위상도 높아지기 시작한 시점이었다. 1991년 남한은 북한과 동시에 국제연합^{UN}에 가입하여 국제사회의 책임 있는 일원으로서의 역할도 생각할 때가 됐다. 한국은 한국전쟁때 국제사회로부터 병력, 의료 지원을 받기도 했다. 또 국제적으로 1990년대는 냉전이 해체되지만 대신 종족, 자원, 종교 등에 연유하는 내전과 각양의 무력충돌이 분출하는 시기였다.[1] 그런 대내외적 상황 변화에 직면해 한국은 1991년 걸

---

[1] 서보혁, 『유엔의 평화정책과 안전보장이사회』(서울: 아카넷, 2013), pp.59-63.

프전에 의료지원단과 공군수송단 파견을 시작으로 2016년 7월 현재 총 28개국에 48,918명의 군인을 파견했다.

파병 유형은 크게 두 가지 기준으로 나누어볼 수 있다. 첫째, 파견 군대의 임무로 유형화 해볼 수 있는데 △ 다국적군 평화활동(예: 아프가니스탄 해성·청마부대, 동의·다산·오쉬노부대, 이라크 서희·제마부대, 자이툰·다이만부대, 소말리아 아덴만 해역 청해부대), △ 국방교류협력활동(예: 아랍에미리이트UAE) 아크부대, 필리핀 아라우부대, △ 정부긴급구호활동(예: 에볼라 위기대응 정부긴급구호대), △ UN 국제평화유지활동(예: 서부사하라 국군 의료지원단, 앙골라 공병부대, 남수단 한빛부대 등)으로 나누어 볼 수 있다. 두 번째는 파견되는 군이 부대 단위이냐, 개인 단위이냐로 나누어 볼 수 있다(표 7).[2]

한국군의 해외 파견은 이제 25년여의 역사를 갖고 있어 하나의 추세를 살펴볼 만하다. 파견된 군의 임무를 놓고 볼 때 한국군은 1990년대는 국제연합 평화유지군UN PKO의 일원으로 참여하다가 2001년 9·11 테러 이후 미국의 파병 요청에 응해 다국적군으로 참여하는 파병 형태로 확대되어갔다. 1990년대에 파병한 소말리아 상록수부대, 서부사하라 국군 의료지원단, 앙골라 공병부대, 동티모르 상록수부대 등 네 차례는 모두 UN PKO 일원으로 참여해 지역안정, 재건지원, 공정선거 감시 등의 활동을 전개하였다. 이런 UN PKO는 유엔 안전보장이사회의 결의에 의거해 국제법적인 권위를 가졌고 말 그대로 평화적인 활동이다.

---

2 국방부, 「비상, 2016 대한민국 해외파병 이야기」, 국방부 웹사이트, 2016. pp.8-9(검색일 2017.5.2).

표 7 한국군의 해외파견 현황(2017년 4월 4일 현재)

구분			현재 인원	지역	최초 파병
UN PKO	부대 단위	레바논 동명부대	325	티르	'07. 7월
		남수단 한빛부대	292	보르	'13. 3월
	개인 단위	인·파 정전감시단 (UNMOGIP)	7	스리나가	'94. 11월
		남수단 임무단 (UNMISS)	7	주바	'11. 7월
		수단 다푸르 임무단 (UNAMID)	2	다푸르	'09. 6월
		레바논 평화유지군 (UNIFIL)	4	나쿠라	'07. 1월
		서부사하라 선거감시단 (MINURSO)	4	라윤	'09. 7월
		소계	641		
다국적군 평화활동	부대 단위	소말리아해역 청해부대	302	소말리아 해역	'09. 3월
	개인 단위	바레인 연합해군사령부 / 참모장교	3	마나마	'08. 1월
		지부티 연합합동기동부대 (CJTF-HOA) / 협조장교	2	지부티	'09. 3월
		미국 중부사령부 / 협조단	2	플로리다	'01. 11월
		미국 아프리카사령부 / 협조장교	1	슈트트가르트	'16.3월
		소계	310		
국방협력	부대 단위	UAE 아크부대	149	아부다비	'11. 1월
		소계	149		
		총계	1,100		

* 출처: 국방부 홈페이지(검색일: 2017.5.17.)

그런데 2000년대 들어 한국군은 미국의 대테러전쟁 협력 차원에서 파견하는 소위 다국적군 평화활동이 두드러진다. 아프가니스탄, 이라크에 보낸 20여 차례의 파병 및 파병 연장이 그 예이다. 물론 다국적군 참여 활동에 해적 퇴치를 통한 해상안보에 기여하는 사례도 있다. 그럼에도 다국적군 평화활동 사례들 중 일부는 미국 주도의 대테러전 참여이고, 유엔 안보리의 결의 없이 이루어진 경우 국제법적인 신뢰 문제를 초래하기도 했다. 무엇보다 다국적군 평화활동에 참여하는 한국군의 안전이 UN PKO 유형보다 더 위험에 처할 우려가 있다.

2010년대 들어서는 국방 교류협력활동과 정부 긴급구호활동에 군이 파견되는 사례가 나타난다. 이는 다국적군 평화활동과 함께 선례가 없던 경우로서 정부와 시민사회, 특히 군과 평화운동진영 사이에 팽팽한 의견 차이를 불러오고 있다.

위 표와 아래 그림에서 보듯이 한국군은 현재 12개국에 총 1,100명이 파견되어 있다.[3] 위에서 말한 파견 유형으로 본다면 첫째, 임무별로 볼 때 UN PKO(641명) 〉 다국적군 평화활동(310명) 〉 국방협력(149명)의 순이다. 파견 단위별로 볼 때는 부대단위 파견이 1,068명으로 개인단위 파견보다 압도적으로 많다.

한국 정부는 국제평화유지활동에 참여하는 근거로 헌법, UN 안보리 결의, 그리고 국회 동의를 들고 있다. 정부는 헌법 제5조 제1항 및 제60조 제2항[4]을 근거로 하여 유엔 안보리 결의와 국회 동의에 따라

---

3 이하 내용은 국방부의 웹사이트 '세계 속의 한국군' 코너에서 가져온 것이다.
4 헌법 제5조 1항: 대한민국은 국제평화의 유지에 노력하고 침략적 전쟁을 부인한다.

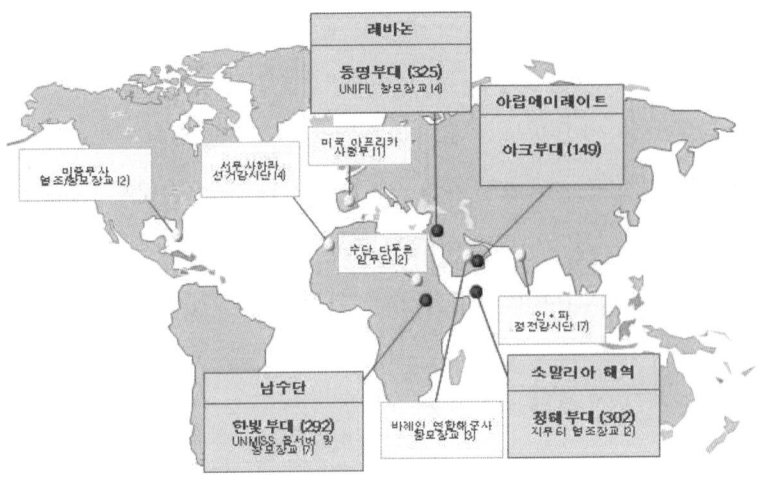

그림 5 한국군의 해외파견 지역(2017년 4월 4일 현재)
* UNIFIL: 레바논 평화유지군, United Nations Interim Forces In Lebanon
  UNMISS: 남수단 임무단, United Nations Mission In South Sudan
** 출처: 국방부 홈페이지(검색일: 2017.5.17.)

분쟁지역에서 평화유지활동을 수행한다고 말하고 있다. 그렇다면 베트남전과 이라크전에 군대를 파견한 것은 위 법적 절차에 부합한 것인지 의문을 제기할 수 있다. 우선 베트남전과 이라크전은 명백한 침략전쟁이므로 헌법 제5조 1항에 반하고, 그러므로 그런 전쟁에 군대를 파견한 것도 같은 조항에 따라 위헌이라고 볼 수 있다. 아무튼 정부는 침략전쟁이 아닌 경우에 한해 국제평화를 위해 국회의 동의를 얻은 후에 군대를 해외에 파견할 수 있다. 예를 들어 국방부는 1993년 소말리아 상록수부대 파견부터 2014년 시에라리온 에볼라 위기대응 정부간

제60조 2항: 국회는 선전포고, 국군의 외국에의 파견 또는 외국군대의 대한민국 영역 안에서의 주류(駐留)에 대한 동의권을 가진다.

급구호대 파견까지 총 18차례 군대를 해외 파견하였다.[5] 그러므로 이와 같은 군대 파견은 모두 국회 동의를 얻어야 하는데 국방부는 18회 군대 파견 중 17회는 국회 동의를 얻었다고 밝히고 있다.[6] 그런데 단 하나의 경우, 2004년 10월 이라크에 파견했다는 다이만 공군수송부대는 국회 동의를 받았다고 확실하게 말하지 못하고 있다.[7]

2. 파병정책의 쟁점

1) 파병 확대 찬성

2000년대 들어 한국군의 파병은 횟수가 늘어났고 활동 내용도 다변화되었다. 그 결정적인 계기가 된 것이 아프가니스탄과 이라크 파병이었다. 2000년 들어 한국군의 해외파견에는 유엔 안보리의 결의를 얻은 것도 있지만 그렇지 않은 다국적군의 활동, 특히 미국의 해외 군사작전에 동참하는 것이 눈에 띈다. 물론 재해구조나 해상안보 등을 목적을

---

5   국방부(2016), pp.8-9.

6   국방부, "국제평화유지활동 참여 근거," 2013년 7월 25일. http://www.mnd.go.kr/user/boardList.action?command=view&page=1&boardId=O_46591&boardSeq=O_50260&titleId=&siteId=mnd&id=mnd_010901000000(검색일: 2017년 1월 11일).

7   국방부는 다른 자료에서 다이만부대가 2004년 7월 13일 국회의 파병 동의를 받아 파견되었다고 하지만, 국회 자료 조사 결과 확인되지 않고 있다. 국방부 군사편찬연구소(2014), p.425에서 재인용.

한 파병도 생겨났다. 이런 추세를 반영하여 정부는 확대된 해외파병활동을 법적으로 뒷받침하는 움직임을 추진해왔다.

정부는 새로운 유형의 해외파병활동의 법제화를 추진하면서 그 배경으로 보은론, 기여론, 그리고 국민여론을 들고 있다.[8] 보은론은 한국이 북한의 남침에 맞서 이를 격퇴하고 오늘의 대한민국이 있게 된 데에는 전쟁 시기 국제사회의 참전과 지원이 있었다는 점을 바탕에 두고 있다. 한국전쟁 발발 이틀 후인 1950년 6월 27일 유엔 안보리에서 한국에 군사원조를 골자로 하는 결의안이 통과되자 16개국이 병력을 지원하였고, 5개국이 의료 지원을, 39개국이 물자 및 재정을 지원해주었다. 이제는 한국이 그동안 얻은 은혜를 갚는 차원에서 해외파병활동에 적극 나서야 한다는 것이다.

두 번째는 한국이 전쟁의 참화에서 벗어나 그동안 거둔 경제발전과 민주화의 성과 위에서 국제 평화와 안정에 적극 기여해야 한다는 주장이다. 사실 한국의 경제발전은 수출주도형이었기 때문에 세계무역에 의존했고, 민주화 과정에서도 국제사회의 관심과 지원에 힘입은 것이 사실이다. 따라서 한국이 전쟁의 참화에서 벗어나 개발도상국으로 발돋음 한 후 선진국 대열에 들어섰기 때문에 이제는 국제사회에 기여할 때라는 것이다. 그간의 성과와 경험을 바탕으로 평화와 발전이 절실한 세계 각지에서 평화유지활동을 전개하는 것은 선진국으로서의 품위와 국제적 위상을 높이는데도 유용하다는 것이다.

셋째, 해외파병활동의 확대를 법제화 하려는 정부는 이에 관한 국민들의 지지가 높다고 보았다. 정부는 2016년 '해외파병에 대한 국민

---

8 이하 국방부(2016) 참조.

인식 설문조사'를 실시한 바 있는데,[9] 그 결과 성인의 74.1%가 군의 해외파병활동에 대해 찬성하는 것으로 나타났다. 이어 해외파병의 장점에 대한 설문에서는 유사시 국제사회의 자원 접근 용이(85.6%), 재외동포 보호 및 기업활동에 도움(84.7%), 경제적 이익(82.2%), 한국의 국제적 위상 제고(83.0%), 한국군의 실전 경험 축적(79.9%) 등이 높게 평가되었다. 그 반대로 해외파병의 단점에 관한 설문에서는 파병 장병의 희생 우려(78%), 국내정치적 분열(45.6%), 경제적 부담(52.8%), 북한 위협에 대한 대응전력 약화(30.9%) 등으로 나타났다.

정부는 이런 설문조사 결과를 바탕으로 새로운 해외파병활동의 법제화를 주장하고 있는데, 위 설문조사 결과를 아전인수 격으로 해석한다는 비판을 살 수도 있다. 왜냐하면 해외파병의 단점에 관한 국민들의 우려를 어떻게 극복할지에 관해서는 뚜렷한 방안을 제시하지 못하고 있기 때문이다. 또 하나는 베트남, 아프가니스탄, 이라크 파병을 비롯한 한국군 파병의 중심에 한미 동맹관계가 자리하고 있다는 사실과 관련된다.

한미 동맹관계는 그동안 대북 억지를 주 임무로 설정해 한반도의 안정에 주력해왔다. 그러나 냉전 해체와 국제분쟁 유형의 다변화 등을 배경으로 미군은 주한미군이 미국의 세계안보전략에 유연하게 반응할 수 있도록 그 위상과 역할 전환을 모색하기 시작했다. 그런 움직임이 공식화 된 계기가 9·11테러 사건이있고 그 주역이 럼즈펠드 국방장관이었다. 세계분쟁지역 각지의 미군이 능동적이고 유연하게 대응

---

[9] 이 설문은 2016년 7월 21-24일 ㈜한국리서치가 조사했는데 조사대상은 전국 만19세 이상 성인 남녀 1,000명, 조사방법은 유·무선 전화조사, 응답률은 12.6%, 표집오차는 95% 신뢰수준에서 ±3.1%p였다. 위의 책, pp.26-27.

해 미국의 우위와 이익을 극대화하기 위함이다. 해외주둔 미군의 경량화, 유연화, 기동화를 모토로 하는 럼즈펠드 독트린은 9·11테러 직후 아프가니스탄과 이라크 공격으로 구체화 되었다. 이때 주한미군의 일부가 이라크에 파견되었다 귀환했다는 점은 공공연한 비밀이다.

부시 정부의 반테러전쟁이 전개되는 시기, 한미 간에도 주한미군의 전략적 유연성이 논의되면서 한미 동맹관계의 성격 변화가 일어났다. 북핵문제의 평화적 해결을 제일 외교안보정책 목표로 한 노무현 정부는 주한미군의 대북억지 기능 완화와 전략적 유연성 강화를 위한 미군기지의 통폐합에 동의하였다. 물론 이 기간 노무현 정부는 한국군의 전시작전권 반환과 북핵문제 해결에 상응하는 한반도 평화체제 구축 구상에 대해 미국으로부터 지지를 얻고자 힘써 종전선언 검토와 같은 공감을 획득하기도 했다. 다른 한편, 한미 정상은 2003년 이후 동맹관계의 지역화·세계화, 가치동맹으로의 발전 등을 추진해나간다. 2005년 11월 17일 경주에서 열린 한미 정상회담에서 노무현 대통령과 부시 대통령은 '한미동맹과 한반도 평화에 관한 공동선언'을 채택하는데 (부록4 참조), 여기서 "양 정상은 한미동맹이 위협에의 대처뿐만 아니라 아시아와 세계에서 민주주의, 시장경제, 자유 및 인권이라는 공동의 가치 증진을 위해 있다는데 동의하였"고, "한미관계가 포괄적이고 역동적이며 호혜적인 동맹관계로 지속적으로 발전하고 있다"[10]고 평가하고 양국의 동맹관계가 "양자, 지역 및 범세계적인 상호관심 사안"

---

10   이 사항은 2003년 5월14일 워싱턴에서 개최된 한미 정상회담에서 합의한 바를 재확인한 것이다.

을 협의하는 대화체[11]를 개최하기로 합의했다. '한미동맹의 세계화'는 이후 일련의 한미 정상회담들에서 재확인되고 더 진척되어간다. 그 경험적 근거가 김대중, 노무현 정부의 아프가니스탄 및 이라크 파병이었다. 한미 정상간 이런 논의 흐름 속에서 이 시기 국회에서는 해외파병 상비군 창설 및 국회동의 요건 완화를 담은 국군의 해외파견법 제정 움직임이 일어났다.

한편, 기존 남북 합의 파기를 포함해 대북정책의 전면 전환을 전개한 이명박 정부 들어서는 한미 동맹관계의 세계화가 더욱 뚜렷해진다. 2009년 6월 16일 이명박 대통령과 오바마 대통령은 '한미 동맹을 위한 공동비전'을 채택하는데, 거기서 두 정상은 "우리는 공동의 가치와 상호 신뢰에 기반한 양자, 지역, 범세계적 범주의 포괄적인 전략동맹을 구축해 나갈 것이다."고 밝혔다. 이는 이라크 전쟁에서 한국군의 대규모 파병에 대한 평가를 바탕으로 하고 있다. 위 공동비전에서 두 정상은 "한미 동맹은 이라크와 아프간에서 이루어지고 있는 것과 같이 평화유지와 전후 안정화, 그리고 개발 원조에 있어 공조를 제고할 것이다."고 언급했다. 아래에서 보겠지만 이명박 정부 들어 군의 해외파견 확대를 법제화 하려는 움직임은 더욱 활발해졌다. 국방부측은 이러한 한미 간 동맹관계의 확대 움직임을 "포괄적 전략동맹 구축"으로 환영한 반면, 우려하는 측에서는 미국의 세계분쟁전략에 하위 동맹국인 한국이 연루되는 동맹의 안보딜레마 alliance dilemma of entrapment를 지적하였다.

---

11 한미정상 공동선언(경주 정상회담)에서 한미 정상은 '동맹 동반자관계를 위한 전략협의체'를 개최하는데 합의한다.

정부는 해외파병활동 확대의 법제화를 추진하면서 그 주요 대상으로 '다국적군 평화활동'을 거론해왔다. 이런 추상적인 표현은 사실상 미군의 세계군사전략에 유연하게 동참하는 의미가 포함되어 있다. 정부는 '다국적군 평화활동'이란 표현을 쓰면서 한국군의 해외파병활동의 확대가 한미 동맹관계의 확대와 어떤 관련성이 있는지에 관해서는 애써 피하고 있다. 이런 점들이 평화운동진영으로부터 집중적인 의혹을 받는 부분이다.

정부는 이와 같은 배경 하에서 해외파병활동의 확대를 법제화 하는 법률 제정을 추진해왔다. 16대 국회에서 '평화유지활동 목적의 해외파병을 위한 상비군 창설 법안'(2003년 6월, 김용학 의원 등 발의), 17대 국회에서 '국군부대의 국제연합 평화유지활동 파견에 관한 법률안(2005년 9월, 김명자 의원 등 발의)과 18대 국회에서 '국군부대의 해외파견 절차에 관한 법률안'(2009년 9월, 김장수 의원 등 발의), '국군부대의 해외파견절차에 관한 법률안'(2009년 12월, 송영선 의원 등 발의) 등 관련 법안들이 발의되었으나 모두 국회 임기만료로 폐기되거나 철회되었다. 다만, '국제연합 평화유지활동 참여에 관한 법률안'(UN PKO법, 2009년 12월, 외교통상통일위원회안)이 통과돼 유엔 안보리 결의와 유엔 사무총장 임명에 의한 UN PKO 사령관 임명 등 엄격한 조건 하의 파병, 곧 UN PKO 파견은 법적 근거를 갖게 되었다. 그러나 2013년 시작된 19대 국회에서도 '국군의 해외파견활동 참여에 관한 법률안'(2013년 6월, 송영근 의원 등 발의)이 발의되어 국회 국방위원회 의결(2014년 12월)을 거쳐 법제사법위원회 계류 중에 임기만료 폐기되었다(2016년 5월 29일).

수 차례의 파병확대 법안 상정과 찬반 토론은 그만큼 논란이 치열함을 말해주고 있다. 주요 쟁점은 파병의 범위 확대와 그 요건의 완화 여부다. 이는 헌법상의 군에 대한 민주적 통제와 평화주의 원리의 구현과 직결되는 중대 이슈이다. 그럼에도 정부·여당은 그런 방향으로 군의 해외파견활동을 법제화 하는 노력을 계속 전개해 나간다. 가장 최근의 관련 법안 상정은 2016년 8월 25일 있었다. 김영우 의원 등 11명이 '국군의 해외파견활동에 관한 법률안'을 발의하여 11월 8일 국방위원회에 상정되었다. 이 법안의 제1조 및 제2조는 군의 파견 목적과 그 유형을 다음과 같이 제시하고 있다.

제1조(목적) 이 법은 국군의 해외파견활동에 참여하는 부대의 파견 및 철수 등에 관한 사항을 규정함으로써 국군 파견부대가 국제평화의 유지와 조성 및 국방교류협력의 증진 등에 기여함을 목적으로 한다.

제2조(정의) 이 법에서 사용하는 용어의 뜻은 다음과 같다.
1. "해외파견활동"이란 국군이 국제연합 안전보장이사회의 결의에 따라 다국적군에 소속되어 수행하는 평화유지 활동, 당해국가의 요청에 따라 비분쟁지역에 파견되어 수행하는 교육훈련이나 재난구호 등 교류협력 활동, 기타 국제연합 평화유지활동 외에 국군이 국제평화유지를 위하여 해외에 파견되어 수행하는 활동을 말한다.

위 법안은 16개 조항과 부칙으로 이루어져있다. 법안은 "국제법을 준수하고 침략전쟁을 부인하는 등 국제평화와 인류공영의 원칙을 준수"(법안 제3조)하는 원칙을 바탕으로, 군의 해외파견 및 연장 결정, 활동종료 요구, 활동 보고 등 여러 측면에 걸쳐 국회의 통제권을 적시하고 있다. UN PKO법과 비교할 때 이 법안의 특징은 파병의 범위를 유엔 평화유지군에서 다국적군 평화유지활동, 군사교류협력, 기타 등으로 확대하고 있고, 파병 요건과 관련해서는 유엔 안전보장이사회의 결의에 해당국의 요청과 한국정부의 판단을 추가해 크게 완화하고 있다는 점이다. 다만, 다국적군의 평화유지활동 근거를 유엔 안보리 '결의'로 한정하고 있다. 기존에 논란을 샀던 유엔 안보리 등 "국제사회의 지지와 결의" 같은 모호한 표현은 삭제되었다. 그럼에도 유엔 안보리의 결의를 얻은 후 군사활동의 지휘통제권을 유엔이 아니라 다국적군(혹은 그런 외양 아래서 특정 강대국) 사령관이 행사할 개연성이 있다. 이라크 전쟁에서 미군 주도의 다국적군이 점령 이후 안보리 결의를 얻어 활동을 계속한 것이 유사한 예이다.

이처럼 정부가 추진해온 국군의 해외파견활동 관련 법 제정 움직임은 그 활동의 범위 확대와 요건 완화를 요지로 하고 있다. 법안 명칭이 '평화유지활동'에서 '해외파견활동'으로 변경된 것은 이를 반영하고 있다. 참고로 UN PKO와 다국적군의 차이에 관해 국회 국방위원회 전문위원실에서 정리한 자료를 소개한다.

표 8 UN PKO군과 다국적군의 비교

구 분	UN PKO군	다국적군(MNF) 활동
개념	UN(안보리) 임무지시(mandate)에 의거 UN이 직접 주도 * UN사무총장 책임 (UN DPKO에서 보좌)	UN(안보리) 임무지시(mandate)에 의거 또는 명분을 가지고 특정국가 또는 지역기구 주도 * 핵심이해당사국 주도로 창설 결정하되 안보리 결의로 승인받는 것이 관례
구성 근거	UN헌장 제1,5장 * 제1장 : UN의 목적은 국제평화와 안전유지 제5장 : 안보리는 필요시 임무수행에 필요한 보조기관 설치 가능	UN헌장 제8장 * UN의 목적과 원칙에 맞게 활동하는 한도 내에서 지역분쟁 해결 위한 권한 부여 (강제적 수단 사용시 안보리 사전승인 필요)
	당사국 동의 필요 * 안보리에 임무설치 요청	당사국 동의 필요 * 침략국의 동의는 불필요(예, 걸프전)

구분	UN PKO군	다국적군(MNF) 활동
임무	적대행위가 종료된 지역에 정전 감시, 평화협정 이행감시, 전후 복구 등 임무 수행 * 접수국 동의 필요 * 다국적군 창설을 주도하려는 국가가 없을 경우 적대행위 위험성이 있는 경우에도 예외적으로 유엔 평화유지군을 파견 하는 경우가 있음. (robust peace keeping)	침략행위 발생 또는 평화가 교란된 지역에서 평화 회복 임무 수행(peace enforcement) * 접수국 동의 불필요 * 평화가 회복된 지역이라도 뜻있는 국가들이 평화유지활동을 위해 다국적군 파병하는 경우도 빈번
유엔통제장치	유엔사무총장이 사령관을 임명하며, 안보리의 지침을 받아 작전 지휘권 행사	- 병력 공여국들이 자체 통제 체계수립 - 안보리는 임무범위 및 기한 재검토 기능을 통해 형식적 통제
지휘통제	UN안보리/사무총장(DPKO) → UN임무단(UN특별대표→PKF사령부)	다국적군 주도국/지역기구 → 다국적군 사령부
활동 유형/성격	• 예방적 전개(마케도니아 사전전개군), 인도적 지원(보스니아 유엔보호군), 평화유지(인파 정전감시단), 평화건설(동티모르 지원단) • 평화강제(소말리아 활동단)	• 대테러전(이라크,아프간): 평화강제의 성격 + 평화건설
	* 일반적으로 UN PKO 경우 중립적 입장에서 활동하는 것이 원칙인 반면, 다국적군(특히, 이라크/아프간)은 특정 적대 위협 존재(알카에다, 탈레반)	
무력사용 범위	자위목적으로만 무력사용	침략격퇴, 무력진압 등을 위한 적극적 무력 사용 가능
경비부담	UN 책임 * 병력공여국 선집행, UN 사후 경비보전	지역기구 / 해당국 책임

한국군 참여사례	• PKF : 아이티 단비부대: '0.2~ '12.12
	  레바논 동명부대: '07.7 ~ 현재
	• 정전감시단 : 인·파(9), 그루지아(2)
	• 지원단 : 라이베리아(2), 아프간(1), 수단(8), 네팔(3)
	• 참모 : UNIFIL(8)
	
	* 이라크, 아프간 경우에 비해 특정 위협사항은 없으나, 분쟁 당사자간 갈등 속에서 우발적/불특정 위협 상존
		• 동티모르: '99~ '03
		• 아프간 동의·다산부대: '02. 2~ '07. 12
		• 이라크 자이툰부대(659):
		  '04. 4 ~ '08.12
		• 소말리아 청해부대: '09. 3~현재
		• 아프간 오쉬노부대: '10. 6~ '14. 6
		
		* 아프간, 이라크 경우 대테러전 참여하에서 평화건설 활동에 치중

* 출처: 성석호, 「국군의 해외파견활동에 관한 법률안(김영우의원 대표 발의) 검토보고서」, 2016년 11월, pp.24-25. 국회 의안정보시스템(검색일: 2017년 2월 1일).

정부는 국군의 해외파견활동을 확대하는 법적 근거 마련의 필요성으로 국제분쟁 대응 및 국가 간 협력을 위한 우리 군의 역할 증대 외에도, 기존 UN PKO법에 다국적군 평화유지활동 및 국방교류협력활동이 포함되지 않은 점을 꼽는다. UN PKO법 제2조에 '국제연합 평화유지활동'을 "국제연합의 안전보장이사회가 채택한 결의에 따라 국제연합 사무총장이 임명하는 사령관의 지휘 하에 … 제반 활동을 말한다."고 밝히고, 이어 "다만, 개별 또는 집단의 국가가 국제연합의 승인을 받아 독립적으로 수행하는 평화유지 또는 그 밖의 군사적 활동은 포함하지 아니한다."고 밝히고 있다. 다시 말해 UN PKO법에는 한국군이 전개해온 다국적군 평화유지활동(예: 자이툰부대, 청해부대 등)과 국방교류협력(예: 아크부대)을 포함하지 않는다. 또 UN PKO법은 아프리카연합 등 지역기구와 협력하는 유형의 평화활동도 포함하지 않고 있어 국군의 다양한 해외파견활동을 보장하는 별도의 법안이 필요하다는 것이다.

위 '국군의 해외파견활동에 관한 법률안'은 UN PKO법이 적용되지 않는 세 가지 다른 유형의 해외파병 활동을 담고 있는데, 그것이 다국적군 파견활동, 국방교류협력활동, 기타 파견활동이다(법안 제2조). 정부는 독일의 '해외파병에 대한 의회 참여법' 제정(2005년) 사례와 해외파병법 제정에 우호적인 국민여론[12]을 제시하며 위 법안의 제정을 촉구해왔다. 정부는 위 해외파견법안이 국제평화의 원칙을 기본으로 하고 있고, 해외파병 절차를 명문화 하였고, 국회 통제를 강화하

---

[12] 앞의 설문조사(2016년 7월 21-24일 ㈜한국리서치 수행) 결과, 우리나라 성인의 76-79%가 다국적군 평화활동과 국방교류협력활동을 포함한 해외파병 법률 제정의 필요성을 인정한다고 나타났다.

여 파병의 민주적 정당성을 확보하고 있고, 무분별한 파병을 막기 위한 안전장치를 마련하였다고 홍보하고 있다. 정부는 또 국군의 해외파병을 확대하는 법 제정의 효과로 △ 국회 통제절차 마련, △ 법적 논란 해소, △ 국제협력 확대, △ 주변국들과의 관계 강화, △ 장병 권익의 법적 보장 등 5가지를 들고 있다.

이상 정부와 일부 국회의원들이 법제화를 추구해온 국군의 해외파견활동 확대 법안이 모두 같은 것은 아니었다. 일정 조건에서 파병을 전개한 후 국회의 사후 동의를 얻자는 방안이나 상설 파병부대를 설치하자는 안, 그리고 파병 요건의 국제법적 요건을 안보리 결의 외의 경우로 확대하자는 안들이 제시되기도 했다. 그러나 이들 방안은 헌법상의 군에 대한 문민통제와 평화주의 원리에 배치되고 자의적이고 무분별한 파병을 초래할 수 있다는 비판에 직면해 2016년 김영우 의원 대표 발의안에는 빠졌다. 이점은 그간의 파병 확대 법안을 둘러싼 논의의 성과라 할 수도 있다. 그렇지만 이들 법안에서 공통적인 점은 국군의 해외파견활동의 범위가 유엔군의 평화유지활동 참여에서 다국적군의 평화유지(?)활동, 비분쟁지역에서의 교류협력활동, 기타 활동으로 확대된 것이다. 앞에서는 이를 지지하는 측에서 밝히고 있는 배경과 필요성, 효과를 살펴보았다. 그렇지만 반대하는 측에서도 다양한 측면에서 입장을 제시하고 있다.

2017년 들어서도 정부는 해외 파병을 주요 안보외교정책 사안으로 다루고 있다. 국방부는 신년 업무보고에서 "4대 국방운영 중점"[13]의

---

13 4대 국방운영 중점은 △ 굳건한 국방태세 확립, △ 한미동맹 발전 및 국방 교류협력 강화, △ 미래지향적 국방역량 강화, △ 자랑스럽고 보람

하나인 굳건한 국방태세 확립 차원에서 "해외 파병 및 국제평화활동 확대·발전"을 언급하였다. 거기에는 12개국 1,100명의 해외파견 병력의 안정적 임무수행 지속과 함께 해외파병부대의 중장기 운용을 포함한 종합적 해외 파병정책을 발전시킬 의지도 담겨 있다. 그러나 위 법안을 검토한 국회 국방위원회 전문위원실은 △ 법안 제정을 둘러싸고 사회 내 의견 대립, △ 관련 부처인 국방부와 외교부의 입장 차이, △ 파견부대 임무와 지역에 관한 임의 변경의 문제(안 제11조 제3항) 등 적지 않은 문제점을 지적하고 있다.[14] 이 법안은 2016년 11월 8일 국회 국방위원회에 상정되었고, 이어 2017년 2월 22일 제349회 임시국회 제3차 법률안심사소위에서 논의하였으나 6월 10일 현재까지 계류되어 있다.

2) 파병 확대 반대

한편, 일부 정당 및 국회의원, 그리고 평화운동진영은 정부가 추진해온 적극적인 해외파견활동의 법제화 움직임에 반대하는 입장을 분명하게 밝히고 있다. 위에서 언급한 관련 법안들에 대한 이들의 비판을 살펴보자.

먼저, 17대 국회 들어서 국군의 해외파견 확대를 담은 법률이 제안되었는데, 2005년 9월 2일 김명자 의원 등 34인이 발의한 '국군부대의

있는 군 복무여건 조성 등이다. 국방부·통일부·외교부·국가보훈처, 「2017 정부 업무보고」, 2017년 1월 4일. http://plan.mnd.go.kr/2017/designer/images/2017/2017planmnd.pdf(검색일: 2017년 1월 11일).

14 성석호(2016) 참조.

국제연합 평화유지활동 파견에 관한 법률안'도 그 중 하나다. 아래는 법안의 주요내용이다.

○ 정부가 국제연합 평화유지활동을 위하여 군부대를 파견하고자 하는 경우 사전에 국회의 동의를 얻도록 하되, 국회의 동의를 기다릴 수 없는 급박한 사유가 있을 경우 파견부대 규모 300명 이하에 한하여 국회에 통보한 후 파견할 수 있음. 국회가 통보를 받은 날부터 5개월 이내에 의결에 의해 다른 의사표시를 하지 않을 때에는 파병에 동의한 것으로 본다(**안 제3조**).
○ 정부가 파견된 군부대의 파견기간을 연장하고자 하는 때에는 그 기간·사유 등을 명시하여 미리 국회의 동의를 얻도록 하되, 다만 파견부대의 규모가 100명 이하인 분쟁지역의 경우에는 그 연장기간이 3년을 초과하지 않는 범위 내에서 국회의 동의를 요하지 않는 것으로 한다(**안 제4조**).
○ 국방부장관은 평화유지활동에의 신속한 참여와 효과적 활동을 위하여 특정 군부대의 전부 또는 일부를 평화유지활동을 위한 부대(이하 이 조에서 "평화유지활동부대"라 한다)로 지정할 수 있다(**안 제7조**).

위 법안에 대해 파병반대운동을 주도해온 국민행동측은 2005년 10월 13일 오전 국회 앞에서 '국회 동의 없이 국군 해외파병 추진하는 PKO법안 폐기촉구 기자회견'을 열었다. 이들은 기자회견문을 발표해 위 PKO법안을 "백지수표 파병법", "자동 파병법"이라고 강력히 비판했다. PKO 법안이 제정 이유로 들고 있는 파병 요건의 완화와 상설 부대의 설치 필요성을 거론한 것은 헌법 제50조 2항에 규정된 국회의 동의권을 제한하겠다는 위헌적인 발상이라고 주장했다. 국민행동측은 특

히 법안 제3, 제4조는 해외파병에 대해 행정부에 "백지수표"를 주는 것이라고 강조했다.[15]

국민행동은 또 기자회견문에서 유엔 PKO는 금과옥조가 아니고 오·남용의 사례가 적지 않다는 점을 지적하며 이라크 전쟁 사례를 거론했다. "이라크전 이후 유엔은 미국의 이른바 '대테러전쟁'의 뒷수습에 동원되어 유엔 회원국들이 반대한 이라크 침공 후 점령을 정당화하는 결의안을 두 차례에 걸쳐 통과시킴으로써 스스로의 권위를 실추시킨 바 있다."고 주장했다. 그래서 이들은 PKO 활동의 성과를 보장하려면 PKO 참여 기준을 엄격히 적용하고 사례별로 검토한 뒤 국회와 국민의 동의를 받는 것이 필수적이라고 말했다.

2008년부터 시작한 제18대 국회 들어서는 평화유지활동 관련 파병 법안들이 5개나 발의될 정도로 이 사안에 대한 관심이 커졌다. 이라크 파병 병력의 철수 이후 한국이 국제사회의 평화유지활동에 효율적이고 지속적으로 참여할 필요성이 높아졌다는 것이 파병법 제정 지지론자들의 설명이다. 2009년 2월 들어 정부와 한나라당은 당정실무회의에서 일정 규모 이하의 PKO 파병에 대해서 1년 단위로 미리 국회의 동의를 받아놓은 뒤, 파병해 임무를 수행한 후에 국회에 보고하도록 하겠다는 요지의 법안을 제정하기로 했다. 이에 대해 파병반대운동의 주축이었던 참여연대는 "사실상 정부와 여당은 헌법에 규정된 국군 파병에 관한 국회 사전 동의권을 사문화시키면서까지 파병 절차를 용

---

15 이라크파병반대비상국민행동, "PKO법 제정 추진에 대한 파병반대국민행동의 입장," 2005년 10월 13일.

이하게 하겠다는 것이다."라고 비난했다.[16] 그런 비판 여론에도 불구하고 정부·여당측은 PKO 활동을 확대하고 파병을 신속하게 전개한다는 취지의 파병 법안을 여러 개 발의해나갔다.

2009년 12월 29일 국회 본회의에서 '국제연합 평화유지활동 참여에 관한 법률안(UN PKO법)'이 제정되었다. 제284회 국회 제9차 외교통상통일위원회(2009.11.25)는 관련 두 건의 법률안[17]을 본회의에 부의하지 않기로 하고, 대신 법안심사소위원회가 마련한 대안을 위원회안으로 제안하기로 의결했다. 법안은 제안 이유에 "국제연합이 평화유지활동에 있어 신속성과 기동성을 중심으로 제도를 발전시키고 있는 점"을 들어 법안 제정의 취지를 뚜렷하게 밝히고 있다. 이 법은 아래 제2조에서 보듯이, 파병의 요건을 유엔 안보리 결의, UN 사무총장의 UN PKO 사령관 임명 등 엄격히 제한하고 있다. 주요내용은 아래와 같다.

제2조(정의) 이 법에서 사용하는 용어의 정의는 다음과 같다.
1. "국제연합 평화유지활동"(이하 "평화유지활동"이라 한다)이라 함은 국제연합의 안전보장이사회가 채택한 결의에 따라 국제연합 사무총장이 임명하는 사령관의 지휘 하에 국제연합의 재정부담으로 특정 국가(또는 지역)내에서 수행되는 평화협정 이행 지원, 정전 감시, 치안 및 안

---

16 참여연대, "PKO 신속파병법, 유엔결의로 국회동의권 대체하자는 것인가," 2009년 2월 24일.
17 두 건의 법률안은 2008년 12월 1일 김무성 의원이 대표 발의한 '국제연합 평화유지활동 참여에 관한 법률안'과 2009년 4월 8일 송민순 의원이 대표 발의한 '국제연합 평화유지활동 파견절차법안'을 말한다.

정 유지, 선거 지원, 인도적 구호, 복구·재건 및 개발 지원 등을 비롯한 제반 활동을 말하며, 개별 또는 집단의 국가가 국제연합의 승인을 받아 독립적으로 수행하는 평화유지 또는 그 밖에 군사적 활동은 포함하지 아니한다.

제3조(상비부대의 설치 운영) ① 정부는 평화유지활동에의 참여를 위하여 상시적으로 해외파견을 준비하는 국군부대(이하 "상비부대"라 한다)를 설치 운영할 수 있다.

제6조(국군부대 파견의 국회 동의)
① 정부가 평화유지활동 참여를 위하여 국군부대를 해외에 파견하고자 할 때에는 사전에 국회의 동의를 받아야 한다.
③ 정부는 병력 규모 1천 명 범위(이미 파견한 병력규모를 포함)에서 다음 각 호의 요건을 모두 충족하는 평화유지활동에 국군부대를 파견하기 위하여 제2항의 사항에 관하여 국제연합과 잠정적으로 합의할 수 있다.
  1. 해당 평화유지활동이 접수국의 동의를 받은 경우
  2. 파견기간이 1년 이내인 경우
  3. 인도적 지원, 재건 지원 등 비군사적 임무를 수행하거나, 임무 수행 중 전투행위와의 직접적인 연계 또는 무력사용의 가능성이 낮다고 판단하는 경우
  4. 국제연합이 신속한 파견을 요청하는 경우

위 법안이 국회 외교통상통일위원회의 의결 후 국회 법제사법위원회에 계류 중인 상태에서 참여연대가 의견서를 국회에 제출하였다. 참여연대는 "PKO 법안이 유엔의 평화유지활동의 다양한 측면과 조건에 대한 종합적 고려는 없이 비본질적 요소인 신속성과 기동성만을 강조하면서, 국회의 헌법적 권리이자 의무인 파병 사전 동의권을 훼손하는 신속파견 절차와 전담부대 신설을 주요 골자로 하기 때문에 PKO 법

안은 폐기되어야 한다."고 주장했다.

참여연대가 위 법안에 관해 국회에 제출한 의견서의 요지는 크게 세 부분으로 구성된다. 첫째는 1,000명 이내 PKO 파병 '잠정합의' 조항이 3권분립 원칙을 훼손하고, 행정부에 과도한 재량권을 부여하고, 1,000명 이내의 PKO 파병은 사실상 모든 PKO 파병이라고 하면서 위헌적이라고 주장했다. 둘째는 상비부대 설립에 관한 문제이다. 참여연대측은 주요 PKO 파병국 중 상비부대를 설치한 나라가 거의 없다고 지적하고,[18] PKO 전담부대는 해외파병 전반에 대한 국민과 국회의 통제력을 크게 약화시킬 우려가 있다고 주장했다. 셋째는 PKO 만능론에 대한 지적이다. 참여연대는 평화유지활동에서 갈등예방 정책과 개발·지원정책이 우선이고 PKO군의 활동은 중재행위의 최후수단이라고 말한다. 공적개발원조^{ODA} 상의 공여 순위와 PKO 파병규모 순위는 반비례한다는 것이다.[19] 그럼에도 위 법안이 유엔 평화유지활동을 안보리의 결의와 유엔 사무총장의 PKO 사령관 임명, 전후 안정화 임무 등으로 엄격히 한정해 제정한 것까지 무시할 수 있는지는 의문이다. 위와 같은 참여연대의 입장은 모든 폭력수단을 부정하는 절대적 평화주의 시각에 가깝다. 군의 해외파병 자체를 부정하는 듯한 시각은 냉전 해체 이후 세계가 항구적인 평화를 누리지 못하고 오히려 각종 지역분쟁과 내전에 직면해 평화유지활동의 필요성이 높아진 현실과는 거리

---

18 참여연대는 위 의견서에서 PKO 전담부대를 설치한 개별 국가는 러시아, 프랑스, 일본 단 3국가에 불과하다고 말한다.

19 참여연대 평화군축센터, "'국제연합 평화유지활동 참여에 관한 법률안'에 관한 2차 의견서", 2009년 12월 10일.

가 있는 태도라는 비판을 살 수 있다.

제19대 국회 들어서도 군의 평화유지활동, 해외파견에 관한 법률안이 세 건 발의되었다. 그중 2013년 6월 4일 송영근 의원 등 20인이 발의한 '국군의 해외파견활동 참여에 관한 법률안'과 그에 대한 평화운동단체의 반응을 살펴보자. 먼저 이 법률안의 주요내용이다.

- "해외파견활동"이란 군이 해외에 국회의 동의를 받아 파견되어 수행하는 활동 중 다음 각 목의 어느 하나에 해당하는 활동을 말함.
    - 가. 다국적군 파견활동: 국제연합 안전보장이사회가 채택한 결의 또는 국제사회의 지지와 결의에 따라 지역안보기구 또는 특정국가 주도로 구성된 다국적군에 소속되어 수행하는 분쟁해결·평화정착·재건 지원 등을 비롯한 제반 활동.
    - 나. 국방교류협력을 위한 파견활동: 특정 국가의 요청에 따라 비분쟁지역에 파견되어 수행하는 교육훈련, 인도적 지원 및 재난구호 등을 비롯한 제반 비전투 국방교류협력 활동(안 제2조).
- 정부가 파견부대의 파견기간을 연장하려면 미리 국회의 동의를 받아야 하고, 그 연장기간은 1년을 원칙으로 함(안 제8조).

위 법안은 국회의 파병 동의권을 적극 인정한다는 점에서 앞선 관련 법안들과는 차이를 보이다. 그럼에도 '해외파견활동'의 범위가 넓고 요건이 크게 완화되었다. 2013년 7월 28일, ODA Watch, 국제개발협력민간협의회, 참여연대 등 29개 평화·개발·시민사회단체들은 국회에서 위 법안의 폐기를 촉구하는 기자회견을 개최했다. 이들은 위와 같은 해외파병법안이 다국적군 파병, 상업적 목적의 파병 등 국군 해외파견의 범위를 대폭 확대하여 각종 위헌적인 파병을 정당화하는 법안이라고 규정하고, 무분별한 파병을 부추길 가능성이 높다는 점도 우려했다. 참가 단체들은 특히 파병을 포괄적으로 규정한 법안의 제2조를 집중 거론하며 그것은 "헌법에 명시된 국군의 기능을 명백히 넘어서는 것이며, 침략전쟁을 부인하는 헌법의 국제평화주의 정신을 훼손하는 것이다."고 비난했다. 위 기자회견 참석자들은 또 다국적군 파견 활동의 문제점을 언급하면서 이라크 파병을 거론했는데, "위험천만한 다국적군 참여를 파병의 한 종류로 명시하는 것은 이러한 과오를 또다시 되풀이하겠다는 것과 다름없다."고 주장했다. 또 비분쟁지역 파병과 관련해서는 "핵발전소 수출의 대가로 군대를 파병한 UAE 파병"을 거론하면서 그것은 "상업적 목적의 파병"이라고 지적했다.

파병확대 반대론자들은 또 2013년 말 이뤄진 필리핀 파병이 해외재난 발생 시 민관 합동 해외긴급구호협의회의 협의 및 결정으로, 필요한 경우 국방부를 비롯한 중앙행정기관에 긴급구호 지원을 요청할 수 있도록 한 기존의 '해외긴급구호에 관한 법률'과 중복된다고 지적했다. 보다 날카로운 지적은 법안에 명시된 '기타 파병'은 어떤 상황을 정의하는지 전혀 예측할 수 없으며, 범주가 불명확하기 때문에 얼마든지 자의적으로 해석될 수 있다는 점에서 대표적인 독소 조항이라는 평가다. 결론적으로 평화운동진영은 해외파병 규제완화 반대, 위헌적인 해외파병법안 즉시 폐기를 구호로 내걸었다.[20]

앞서 살펴본 국군의 해외파병 확대 법안들은 회기만료 등으로 모두 제정되지 못하였다. 법리적, 정치적인 면에서 문제가 적지 않고 여론

---

20 참여연대 평화군축센터, "보도자료: '국군 해외파견 법안' 폐기 촉구 공동 기자회견", 2015년 7월 28일; ODA Watch, 국제개발협력민간협의회, 국YMCA전국연맹 외 26개 단체, "법사위는 '해외파병 규제완화' 법안 폐기하라," 2015년 7월 28일.

수렴 및 지지도 폭넓다고 보기 어려웠기 때문이다. 무엇보다 현행 헌법 체계에서 파병의 요건을 완화하고 그 범위를 확대하는 것은 원천적인 한계를 안고 있다. 그럼에도 정부와 일부 국회의원들은 20대 국회 들어서도 관련 법안을 제정하려는 움직임을 계속하고 있는데, 위에서 살펴본 김영우 의원 등 11인이 2016년 8월 25일 발의한 '국군의 해외 파견활동에 관한 법률안'이 그 예이다.

위 법안은 기존 유사 법률들 가운데 있었던 신속한 배치와 효율적 활동을 명분으로 한 조항을 삭제해 국회 동의권을 해친다는 지적을 피하고 있다. 그리고 파병의 요건으로 유엔 안보리 결의 외의 모호한 경우도 빼고 있다. 그럼에도 파병활동의 범위를 포괄적으로 규정하고 있어 이에 관한 논란은 피하기 어렵다. 이 법안에 대한 평화운동진영들의 비판을 들어보자.

참여연대는 위 법안의 입법예고와 즈음해 2016년 8월 23일, 국방부에 법률 제정 반대 의견서를 제출했다. 참여연대는 구체적으로 9가지 사항을 법안의 문제점으로 지적했는데 아래는 그에 관한 주장이다.[21]

참여연대 측은 특히 법안 제2조에서 파병을 포괄적으로 정의하고 있는 것은 헌법 제5조 제2항에 명시된 국군의 기능(국가의 안전보장과 국토방위)을 명백히 넘어서는 것이라 주장했다. 그리고 법안 제2조에서 국군의 다국적군 참여 조건으로 제시하고 있는 "국제연합 안전보장이사회의 결의"에 관해 이라크, 아프가니스탄에서 미국 주도의 다국적군의 활동에 한국군이 참여한 사례를 들면서 다국적군 파병이 자동

---

21 참여연대 평화군축센터, "'국군의 해외파견활동에 관한 법률안' 입법예고에 대한 의견서", 2016년 8월 23일.

적으로 국제평화에 기여하지는 않는다고 주장했다. 또 법안 제2조가 포함하고 있는 비분쟁지역에서의 교육훈련의 문제도 지적하고 있는데, 이명박 정부때 추진한 UAE 파병을 거론하고 있다. 이들은 UAE 파병이 사실상 이명박 정부가 UAE에게 원전 수출의 대가로 제공한 일종의 군사원조로서, 국토방위에 헌신해야 할 국군을 상업적 목적으로 해외로 파견했다고 비판했다. 이후에도 참여연대는 위 법안을 "해외파병 규제완화 법안"이라고 규정하고 폐기를 촉구했다.[22]

이상 평화운동진영이 파병 확대를 반대하는 이유와 관련 움직임을 살펴보았다. 여기서 하나 짚고 넘어갈 점이 있는데, 그것은 파병 확대에 관한 찬반을 떠나 양측 모두 2000년대 들어 나타난 새로운 유형의 파병을 자기 논리의 근거로 삼고 있다는 사실이다. 파병 확대의 법제화를 지지하는 측은 유엔 평화유지활동 외에 다국적군의 평활유지활동과 비분쟁지역에서의 국방교류협력 등을 법적으로 보장해 국제적 기여와 한국의 지위 상승을 추구해야 한다고 주장한다. 그러나 반대하는 측은 이라크, 아프가니스탄, UAE 등지에 파견된 국군의 새로운 파견활동이 헌법을 위반하고 파병 현지의 평화에 기여하지 못했다고 비판한다.

요컨대, 평화운동진영의 반대 논리는 크게 네 가지로 구성된다. 첫째, 위와 같은 법안들에서 파병의 범위가 위헌적이고 반평화적인 우려를 살 정도로 포괄적이고, 둘째, 파병을 신속하게 전개한다는 명분 하에 법치주의와 문민통제 원리를 위반하고, 셋째, 그 과정에서 정부가 정치적 판단에 의해 파병을 자의적으로 결정할 개연성이 크고, 넷째, 무엇보다 국제평화에 기여하는 방법으로 경제적, 외교적 수단이 아니라 군

---

22 참여연대 평화군축센터, "국회는 위헌적인 국군해외파견법안 폐기하라", 2016년 11월 8일.

대 파견을 우선시 하는 군사주의적 사고가 근본 문제라는 것이다. 평화주의에 기반한 기여외교정책을 수립하라는 것이 이들의 기본 입장이다.

그렇다면 평화운동진영은 위와 같은 비판에만 그치는가? 이들은 평화주의적 기여외교를 파병 확대론에 대한 대안으로 제시하며 그 방향을 다음과 같이 제시하고 있다. 첫째, 국회는 기존 파병의 문제점을 직시하고 국회의 동의권을 침해하는 PKO 법안을 부결시키고, 둘째, 기존 파병 활동에 대한 평가와 정보공개에 기반해 국제분쟁 개입에 대한 한국의 원칙과 기준을 재정비하고, 셋째, 정부는 미국 등 강대국들이 주도하는 결의만 존중하거나, 정부정책을 정당화하기 위해 편의적으로 유엔 결의를 인용해온 관행 등 유엔에 대한 이중적 태도와 군대를 많이 빨리 보내는 것을 기여외교의 주요 지표로 삼는 군사주의적 태도를 폐기하고, 대신 분쟁예방정책 수립, 실질적인 원조와 인도 지원 제공, 갈등당사자 중재를 위한 평화중재외교를 선행해야 한다는 것이다. 이들은 또 국제적 기준에 미흡한 '국제개발협력기본법안'부터 제대로 손질하고 국제인도지원 및 구호전문요원을 육성하는데 우선순위를 두어야 한다고 주장한다.[23]

3. 파병정책의 전망

2016년 8월 25일 이후 제20대 국회에서는 '국군의 해외파견활동에 관한 법률안'이 계류되어 있다. 이전에도 파병 관련 법안들이 17대 국회

---

23 참여연대 평화군축센터, "'국제연합 평화유지활동 참여에 관한 법률안'에 관한 2차 의견서", p.13.

부터 계속해서 발의되어 왔으나, UN PKO법 제정(2009.12.29) 외에는 회기 만료로 자동 폐기되어 2017년 6월 현재까지 추가 법 제정이 이루어지지 않고 있다. 이는 기존의 파병 확대 법안들이 헌법과 평화주의에서 볼 때 적지 않은 문제가 있고 정치사회는 물론 시민사회로부터 폭넓은 공감을 얻지 못했음을 말해준다. 그럼에도 그간의 법안 발의와 국회 안팎에서의 소통을 통해 위헌적이고 반평화적인 조항들이 많이 제외된 점도 간과할 수 없을 것이다. 특정 조건에서 국회 동의 없는 파병(연장)안과 상시 파병부대 설치안[24]은 강력한 비판에 직면한 사항들이었는데 최근의 파병 법안에는 그런 조항은 찾아보기 어렵다. 또한 그간의 파병 확대 법 제정 논쟁은 한국이 국제사회로부터 도움을 받아 온 입장에서 앞으로 국제사회에 기여하는 건설적인 방법이 무엇인지를 고민하는 계기를 넓혀주었다.

국군의 해외파견 확대 법안을 지지하는 측은 파병정책에 있어서 법치는 물론 예측가능성, 효율성, 그리고 국제적 기여 등을 그 이유로 제시하고 있다. 반면, 반대하는 측은 무분별한 파병 가능성에 대한 우려를 제기하며 민간의 역할 확대를 통한 국제적 기여를 내세운다. 제20대 국회에 계류되어 있는 파병 법안은 파병에 관한 국회의 동의권을 강조하고 있어 법치의 측면에서는 기존의 논란을 많이 불식시켜주고 있다. 그에 비해 파병의 범위가 유엔 평화유지활동에서 벗어나 다국적

---

24 정부는 파병소요 발생시 즉각 파병 가능한 태세를 유지하기 위해 2009년 12월부터 3,000명 규모의 파병상비부대를 지정 운영해오고 있는데, 이는 2009년 12월 29일 제정된 '국제연합 평화유지활동 참여에 관한 법률' 제3조(상비부대의 설치 운영)에 근거한 것이다.

군의 활동, 국방교류협력, 기타 등으로 확대하는 점은 여전한 쟁점이다.

파병 확대의 법제화를 포함해 한국의 파병정책을 전망함 있어서 이 문제가 놓인 상황을 직시하는 것과 단기적인 변수를 살펴보는 일이 유용할 것이다.

파병정책을 둘러싼 현 상황 중 국제적 차원을 잠시 살펴보자. 현재 유엔이 전개하는 평화유지활동은 16개 국가(혹은 지역)에서 122,000여 명이 참여하고 있다. 물론 UN PKO가 분쟁지역의 전후 평화를 완전하게 보장하는 것도 아니고, UN PKO 정책의 개혁과 참여 군인의 자질 문제도 있다.[25] 여기에 유엔 안보리의 결의 유무를 떠나 특정 강대국 주도의 다국적군의 활동 사례들이 더해진다. 이 경우 유엔을 비롯한 국제사회의 실질적 통제가 어렵고 당사국의 동의 여부도 존중되기 어렵다. 평화유지활동의 필요성은 높아가고 있는데, 거기에 부응하는 활동이 유엔의 권위와 국제사회의 공감대가 항상 부여되지 않을 수 있고, 또 평화유지활동이 평화적 수단으로만 한정되지 않는 것도 사실이다. 파병의 범위를 확대하려는 측은 이런 현실을 직시하고 국제적 기여와 국가이익을 병행 추구할 수 있다고 판단하고 있다. 그러나 반대하는 측은 다국적군 활동에의 참여나 국방교류 명목의 파병, 특히

---

25 서보혁, "유엔 평화유지군," 네이버캐스트 세계평화인물열전 시리즈, 2016년 4월 14일. http://navercast.naver.com/contents.nhn?rid=134&contents_id=113117(검색일: 2017년 1월 15일); "AP Report Documents Child Sexual Abuse By U.N. Peacekeepers In Haiti," npr, April 13, 2017. http://www.npr.org/2017/04/13/523804480/ap-report-documents-child-sexual-abuse-by-u-n-peacekeepers-in-haiti(검색일: 2017년 5월 3일).

기타 파병은 국제적 기여를 명목으로 한 특정 국가이익(혹은 정권이익)을 추구하는 것이고 그 과정에서 비민주적인 결정과 반평화적인 결과를 초래할 수도 있다고 우려한다.

파병을 둘러싼 대내적 상황, 곧 한국의 상황도 살펴보자. 한국의 경우도 2000년대 들어 파병 유형이 다변화 되어가고 있다. 1990년대까지는 파병 횟수도 적었지만 베트남전과 1차 걸프전 파병을 제외하면 모두 UN PKO 파병이었다. 그런데 2000년대 들어서서는 UN PKO는 네팔, 수단 다푸르, 레바논, 남수단, 서부 사하라 등이 있었고, 그 외는 이라크, 소말리아, UAE, 필리핀, 시에라레온, 코트디부아르 등 다국적군 파병이나 국방 교류협력 유형의 파견이었다. UN PKO 외의 파병이 많아진 것이다. 2000년대 들어 나타난 파병법 제정 움직임은 이렇게 다변화 된 한국군의 파병을 모두 법적으로 보장하자는 취지이다. 그렇지 않으면 국내외적 차원에서 PKO 확대 추세를 한국의 법제도가 따라가지 못해 밖으로는 국제적 기여에 관한 한국의 의지를 의심받을 수 있고, 안으로는 파행적인 파병이나 소모적인 파병 논란이 지속될 것이라는 우려가 일어날 수 있다.

그러나 국내적 상황에서 파병 확대를 법제화 하는 일은 간단하지 않다. 국내적 차원에서 파병 확대의 법제화를 제약하는 요인은 평화운동진영의 반대만이 아니다. 사실 이늘의 파병반대 논리도 평화주의의 두 가지 노선, 즉 모든 폭력을 반대하는 입장과 침략에 대한 방어에 한정된 군사활동은 인정하는 입장을 반영하고 있다. 절대적 평화주의 pacifism는 파병 그 자체를 반대하는데 비해, 제한적 평화주의 pacificism는 UN PKO는 인정할 수도 있다. 물론, 2009년 UN PKO법 제정 당시 평화진영이 그에 반대한 것이 사실인데, 그렇다고 당시 절대적 평화주의가 우세했다고 말하기는 힘들다. 그보다는 이라크 파병 이후 파병에 대한 강력한 불신이 더 크게 작용했을 것이다. 그럼에도 현재 평화운동진영은 UN PKO 외의 파병을 법제화 하는 것에 반대하는 데 한 목소리를 내고 있다. 이들은 이라크와 UAE, 필리핀에 파병한 사례들을 거론하면서 그것을 평화유지활동이 아니라 한미동맹 강화, 파병 현지 권위주의 정부 지원, 그리고 군 조직의 이익을 좇는 것이라고 비판한다. 특히 "기타 국제연합 평화유지활동 외에 국군이 국제평화유지를 위하여 해외에 파견되어 수행하는 활동"[26]은 평화를 명분으로 군을 다른 목적에 무분별하게 이용하겠다는 공개 선언에 다름 아니라고 본다. 사실 특정 UN PKO 사례의 경우도 별다른 성과 없이 장기 주둔하는 것이 UN과 해당 PKO의 조직이익을 위한 것에 불과하다는 지적을 받기도 한다. 자이툰부대의 경우도 지역 안정화로 철군이 가능하다는 현지 당국의 판단이 있었지만 자이툰부대는 3년여 동안 더 주둔했다. 또 일부 여론은 정부가 밝히는 이라크에서의 한국군의 평화정착·재건지원 활동이 과대평가 되었다고 지적하기도 했다. 평화운동진영 일부는 국제평화를 위한 평화적 기여의 연장선상에서 UN PKO는 수용할 수도 있을 것이다. 그러나 대부분의 평화운동은 다국적군 활동을 포함한 그 외 파병은 정치적, 조직적 이익을 추구하는데 이용될 뿐 평화에 기여하지 않는다고 판단하고 있다.

다른 국내적 차원에서도 파병 확대의 법제화가 제약을 받을 수 있는데, 경제적 요소와 군사적 요소가 그것이다. 세계경제 침체가 장기

---

[26] 2016년 김영우 의원이 대표 발의한 '국군의 해외파견활동에 관한 법률안' 제2조 1항.

화 되는 국면에서 한국경제는 성장 동력 상실과 정치적 불안으로 난국에 처해있고 이런 상황은 단기적으로 극복되기 어려울 것이다. 이런 상황에서 파병에 막대한 비용과 미래 국가자원을 투입하는 것이 타당한가 하는 의문이 일어날 수 있다. 나아가 인구 절벽이 현실화 될 수 있다는 전망에 직면해서 앞으로 파병이 국제기여, 국가이익 등 어떤 명분에서든 그 명분을 달성하는 적절한 수단이 되기 어려울 수도 있다.

군사적 요소는 한반도 안정과 적정 군사력 확보, 그리고 한미 동맹관계 등 세 측면을 말한다. 이 경우에 있어서도 파병 확대 움직임은 부정적이라는 평가가 가능할 수 있다. 베트남, 이라크 파병시 한반도는 상대적인 차이가 있었지만 불안정했다. 특히, 베트남 파병의 경우 한반도는 제2의 전쟁 위험이 크게 우려되기까지 했다. 이라크 파병의 경우도 북한의 위협인식이 증가하였고 한국은 미국의 협조를 이끌어내기 위해 주요 사안들을 둘러싼 대미 안보협상에서 이익 극대화가 힘들었다. 다만, 한국의 평화 촉진자 역할과 남북관계 발전으로 불안정이 완화되었을 뿐이다. 이런 사례는 두 가지 측면에서 교훈을 주는데 첫째, 미국 주도의 다국적군 활동에 한국이 참여하는 식의 파병은 한반도 안정을 위협할 수 있다는 점이고, 둘째는 남북관계의 성격에 따라 파병이 한반도에 미칠 영향은 상대적으로 달라질 수 있다는 점이다. 물론 미국이 관여된 파병문제의 경우 미국의 입장과 한국의 입장이 대립하지 않고 호혜적인 방향으로 나아가도록 양국 간의 협력은 긴요하다.

적정 군사력 확보 문제에 있어서도 절대적인 인구 감소 추세와 지식정보 기반의 성장동력을 확보할 필요성을 감안할 때 파병을 확대하는 것은 유용하지 않다는 판단으로 이어질 수 있다. 국제적 기여와 국가이익을 조화시키고 그 효과를 배가시키는데 있어서 파병을 확대하는 방안과, UN PKO에 한정된 파병 및 민간인력을 병행 활용하는 방안의 효과를 비교 연구할 가치가 크다.

한미 동맹관계 측면에서도 파병은 도전적인 문제이다. 미국이 자국 주도의 다국적군 활동에 한국군의 파병을 요청할 때 이 책에서 다룬 두 사례처럼 한국은 불가피한 상황에 직면할 가능성이 크다. 국회의 반응과 국내여론을 최대한 활용해 윈셋을 조정하고 다양한 협상전술을 활용해 최적의 선택지를 정하는 지혜가 필요하다. 파병반대운동 진영은 동의하지 않겠지만, 노무현 정부의 이라크 추가파병 결정과정은 한미 간의 협력은 물론, 한국의 파병정책에 관한 여러 가지 교훈을 찾아낼 수 있는 경험적 자원으로 남아 있다.

그럼 한국의 파병정책을 전망하는데 부각되는 단기적인 변수는 무엇인가? 위에서 언급한 경제적, 군사적 요소도 있겠지만 뚜렷한 변수는 개헌 여부이다. 민주화의 산물인 87년 체제 수립 이후 헌법 개정은 한번도 이루어지지 않았다. 그러나 그동안 민주화의 진전과 사회의 다원주의화 추세, 세계화 등을 배경으로 개헌의 필요성은 권력구조 개편과 국민 기본권 확대 등의 측면에서 꾸준히 제기되어 왔다. 2017년 들어 국회에서 개헌 특별위원회가 가동되기 시작하여 개헌 여부를 넘어 그 내용과 시점에 관심이 쏠리고 있다. 5월 9일, '장미 대선'으로 등장한 문재인 정부는 2018년 6월 지자체 선거에서 개헌을 국민들에게 물을 것이라고 밝혔다. 만약 개헌 논의 과정에서 한국의 국제적 기여를 강화하고 그 연장선상에서 평화유지활동의 확대가 반영된다면 파병 확대의 법제화 움직임은 탄력을 받을 것이다. 그러나 그런 논의가 없거나 평화주의를 강조하고 파병 요건을 엄격히 할 경우 파병 확대의 법제화 움직임은 약화될 것이다.

2000년대 이후 한국 파병정책의 특징은 파병의 확대 추세와 그것을 제한하는 법제도 및 여론 사이의 불일치로 요약할 수 있다. 한반도 안보 상황과 국내외 경제가 불확실한 가운데 파병을 확대하려는 움직임이 논란의 대상에 오르는 것은 자연스러워 보인다. 헌법상 평화주의 원리와 군에 대한 민주적 통제 규정은 포기할 수 없는 민주국가의 근간이다. 그렇지만 국제 평화유지활동의 필요성은 높아지는데 파병 자체를 반대하는 시각도 문제가 없지는 않다. '평화적 수단에 의한 평화' 증진을 위한 방안을 도출하는데 군대의 파견 범위와 민간의 역할을 모두 올려놓고 열린 소통이 필요한 이유가 여기에 있다. 다만, 지금까지 나타난 바와 같이 파병 확대의 법제화 움직임과 그에 대한 반대의 형국이 계속된다면 한국은 세계평화와 국가이익을 조화시킬 기회를 놓칠 수도 있을 것이다.

VIII

결론

1. 요약과 평가

본문에서 다룬 한국군의 베트남전 및 이라크전 파병을 결정요인, 결정과정, 그리고 결과로 나누어 각각 요약·평가해보자.

먼저, 파병 결정요인에 관한 토론이다. 한국이 베트남전과 이라크전에 파병을 한 것은 각각 반공, 반테러리즘을 명분으로 하고 있지만 실제는 미국의 세계안보전략에 동참하며 이익을 추구한 것이었다. 세계 패권국가의 하위 파트너인 한국으로서는 미국의 파병 요청을 거부할 수 없었다. 두 전쟁 모두 미국이 일으킨 것으로서 '추악한 전쟁'으로 혹평을 받았다. 파병이 평화를 구한 것이 아니라 배반한 것이다.

그럼 한국의 입장에서 문제 많은 두 전쟁에 파병을 한 실질적인 이유는 무엇인가? 물론 베트남전과 이라크전에 개입한 한국 정부의 태도는 달랐다. 이승만 정부를 거쳐 박정희 정부는 베트남전에 먼저 파병 의사를 나타내기도 했다. 그에 비해 이라크 파병은 미국의 요청을 받은 한국이 자체 판단 끝에 '비전투병'을 보낸 것이었다. 그럼에도 불구하고 한국은 모두 파병했다. 한국이 두 전쟁에 파병한 명분은 모두 구두선口頭禪에 불과했고, 실제 목표는 한국의 국가이익과 정권이익을 획득하기 위해서였다. 베트남 파병의 경우 국익이란 북한의 남침에 대비하는 주한미군의 계속 주둔과 미국의 한국군 현대화 지원을 말하고, 정권이익은 그런 미국의 지원을 박정희 정권의 장기집권을 위한 정치적 경제적 수단으로 삼은 것을 말한다. 이라크 파병의 경우 국익이란 미국의 파병 요청에 응함으로써 한국의 당면 목표인 북핵문제의 평화적 해결에 미국의 협조를 이끌어내는 것을 말한다. 그런데 박정희 정권과 달리 노무현 정권의 정치적 이익은 특별한 것이 없었다. 오히려 그 반대로 정치적 지지 기반을 크게 상실하는 결과를 초래했을 뿐이다. 이를 요약하면 두 사례에서 다같이 파병이 이루어진 것은 대외적 요인, 특히 한미 동맹관계로 설명 가능하고, 파병의 성격이 다른 점은 정권의 속성과 정치체제의 차이와 같은 대내적 요인으로 설명할 수 있다.

그럼 지금까지 한국이 군대를 해외에 파견한 모든 사례를 위와 같이 설명할 수 있을까? 적어도 파병 목적을 놓고 볼 때 지금까지 한국의 해외 파병은 대외적 요소만이 아니라 대내적 요소도 작용하였음을 알 수 있다. 제Ⅶ부에서 살펴보았듯이, 한국군의 해외파견 사례들 중 유엔 안전보장이사회의 결의에 의해 수행되는 UN PKO 활동에 참여한 파병은 미국의 요청이 아니라 국제평화에 기여하겠다는 한국의 자체 판단에 따른 것이다. 그렇기 때문에 베트남전과 이라크전 파병 사례를 갖고 한국의 모든 파병정책이 모두 대외적 요인, 특히 미국의 요청에 따른 것이라고 판단하는 것은 일반화의 오류에 해당한다.

둘째, 파병 결정과정을 평가해보자. 이 책에서 견지하는 입장은 위기 상황에서 시간, 정보, 스트레스 등 합리적 결정을 억제하는 요소들이 작동하지만, 정책결정집단은 합리성의 훼손 가능성을 최대한 통제하며 기대효용을 극대화 하려 한다는 것이다. 한국의 베트남, 이라크 파병은 그런 상황에서 이루어졌고, 동맹의 상위 파트너인 미국이 압력에 맞서 한국 정부는 윈셋을 조정하며 파병의 대가를 극대화 하려고 힘썼다. 베트남 파병 결정과정, 특히 3-4차 전투병 파병 과정에서 한국 측의 윈셋은 컸는데, 그것은 베트남 전황 악화에 따른 미국의 절실한 파병 요청에도 불구하고 박정희 정부가 전투병 파병(자체가 아니라 그 규모와 시점)을 저울질 한 것에 기인한다. 이라크 파병의 경우도 한국의 윈셋은 작지 않았다. 물론 추가 파병 결정과정에서 한국은 미국의 전투병 파병 요구와 함께 국내의 격렬한 파병반대 여론에 직면해 윈셋이 1차 파병에 비해 줄어든 것이 사실이다. 그럼에도 노무현 정부는 이라크 현지상황 파악과 함께 파병반대 여론을 활용해 윈셋 조정, 단계적 협상전략 등을 통해 파병 시점, 위치, 무엇보다 파병 부대의 성격과 임무를 한국의 입장에서 풀어갔다. 그런 효과를 거둔 데는 노 대통령의 신중한 판단과 함께 NSC를 통한 체계적인 상황 통제 및 전략 기획 능력이 있었기 때문이다.

한국의 베트남, 이라크 파병 결정과정은 크게 두 축에서 평가할 수 있다. 하나는 비대칭적인 동맹관계라는 구조적 제약 속에서 상위 파트너이자 패권국인 미국의 파병 요구에 하위 파트너인 한국이 파병을 거부하기 힘들었다는 사실이다. 한국의 국가이익 혹은 정권이익은 파병을 전제한 상태에서 혹은 파병의 범위 내에서 추구할 성질이다. 파병은 피하기 어렵고 냉엄한 국제정치 현실 한 가운데서 결정되었다. 두 파병 사례에 관한 비교연구를 현상적인 차원에서 하다보면 이 점을 간과할 수 있다는 점에서, 파병의 국제정치적 동학에 관한 이해와 구조적 분석이 국내정치적 이해와 행태적 분석에 선행할 필요가 크다.

그럼에도 불구하고 두 사례에서 보듯이 파병의 성질은 정책 결정과정을 통해 큰 차이를 띨 수 있다는 사실도 주목할 만하다. 베트남전 파병은 국가이익과 정권이익을 동시에 추구한 박정희 정권의 적극적인 의지에 의해 대규모 장기(1964-1973) 전투병 파병으로 나타났다. 베트남 파병이 그렇게 이루어진 것은 이라크전 파병 시 전개된 정책 결정과정과 커다란 차이를 보인다. 파병 부대의 성격과 임무, 규모, 기간, 위치 등에 걸쳐서 말이다. 그런 차이를 개인, 정부, 역할, 사회, 정치체제 등 다양한 국내적 요소들의 상대적 비중으로 설명할 수 있고, 실제 그런 연구들이 있다. 다만, 베트남전 파병 시 한국정부의 윈셋이 컸다고 하지만, 그것을 파병 한국군의 임무와 규모, 시점 등 한국의 입장을 최대한 반영하는데 유용하게 활용했는지는 의문이다. 이는 제한적 합리성 하의 기대효용 극대화가 전개된 과정이 두 사례에서 달리 나타났음을 말해준다. 베트남 파병의 경우는 파병 군대의 많은 희생을 대가로 한국에 다각적인 이익을 제공했다면, 상대적으로 이라크 파병의 경우는 파병 군대의 희생을 억제하는데 치중한 나머지 국익 극대화가 제한적이었다고 볼 수 있다. 논쟁을 초래할 수 있는 이런 평가는 앞으로 본격적인 연구를 기다리고 있는 연구주제이기도 하다.

셋째, 파병의 결과를 상기해보자. 세 곳을 거론할 수 있다. 파병 현지, 한국사회, 그리고 한반도. 한국군은 베트남에 연 32만여 명이 파병돼 작전 중에 5천여 명이 사망했다. 호치민에 있는 베트남 전쟁박물관에는 한국군에 의한 베트남 민간인 학살이 8개 지역에 걸쳐 일어났다는 지도가 비치되어 있다. 실제는 물론이고 명분에서도 베트남 파병에는 평화가 존재하지 않았다. 한편, 파병으로 한국사회는 박정희 군사정권의 장기화, 곧 유신독재가 이루어졌다. 반공과 경제성장을 기치로 사회 전체가 군사화 되어 갔고 민주주의는 질식당했다. 베트남 파병은 또 북한의 오판을 초래해 일련의 대남 도발이 일어났고 그만큼 남북한 주민들은 한반도가 정전체제 하에 있음을 실감했다. 데탕트로 잠시 남북대화가 일어났지만 남북은 베트남 전쟁과 파병을 배경으로 대결을 이어갔다. 그에 비해 이라크 파병의 결과는 달랐다. 우선 이라크에 파병된 한국군이 실제 이라크군을 대상으로 한 전투에 연루되지 않았고 이라크 민간인들을 학살한 적은 더더욱 없었다. 전투로 인한 한국군의 피해는 1명도 없었고 비교적 안전한 지역에서 '평화정착·재건지원'

활동을 전개하였다. 물론 한국군의 이라크 파견은 미국의 침략전쟁에 동조한 원죄를 피할 수는 없지만, 적어도 파병 현지 민간인들과 신생 이라크 정부로부터 긍정적인 평가를 받기도 했다.

파병 현지의 반응과 더불어 한국사회와 한반도에서 파병이 미친 결과 면에서도 두 사례는 큰 차이를 보였다. 이라크 파병은 민주화 이후 탈권위주의를 공식 천명한 '참여정부' 하에서 이루어졌다. 그런 분위기 하에서 파병반대운동이 전국적으로 일어났고 정부는 국회는 물론, 시민사회와의 소통에도 나서지 않을 수 없었다. 파병 이후 한국사회는 군사화의 길만이 아니라 평화주의의 길도 있음을 발견하였다. 이라크 파병으로 한반도 안보 상황이 악화된 것이 아닌 점도 베트남 파병의 경우와 달랐다. 북핵문제의 평화적 해결을 위한 최소한의 조치로 비전투 부대 파병이 결정되었고 거기에 이라크 늪에 빠진 미국이 응하지 않을 수 없었던 것이다. 김대중 정부 이후 남북관계가 개선되는 흐름 속에서 이라크 파병이 전개되었기 때문에 파병으로 남북관계가 악화되지 않은 점도 기억할 만하다. 그러나 파병→ 미국의 협력과 북한의 호응→ 6자회담→ 북핵문제의 평화적 해결이란 식의 낙관적 도식이 그대로 나타나지 않았다는 점에 더 유념해야 할 것이다. 무엇보다 북한과 미국의 관계, 북한의 핵개발 정책의 복합적 성격으로 인해 한반도 안보 상황은 불확실성을 완전히 벗어나지 못했다. 그럼에도 불구하고 이라크 파병을 통해 북핵문제의 평화적 해결과 한반도 평화정착의 계기를 조성하고자 한 노무현 정부의 노력은 노 대통령 임기 마지막 해까지 이어져갔다. 베트남 파병과 이라크 파병의 결과는 이렇게 여러 측면에서 차이가 나타난다.

2. 평화주의적 파병의 길

그렇다면 파병은 그 자체로 찬반 결정을 내리기보다 경우에 따라 판단을 내릴 성질의 문제인가? 한국군의 베트남전 및 이라크전 개입 사례를 각각 파병을 찬성하고 반대하는 이념형$^{ideal\ type}$으로 간주할 만한가? 아니면 보다 나은 경우, 이를테면 평화주의적 파병은 가능한가?

본문에서 파병의 추세와 파병정책을 둘러싼 쟁점을 살펴보았다. 유엔 평화유지활동은 1948년부터 시작된 이래 130여 국가에서 1백만 명의 군인, 경찰, 민간인들이 참여했다. 냉전 해체 이후 PKO는 다변화 되어가는 추세다. 한국의 경우는 1990년대 들어 UN PKO에 참여하기 시작했고 2000년대 들어서는 다국적군 활동, 군사교류협력 등 그 폭이 넓어지는 추세를 보이고 있다. 요컨대 일국의 해외 파병이 UN PKO로 한정되지 않고 그 외의 형태로 확대되어 가는 양상이다.

파병 확대를 법적으로 보장하자는 측에서는 이런 추세를 받아들여 국제사회에 기여하고 국가 지위를 높이자고 주장한다. 반대하는 측에서는 UN PKO를 넘어서는 파병은 사실상 특정 강대국의 군사전략에 동조하는 것이거나 세계평화를 명분으로 자국의 이익(경우에 따라서는 정권이익)을 추구하는 처사라고 비판한다. 심지어 절대적 평화주의론자들은 UN PKO도 군대라는 점을 들어 PKO 자체에 근본적인 의문을 나타내기도 한다.

파병 확대 찬성론자들은 파병 확대 추세가 불가피하기 때문에 선의를 갖고 민주적 절차를 밟아 파병하면 소기의 목적을 달성할 수 있다고 낙관한다. 그렇지만 UN PKO를 넘어서 다국적군의 활동과 군사교류협력, 기타 파병 등을 법제화 하는 것은 적지 않은 문제를 안고 있는 것이 사실이다. 한국의 경우 다국적군 PKO는 아프가니스탄, 이라크 파병에서, 군사교류협력은 UAE 파병, 기타 파병은 필리핀 파병에서 각각 문제가 드러났다. 그 문제란 무엇보다 현행 헌법이 천명하고 있는 평화주의 원리와 군의 임무 범위를 벗어나고 있다는 비판에서 자유롭지 못하다. 물론 파병 확대 찬성론자들이 제안해온 일정 조건과 규모 하의 파병의 경우 국회의 사후 동의를 얻을 수 있다는 사항은 강력한 비판에 직면해 사라졌다. 말하자면 PKO가 지향하는 바가 국제평화에 기여하는 것이지만 기여외교의 방법이 주로 군대 파견인지에 관해서는 합리적인 의문이 드는 것이다. 이에 대해 파병 확대 찬성론자들은 충분히 답하지 못하고 있다.

그에 비해 파병 확대 반대론자들은 둘로 나눠지므로 한마디로 평가하기는 어렵다. 파병 자체를 반대하는 소위 절대적 평화주의론자들은 군이 행할 수 있는 비군사적 기능, 곧 평화적인 방식으로 치안, 건설, 민주화 지원 등과 같은 역할도 무시한다. 군은 본질적으로 폭력집단이라는 시각이 있기 때문이다. 물론 UN PKO 군대를 포함한 평화유지를 명분으로 주둔하는 각양의 군대가 성폭력, 구호품 전용 등의 문제를 일으킨다는 보도가 끊이지 않고 있다. 그럼에도 불구하고 UN PKO군이 수행해온 평화유지활동의 성과를 어떻게 대체할지는 깊은 논의가 필요하다. 다시 말해 절대적 평화주의론은 원칙적으로 틀린 것은 아니지만 현실적으로 필요한 대안을 제시하지 못하고 있다. 그에 비해 UN PKO의 개혁을 촉구하면서도 그 역할을 인정하는 파병 확대 반대론자들은 주로 UN PKO를 넘어서는 해외 파병에는 반대한다. 이들의 입장은 존재한 여러 선례는 물론 헌법, 한반도 안보 상황, 경제 동향, 인구 추세 등 여러 면에서 설득력이 크다. 이들의 입장은 또 기여외교의 목적을 분명히 하고 다양한 기여외교 수단을 적절히 배합하고,[1] 그 연장선상에서 UN PKO를 적정 수준에서 전개하는 것이 타당하다고 보는 것이다. 여기서 평화주의적 파병의 필요성과 가능성이 제기되는 것이다.

'평화주의적 파병'이란 무엇인가? 평화적 파병과는 어떻게 다른가? 평화주의적 파병이란 군의 해외 파견을 '평화적 수단에 의한 평화'를 구현하는 활동으로 정의할 수 있다. 즉 평화주의적 파병이란 목적과 수단, 두 측면이 모두 평화적인 파병을 말한다. 여기서 군대 자체가 전형적인 폭력집단인데 평화주의적 파병은 넌센스nonsense라는 입장은 논외로 한다. 평화는 폭력이 난무하는 곳에서 평화적 수단으로 일구어가는 희망이기 때문에, 경우에 따라서는 평화주의의 시각에서 비평화적 수단을 제한적으로 활용하는 지혜도 있을 수 있다.

평화주의적 파병은 이론이 아니라 실제이므로 구체적으로 그려볼 필요가 있다. 그 그림은 세 가지를 구성 요건으로 한다. 첫째, 수단이다. 평화유지군은 방어를 위한 최소한의 무기를 소지하는데 그친다. 탱크나 포를 보유할 필요가 없다. 오히려 군은 의료기기, 건설장비, 건강 및 스포츠 기술 등을 더 많이 갖추는 것이 낫다. 이렇게 군이 수단적 측면에서 비폭력적이지만, 만약 그 목적과 조건이 비평화적일 때는 평화주의적 파병이라 말할 수는 없다. 이런 경우는 평화적 파병이라 부를 수 있을 것이다.

둘째, 파병의 목적을 평화유지로 명백히 천명해야 한다. 파병된 군의 임무는 전투가 아니라 평화유지다. 평화유지군의 활동은 다양한 기

---

[1] 기여외교 수단에는 PKO 외에도 인도적 지원, 개발지원, 지식공유, 기술협력, 역량강화, 선거지원, 인사교류, 문화교류 등이 있다.

여 외교 정책을 촉진하고 그것들과 상호 조화를 이루어며 전개될 때 그 효과가 크다. 평화유지군은 수단만이 아니라 목적에서도 평화를 추구하고 이를 위해 공평성과 공정성을 갖춰야 한다. 관건은 평화유지군을 보낼 때 관련 당사자들 사이에서 합의를 형성하는 일이다.

셋째, 조건이다. 평화주의적 파병은 적어도 무력충돌이 벌어지는 상황에서는 이루어지지 않는다. 무력충돌 상황에서 특정 세력을 지지하거나 적대하는 방식의 개입은 반평화적인 개입에 다름 아니다. 무력충돌의 임시 중단 혹은 정전의 경우에도 특정 세력에 대한 찬반 입장은 허용되지 않는다. 공평성의 원칙에 위배된다. 다만 그런 경우에 충돌 재연을 막는 완충지대 설립이나 무장세력들 사이의 중재를 통한 평화만들기 peace making 활동은 유용하다. 평화주의적 파병은 이상 세 가지 요건을 모두 총족할 때 성립되는 것이다.

그럼 평화주의적 파병의 시각에서 기존 한국군의 파병 사례를 간략히 돌아보자. 베트남 파병은 수단, 목적, 조건 세 측면에서 평화주의적 파병이 아니다. 이라크 파병은 수단에서는 평화적 파병에 부합할는지 모르지만 목적과 조건 측면에서 하자가 큰 파병이었다. 미국의 침략전쟁에 동조한 것이 평화주의적 파병의 목적과 조건에 반하는 면이 작지 않았기 때문이다. UAE 파병은 목적 면에서 평화주의적 파병으로 보기 어렵다. 파병된 군의 활동이 UAE 권위주의 정부의 인권 탄압을 방조한 결과를 초래할 수 있기 때문이다. 필리핀 재난구조에 파병한 것은 그 자체로는 평화주의적 파병에 반한다고 말하기 어렵다. 실제 그 혜택을 본 현지 한국인 목회자는 한국군의 파견을 지지하였다. 다만, 그런 재난구조활동을 민간인력이 아니라 군이 주도한 점은 파병의 배경에 의문을 남기고 있다. 이와 달리 UN PKO에 파병

한 선례들은 평화주의적 파병에 해당한다. 그렇지만 그런 경우도 활동의 효과성 측면에서 많은 개혁 과제를 안고 있고,[2] 활동 주체가 군이 주류인 점도 검토의 대상이다. 그렇다면 평화주의적 파병을 대안적인 파병정책으로 구상한다면 이를 어떻게 공론화 해나갈 수 있을까?

대안적 파병에 관한 공론화는 기존 파병정책에 대한 성찰과 개혁을 전제로 하고, 그 방향을 평화주의적 파병으로 설정할 때 의미 있는 작업이 될 것이다. 대안적 파병에 관한 공론화 방향은 크게 두 축으로 접근하는 것이 타당하다. 파병 요건의 엄격성과 파병의 다변화가 그것이다. 평화주의적 파병을 위에서 논의한 세 측면-수단, 목적, 조건-에서 정의할 때 파병의 요건이 엄격해야 함은 당연한 논리적 귀결이다. 그 근거란 국내법과 국제법의 이중 규제를 말한다. 구체적으로 파병은 대한민국 헌법을 준수하고, 유엔 헌장에 바탕을 둔 안전보장이사회의 결의에 근거할 때 전개할 수 있다는 점이다. 기존 국군의 해외파병 유형에 견주어볼 때 앞으로 모든 군대의 해외 파견은 UN PKO 형태를 띨 것이다. 그러나 그 활동 내용은 기존의 형태로 국한되지는 않을 것이다.

위와 같이 파병을 엄격하게 근거 짓는다면 파병활동의 내용은 국제적 추세를 반영해 다변화 하는 것이 필요하다. 앞으로 해외파견 군대는 전후 평화유지활동은 물론 국가 회복, 민주정치 수립, 사회 인프라 재건, 그리고 각종 인간안보 증진을 위한 일에도 동참할 필요가 크다. 나아

---

2 Peter Nadin, *UN Security Council Reform* (New York, NY: Routledge, 2016); Andrea Ruggeri, Theodora-Ismene Gizelis, Han Dorussen, "Managing Mistrust: An Analysis of Cooperation with UN Peacekeeping in Africa," *The Journal of Conflict Resolution*, 57:3(2013), pp.387-409.

가 세계화 시대의 추세와 함께 비전통적 안보 위협의 증대가 초래할 인류 생존조건의 변화는 국제 평화유지활동의 다변화를 요청하고 있다. 특히, 기후변화에 따른 자연재해와 대규모 인권침해 가능성을 염두에 둘 때 UN PKO의 다변화는 충분히 예상되기 때문에 그에 대비하는 일은 이미 부상되어 있는 과제이다.

국제 평화유지활동 임무를 전담하는 권한은 현재 UN에 있지만, 그 권위와 능력에 한계가 있다. 그러므로 국제사회를 구성하는 국가와 비정부기구의 협력은 더욱 절실하다. 다만, 확대될 국제 평화유지활동은 군대만이 아니라 지식과 경험이 풍부한 민간인력의 폭넓은 참여를 장려하고 민-관-군 3자 간 협력의 방향으로 전개해가야 할 것이다. 그렇게 추진하려면 정책결정의 개방성, 책임성, 투명성, 효율성 등 소위 선정good governance 시스템을 확립하는 일도 대안적 파병정책, 곧 평화주의적 파병을 구현하는데 필수조건이다. 그렇게 함으로써 파병 확대를 둘러싼 찬반 논쟁을 지양할 수 있을 뿐만 아니라 보편가치와 국가이익을 조화시킬 수도 있을 것이다.

평화를 위한 파병은 가능한가? 역시 관건은 민주주의 아닐까.

부록

1. 월남지원을 위한 국군부대 증파에 관한 동의요청(1965년 8월 13일)

2. 브라운 각서(1966년 3월 4일)

3. 국군부대의 이라크 추가파견 동의안(2004년 2월 13일)

4. 한미정상 공동선언(2005년 11월 17일)

5. 이라크 파병반대 비상국민행동 발족선언문(2003년 9월 23일)

1

월남지원을 위한 국군부대 증파에 관한 동의 요청
(1965년 8월 13일, 국회 통과)

機密番號 58K

越南支援을爲한 國軍部隊
增派에 關한 同意要請

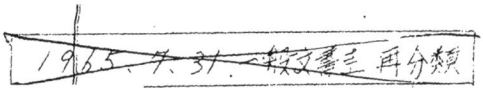
1965. 7. 31. 該文書로 再分類

國 防 部

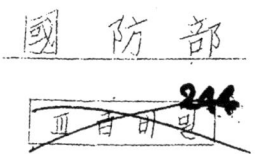

1. 同意主文

가. 對共鬪爭을 支援해 달라는 越南共和國政府의 戰鬪部隊 增派要請에 依하여 旣派遣된 2,600名以外에 追加的으로 國軍 1個 師團 및 必要한 支援部隊를 韓越兩國間에 協議 또는 大韓民國政府가 定하는 期間까지 越南에 派遣한다.

나. 上記部隊를 派遣하는데 따르는 所要經費는 追加 措置한다.

2. 同意要請의 理由

가. 大韓民國政府는 지난 1965年 6月 21日 越南共和國 首相으로 부터 1個 師團規模의 韓國軍戰鬪部隊를 增派해 달라는 要請을 別紙 1과 같이 接受하였고 또한 1965年 6月 26日 同一한 增派要請을 新生 越南共和國政府 "퀴" 首相으로 부터 別紙 2와 같이 再次 確認되었다.

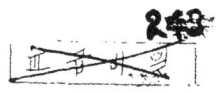

~~[대외비]~~

나. 共産主義 脅威에 對하여 設或間 말고 있는 越南의 軍事援助는 重大한 岐路에 놓여 있으며 自由越南에 對한 共産主義의 威脅은 東南亞 自由陣營은 勿論 우리나라의 安全保障에도 直接間接으로 큰 影響을 미치므로 共産主義侵略에 對抗하는 對共防衛力을 強化하며 越南의 安全을 回復하는데 貢獻함으로서 世紀史에 있어서 反共態勢를 鞏固하고 나아가서 世界平和에 寄與하고 同時에 6·25 當時 우리나라에 對한 自由陣營의 集團防衛努力에 報答하고 저 한다.

다. 越南共和國의 對共鬪爭을 援助하기 爲하여 早速한 時日內 國軍 1個師團 및 必要한 支援部隊를 派遣하고 저 한다.

3. 主要骨子
  가. 派遣內容.
    1965年 6月 21日 越南共和國首相은 1個師團規模의 韓國軍戰鬪部隊增派를 要請하여 왔음.
    1965年 6月 26日 新生越南共和國의 首相은 上記 戰鬪要請을 再次確認하였음 242

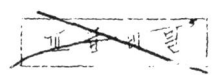

나. 文書內容:
    回旦 1個師團과 必要한 支援部隊를 派遣한다.

4. 參考事項

 가. 關係法令條文 : 憲法第4條, 第56條2項, 第36條
    2項.

 나. 豫算措置 :   遂后   措置.

 다. 合 意 : 經濟企劃院과 合意.

 라. 其 他 :
   (1) 65.6.14. 日字 越南共和國首相과 戰鬪部隊派遣
       請書. 別紙 1.
   (2) 65.6.23. 日字 越南共和國 키首相과 戰鬪部隊
       增派要請 再確認書. 別紙 2.

別紙 1.

大韓民國國務總理

丁 一 權 閣下

Saigon 1965. 6. 14.

　　閣下 本人은 越南共和國과 越南共和國軍을 代表하여 大韓民國政府에게 越南의 對共鬪爭을 援助하기 爲하여 1個戰鬪師團을 派遣하여 주실 것을 正式으로 要請하는 바입니다.

　　越南共和國國民은 大韓民國國民들이 本國에 提供하여 주신 高貴한 援助에 對하여 大統領 感謝하고 있습니다.

　　閣下께 最大의 敬意를 表하는 바입니다.

　　　　　　　　　　　　PHAN HUY QUAT
　　　　　　　　　　　越南共和國 首 相

240

別紙乙

發信: 越南 수上相하 NGUYEN CAO KY
受信: 大韓民國 國務總理 丁 一 權 閣下

閣下

　　本人은 越南共和國과 越南軍事委員會를 代表하여 本人의 前任者 PHAN HUY QUAT 博士가 首相의 資格으로서 1965. 6. 14 大韓民國政府에 正式으로 發送한 要請 即 對共鬪爭을 援助하기 爲해 韓國軍 1個師團鄰國 派遣要請書를 이에 確認하는 榮光을 갖입니다.

　　越南國民은 大韓民國이 提供하여 주신 高貴한 援助에 對해 韓國國民들에게 大端히 感謝하고 있읍니다.

　　閣下께 本人의 最大의 敬意를 表하는 바입니다.

싸이공. 1965. 6. 23.

2

브라운 각서(1966년 3월 4일 한국정부에 전달)

1966년 3월4일 이동원 외무부장관 귀하.

귀하는 대한민국 정부가 월남공화국 정부로부터 월남에 대한 한국군 전투부대 증파에 관한 요청을 접수했음을 본인에게 통고했습니다.

귀하는 또한 대한민국 정부가 한국의 헌법절차에 따라 국회의 승인을 얻는 대로 1개 연대의 전투부대를 4월에, 1개 사단병력을 7월에 각각 도착시키도록 하는 방식으로 월남정부서 요청 받은 원조를 월남정부에 제공키로 결정했다고 진술하였습니다.

본인은 대한민국정부가 월남전선을 한국의 안전보장과 직결된 한국의 제2전선이라고 생각하고 있기 때문에 대한민국이 그 같은 결정을 내린 것이라는 귀하의 설명에 유의했습니다.

미국정부는 월남에서 싸우고있는 자유세계군대에 대한 고도로 효과적인 기여를 다시 증강하려는 대한민국 정부의 결정을 충심으로 환영합니다. 본인은 한국의 안전과 발전에 대한 우리의 공동이익에 비추어 미국은 한국방위의 발전이 유지되고 강화되는 한편 한국의 경제적 발전이 더욱 증진되기 위하여 다음의 조치를 취할 용의가 있음을 말씀드릴 권한을 부여 받았습니다.

〈군사원조〉

① 한국에 있는 한국군의 현대화 계획을 위해 앞으로 수년동안에 걸쳐 상당량의 장비를 제공한다.

② 월남에 파견되는 추가 증파 병력에 필요한 장비를 제공하는 한편 증파에 따른 모든 추가적 원화 경비를 부담한다.

③ 월남에 파견되는 추가병력을 완전히 대치하게 될 보충병력을 장비하고 훈련하며 이에 따른 재정을 부담한다.

④ 한국의 대 간첩활동능력을 개선하기 위해 한미합동으로 연구한 결과에 따라 한-미 양국정부가 필요하다고 결정한 요구사항을 충족시키는데 기여한다.

⑤ 한국에서 탄약생산을 증가하기 위한 병기창 확장시설을 제공한다.

⑥ 한국이 전용할 통신시설을 제공할 것이며 그 구체적 사항은 서울과 사이공에 있는 한-미 양국관계 관에 의해 합의 될 것이다. 이 통신시설은 주월 한국군과의 통신을 위해 활용될 것이다.

⑦ 주월 한국군을 지원하기 위해 한국공군에 C-54산 항공기 4대를 제공한다.

⑧ 막사 및 독신 장교 숙사와 취사·식당·위생·오락시설 등 부대 복지를 위한 관련시설을 개선하는데 필요한 재원을 군사계획 잉여물자의 매각대금에서 제공한다.

⑨ 주월 한국군에 대하여 1966년 3월4일 비치장군 및 김성은 국방장관사이에 합의된 지급률에 따라 해외근무수당을 부담한다.

⑩ 월남서의 전·사상자에 대해 최근 한-미 합동군사위원회에서 합의된 액수의 2배의 비율로 보상금을 지출한다.

〈경제원조〉

① 이 같은 추가병력의 월남파병과 한국에서 1개 예비사단, 1개 예비여단 및 지원부대를 동원하고 유지하는데 필요한 순 추가비용의 전액과 동 액의 추가 원화를 한국 측 예산을 위해 방출한다.

② 상당수의 한국군 병력-최소한 2개 사단병력이 월남에 주둔하고 있는 동안 군원 이관을 중지하는 한편, 1967년 미 회계 년도에는 66회계 년도에 중지된 품목과 67회계 년도 계획표에 있는 품목을 한국에서 역외 조달한다.

③ 주월 한국군에 소요되는 보급물자, 용역 및 장비를 실시할 수 있는 한도까지 한국에서 구매하며 주월 미군과 월남 군을 위한

물자가운데 선정된 구매품목을 한국에 발주할 것이며 그 경우는 다음과 같다.

(가) 한국에 생산능력이 있을 경우.

(나) 한국이 규격과 납품예정기일을 맞출 수 있을 경우.

(다) 한국의 물품가격이 극동의 그 밖의 공급가능지역 가격과 비슷하다는 것을 합리적으로 인정할 수 있을 경우.

(라) 이밖에 구매가 미국 국방총성의 규정과 절차에 부합할 경우.

이 같은 경우에 해당되는 보급물자·용역 및 장비는 「네이추럴·소스」(자연공급소)표에 기재될 것이며 그 표에 따라 비 한국인 생산자의 입찰을 배제하고 한국공급소에 한하여 구매한다.

▲ 미국의 공급업자들하고만 경쟁하는 원칙아래 AID가 월남에서 농촌건설사업·선무구호·보급 등을 위한 계획사업에 사용할 목적으로 구매되는 물자의 상당량을 한국이 적절한 시가 및 가격으로 공급할 수 있는 최대한도까지는 한국에서 구매한다.

▲ 월남 측에 의해 허가되는 범위 안에서 한국의 청부업자들이 미국정부와 미국청부업자들이 월남에서 실시하는 건설사업에 참가하고 월남서의 한국인 민간기술자 고용을 포함한 그 밖의 용역을 제공할 수 있는 기회를 늘리도록 한다.

④ 수출을 진흥시키기 위한 모든 분야에서 한국에 대한 기술원조를 강화한다.

⑤ 1965년 5월에 한국에 대해 약속했던 1억5천만달러 규모의 AID 차관에 덧붙여 미국정부는 적절한 사업이 개발됨에 따라 1억5

천만달러 제공약속에 적용되는 같은 정신과 고려 밑에 한국의 경제발전을 돕기 위한 추가 AID차관을 제공한다.

⑥ 1966년도 재정안정계획의 시행결과에 따라 적당한 경우 대 월남수출의 지원 및 그 밖의 개발목적을 위해 사용할 수 있는 1천 5백만달러의 프로그램·론을 66년 중에 제공한다.

귀하에게 본인의 최대의 경의를 표합니다.

윈드롭·브라운

3

국군부대의 이라크 추가파견 동의안
(2004년 2월 13일, 국회 통과)

제출연월일 : 2003. 12. .

제 출 자 : 정 부

제안이유

가. 평화애호국가로서 전후 이라크의 신속한 평화정착과 재건지원을 위해 미국이 주도하는 국제적 연대에 동참함으로써 세계평화와 안정에 기여함은 물론, 한·미 동맹관계의 공고한 발전을 도모하고자 이라크에 평화·재건지원부대를 파병하려는 것임.

나. '03년 4월 2일 국회동의하에 국군부대(건설공병지원단, 의료지원단)를 파견한 바 있음.

주요골자

가. 파견 부대의 규모는 3,000명 이내로 함.

나. 임무는 이라크내 일정 책임지역에 대한 평화정착과 재건지원 등의 임무를 수행함.

다. 파견기간은 2004년 4월 1일부터 12월 31일까지로 함.

라. 부대의 위치는 미국 또는 다국적군 통합지휘부와 협의하여 이라크 및 주변국가로 하되, 부대안전 및 임무수행의 용이성을 고려함.

마. 파견부대는 우리 합동참모의장이 지휘하며, 작전 운용은 현지 사령관이 통제함.

바. 국군부대의 파견 경비는 우리 정부의 부담으로 함.

참고사항

가. 관련법령 : 헌법 제5조 제1항, 제60조 제2항

나. 예산조치 : 2004년도 일반회계예산으로 하며, 소요예산은 대미협의 및 현지협조 결과에 따라 구체화 될 예정

다. 합 의 : 외교 통상부와 합의되었음.

국군부대의 이라크 추가파견 동의안

국군 평화·재건지원부대를 이라크지역에 2004년 4월 1일부터 12월 31일까지 추가파견하는 것에 대하여 헌법 제60조제2항의 규정에 의하여 동의한다.

1. 국군부대 파견 목적 및 경과

가. 파견 목적

○ 평화 애호국가로서 전후 이라크의 신속한 평화정착과 재건지원을 위해 미국이 주도하는 국제적 연대에 동참함으로써 세계 평화와 안정에 기여함은 물론, 한·미 동맹관계의 공고한 발전을 도모하기 위함.

나. 파견 배경

○ '03. 9. 4 미국, 이라크에 한국군의 추가파병 요청
○ '03. 9. 24일부터 2차례의 정부합동조사단, 국회조사단 이라크 파견
○ '03. 10. 18 정부, 추가파병 결정
○ '03. 12. 17 정부, 추가파병방안을 결정함과 동시에 대미군사실무협의단을 미국에 파견, 협의

2. 기본계획

가. 파견부대 규모

o 1개 평화재건지원부대(3,000명이내)
   * 재건지원 및 민사작전부대, 자체 경계부대 및 이를 지휘하고 지원할 사단사령부 및 직할대로 구성

나. 임무

o 이라크내 일정 책임지역에 대한 평화정착과 재건지원 등의 임무를 수행함.

다. 파견기간 : 2004. 4. 1~12. 31
   * 단, 필요시 同 기간 이전이라도 철수 가능

라. 파견 시기

o 국회 동의 후 우리 정부 결정에 의거 파견함.

마. 부대 시설 및 장비 위치

o 미국 또는 다국적군 통합지휘부와 협의하여 이라크 및 주변국가로 하되, 부대안전 및 임무수행의 용이성을 고려함.

바. 파견 후 지휘관계

ㅇ 우리 합동참모의장이 지휘하며, 작전운용은 현지 사령관이 통제함.

사. 필요시 현지조사 및 협조단, 연락장교단, 선발대는 사전 파견

3. 예산 소요

가. 예산조치 : '04년도 일반회계예산으로 함.

나. 소요예산 : 대미협의 및 현지협조 결과에 따라 구체화 될 예정

4

한미정상 공동선언(2005년 11월 17일, 경주)

노무현 대한민국 대통령과 조지 부시 미합중국 대통령은 2005년 11월17일 경주에서 정상회담을 개최하였다. 부시 대통령은 경주에서 노 대통령과 함께 체험할 수 있었던 한국의 자연미와 옛 문화에 대한 깊은 감명을 표시하였다.

양 정상은 한미동맹, 북한 핵문제, 남북 관계와 한반도 평화체제 구축, 경제협력 그리고 지역 및 범세계적 문제에 대한 협력 등 폭넓은 사안에 관해 심도있는 협의를 하였다.

양 정상은 한미 동맹관계가 굳건함을 재확인하면서 북한 핵문제의 해결이 한반도에서 공고한 평화를 구축하는 데 긴요하다는데 의견을 같이하였다.

◇ 한미동맹

노 대통령과 부시 대통령은 한미동맹이 지난 50여년간 한반도와 동북아시아의 평화와 안정을 확보하는데 기여하여 왔다는데 주목하였다. 양 정상은 2003년 5월14일 워싱턴에서 개최된 한미 정상회담에서 합의한 바와 같이 한미관계가 포괄적이고 역동적이며 호혜적인 동맹관계로 지속적으로 발전하고 있다는데 만족을 표명하였다.

양 정상은 주한미군 재조정 문제가 성공적으로 합의된 것을 평가하고, 이러한 재조정이 한미 연합방위력을 더욱 강화시킬 것이라는데 의견을 같이하였다. 양 정상은 주한미군이 한반도 및 동북아시아의 평화와 안정에 긴요하다는데 대해 공동의 이해를 표명하였다.

양 정상은 한미동맹이 위협에의 대처 뿐만 아니라 아시아와 세계에서 민주주의, 시장경제, 자유 및 인권이라는 공동의 가치 증진을 위해 있다는데 동의하였다.

노 대통령과 부시 대통령은 용산기지를 포함한 주한미군 기지이전 및 주한미군 일부 감축이 한미간 긴밀한 협의를 통해 성공적으로 합의된 것을 높이 평가하였다. 양 정상은 양측간에 이루어진 합의가 충실히 이행되고 있다는데 대해 만족을 표명하였다.

부시 대통령은 이라크와 아프가니스탄의 조속한 평화정착과 재건을 위한 한국군의 지원에 대해 사의를 표명하였으며 또한 한국 정부가 이러한 노력을 통해 한미동맹 강화에 기여한데 대해서도 사의를 표명하였다.

노 대통령과 부시 대통령은 양자, 지역 및 범세계적인 상호관심 사안을 협의하기 위해 동맹 동반자관계를 위한 전략협의체라는 명칭의 장관급 전략대화를 출범시키기로 합의하였다. 양 정상은 2006년초에 첫번째 전략대화를 개최하는데 합의하였다.

◇ 북한 핵문제

노 대통령과 부시 대통령은 북한의 핵무장을 용인하지 않을 것임을 재강조하고, 북한 핵문제가 평화적이고 외교적인 방식으로 해결되어야 하며 북한이 조속하고 검증가능하게 핵무기 프로그램을 폐기하여야 한다는 원칙을 재확인하였다.

양 정상은 9월19일 채택된 제4차 6자회담 공동성명을 북한 비핵화라는 목표를 향한 중요한 진전으로 환영하였다. 양 정상은 모든 핵무기와 현존하는 핵프로그램을 폐기하겠다는 북한의 공약을 환영하고, 공동성명에 제시된 조치들을 취해 나가겠다는 공약을 재확인하였다.

양 정상은 공동성명 이행이 논의될 제5차 6자회담에서 진전이 이루어지기를 기대하였다.

◇ 남북관계 및 평화체제 구축

노 대통령은 평화번영정책의 목표하에서 남북관계의 발전이 북핵문제 해결 진전과 상호 보강 할 수 있도록 조화롭게 계속 추진해 나갈 것이라고 재확인하였다. 부시 대통령은 남북간 화해에 대한 지지를 표명하였으며, 이러한 화해의 진전에 따라 계속 긴밀하게 협력하고 조율해 나갈 것이라고 약속하였다.

양 정상은 북한 핵문제 해결과정이 한반도에서 공고한 평화체제를 수립하는데 중요한 기초를 제공할 것이라는데 인식을 같이하였다.

양 정상은 한반도에서 군사적 위협을 감소시키고 현 정전체제로부터 평화체제로 이행하는 것이 한반도에서의 완전한 화해와 평화 통일에 기여할 것이라는데 동의하였다.

양 정상은 9월19일 6자회담 공동성명에 따라 평화체제에 관한 협상이 6자회담과는 별도의 장에서 직접 관련 당사자들간에 개최되어야 하고 6자회담의 진전에 수반될 것이라는데 동의하였으며, 평화체제에 관한 협상과 6자회담이 상호 보강하기를 기대하였다.

양 정상은 이러한 평화협상이 한미 동맹의 평화적 목표와 부합되게 한반도에서 군사적 위협 감소와 신뢰 증진 방향으로 나아가야 한다는데 동의하였다.

양 정상은 북한 주민들의 상황에 대해 의견을 교환하고, 보다 나은 미래를 위한 공동의 희망에 입각하여 그들의 여건을 개선시키기 위한 방안들을 계속 모색해 나가기로 합의하였다.

◇ 경제통상 관계

양 정상은 APEC(아시아태평양경제협력체)이 아시아 태평양을 포괄하는 주요경제협력체로서 향후 역내 중요한 과제에 보다 효과적으로 대응할 수 있도록 한.미간 협력을 강화하기로 합의하였다.

노 대통령과 부시 대통령은 다가오는 6차 WTO(세계무역기구) 각료회의의 성공을 보장하고 WTO 도하개발어젠더(DDA) 협상의 최종 타결을 목표로 상호 긴밀히 협력하기로 합의하였다.

양 정상은 긴밀한 경제적 유대가 양국관계의 중요한 지주라는데 인식을 같이하고 경제.통상 협력을 심화하고 강화하는 것이 양국의 번영과 자유에 기여할 것이라는데 동의하였다.

부시 대통령은 한국이 비자면제 계획 가입을 위한 요건을 충족시키는 것을 지원하기 위해 미국이 한국과 함께 비자면제 계획의 로드맵을 개발 하는데 공동 노력 할 것이라고 발표하였다. 비자면제 계획 가입에 대한 한국의 관심은 양국간 공고한 동반자 관계를 반영하고 있으며, 교류 증진과 상호 이해 제고에 기여할 것이다.

◇ 지역 및 범세계적 협력

노 대통령과 부시 대통령은 역내 안보문제에 공동 대처하기 위하여 지역다자안보대화 및 협력메카니즘을 발전시키기 위해 공동 노력하기로 합의하였다.

이와 관련, 양 정상은 6자회담 참가국들이 공동성명에서 동북아시아에서의 안보협력 증진을 위한 방안을 모색하기로 합의한 것을 주목하고, 북핵 문제가 해결되면 6자회담이 역내 다자안보협의체로 발전될 수 있다는 데 참가국들간에 공감대가 형성되었다는데 유의하였다.

또한 양 정상은 PKO(평화유지) 활동과 같은 유엔에서의 양자간 협력과 여타 국제기구에서의 양자간 협력을 지속적으로 강화해 나가기로 합의하였다. 양 정상은 전세계적인 테러와의 전쟁을 수행하고 초국가적 범죄를 포함한 다양한 국제안보문제에 대처하기 위한 협력을 지속해 나가기로 합의하였다.

양 정상은 지역 및 세계적 차원에서 군축 및 대량살상무기와 그 운반수단의 확산방지 노력에 있어서 협력하기로 합의하였다.

◇ 결어

노 대통령과 부시 대통령은 동맹간 완전한 동반자관계를 향해 계속 공동 노력해 나가기로 합의하였다.

5

국민에게 드리는 글
- 이라크 파병반대 비상국민행동 발족선언문 -

지난 봄 미국 부시행정부가 이라크를 상대로 한 일방적 전쟁을 시작한 이래 우리 정부와 국민들은 한차례 커다란 홍역을 치러야 했습니다. 아무런 정당성 없는 전쟁에 우리의 젊은 이들을 파병한 이율배반은 과연 그것이 국익을 위한 것이었냐는 논란은 접어두더라도 우리 모두의 자존심과 양심에 커다란 상처로 남아 있습니다. 그런데 미국이 또 다시 이라크에 파병할 병력을 우리에게 요청해 왔습니다. 그 규모도 1만~1만 5천명에 이른다고 합니다. 더욱 심각한 것은 그들이 요구하는 것이 우리와 아무런 원한도 감정도 없는 이라크인들에게 총부리를 겨눠야 할 전투부대라는 점입니다.

국민여러분!

이라크 전쟁은 그 첫 단추부터 잘못 채워졌습니다. 미국은 이라크 전역을 샅샅이 뒤졌지만 어떠한 대량살상무기도 발견하지 못하고 있습니다. 물론 후세인 정권과 테러조직과의 연계성도 밝혀내지 못한 상태입니다. 오히려 상황은 정반대입니다. 미국의 이라크 점령으로 전세계 테러리스트들이 이라크로 모여들고 있습니다. 미국은 민주주의와 인권을 위한 전쟁이었다고 둘러댑니다. 그러나 이라크 후세인을 키워낸 가장 큰 후원자가 미국이었다는 부끄러운 사실에 대해서는 함구하고 있습니다.

전쟁이 이라크에 평화를 가져왔습니까? 아닙니다. 오히려 보복과 테러의 악순환을 가져왔습니다. 명분을 상실한 일방적 전쟁과 점령이 이라크 국민들과 중동지역민들의 강력한 저항에 직면하는 것은 당연한 일입니다. 본질적 문제를 도외시한 채 점령 병력만을 증가시키는 것은 갈등의 골을 더 깊이 파고 이라크를 중동에서 가장 심각한 만성적 분쟁지역으로 황폐화시키는 길이 될 것입니다.

국민여러분!

미국이 추가파병을 요구하게 되었다는 사실이야말로 우리가 전투부대를 파병해서는 안되는 이유를 가장 잘 드러내주고 있습니다. 미국 내에서 이라크 전쟁이 실패한 정책이었다는 우려와 비판의 목소리가 높아지게 된 결과, 한국에 대한 전투부대 파병 압력이 거세지게 되었다는 사실을 직시해야 합니다. 미국의 파병 요청은 이라크 전쟁에 대한 책임과 뒷수습을 국제사회에 떠넘기는 것에 불과한 것입니다.

우리가 전투부대를 보내야 할 이라크는 전쟁 시기보다 오히려 훨씬 위험한 상황입니다. 전쟁 당시에 교전 대상은 전선 밖에 있었지만 지금 점령군은 기지 밖의 모든 이라크 국민들을 의심해야 하는 상황입니다. 미군의 희생자는 전쟁시기보다 더 늘어나고 있습니다. 정신질환 또는 열화우라늄탄의 피해로 의심되는 4천5백여명 가량의 미군들이 '의학적 이유'로 본국으로 후송되었다고 합니다. 이런 곳에 우리의 젊은이들을 보내야 한단 말입니까.

경보병은 가벼운 업무를 보는 군인이 아니라 통상 특수전 능력을 갖춘 신속대응군을 의미합니다. 이라크에서의 치안업무란 비정규전적 성격도 포함하는 반미시위를 막고 이라크 내 저항세력들을 추적하고 이들과 교전하는 일입니다. 이는 필연적으로 양국 국민들간에 씻을 수 없는 상처를 남기게 될 것입니다. 지금은 먼저 파병된 병력을 본국으로 후송하는 것을 논의할 때이지 추가 파병을 거론할 때가 아닙니다. 월남에 파병되어 평생을 고엽제 후유증을 호소하는 분들의 고통을 우리의 젊은이들에게 또 다시 물려줄 수는 없습니다.

국민 여러분!

파병에 동참해야 한다고 주장하고 있는 사람들은 '국익'을 말합니다. 그러나 국제질서에서 정당성 없는 이익을 강탈하는 것이 결코 쉽지 않은 일임을 현실은 똑똑히 보여주고 있습니다. 편협한 자국이기주의의 틀을 넘어서서 지구촌의 문제를 대국적으로 성찰할 때 진정한 국익이 실현될 수 있습니다.

지난 1차 파병 이후 우리가 얻은 국익은 무엇입니까? 미국은 통상문제에는 통상의 논리로 임했습니다. 이라크 북핵문제를 처리함에 있어서도 이른바 네오콘의 일방적 압박전략을 변화시키지 않았습니다. 더구나 갈수록 전투병과 다국적군 파병에 대한 대가로 미국이 약속할 수 있는 것은 적어지고 있습니다. 군비를 감당할 수 없게 된 미국이 군을 보내는 나라에게 전쟁지원비까지 요구하고 있다는 사실이 이를 잘 말해줍니다.

미국의 군사적 일방주의와 일방적 대한반도 정책이 조금이라도 변화하고 있다면 이는 그들의 오만과 독선이 이라크와 국제사회에서 예상치 못한 값비싼 대가를 치르게 되었기 때문일 것입니다.

파병을 주장하는 이들은 우방이 어려울 때 도와야 한다는 주장합니다. 그러나 우리가 미국을 진정한 우방으로 생각한다면 일방적 군사행동을 주도한 부시행정부의 실정을 미국 국민들이 분명히 깨닫도록 도와줘야 합니다. 파병을 거부하면 미국과의 관계가 악화되고 무언가 정치경제적 불이익을 당하지 않을까 걱정합니다.

그러나 수많은 국가들이, 그들 중의 상당수는 매우 가난하고 힘없는 국가임에도 불구하고, 전쟁에 반대하라는 국민 대다수의 의견을 따랐습니다. 이들 가난한 나라의 정부들에게 미국의 요청은 무시하기 힘든 요구였을 것이지만 국민들의 뜻을 따르는 길을 택했습니다. 이러한 현상들은 분명 민주주의를 향한 중대한 진일보입니다. 그리고 이러한 민주주의적 신념들이 미국의 일방주의를 실패하게 만들고 있습니다.

일각에서는 유엔의 동의가 있다면 파병을 고려할 수 있다고 합니다. 하지만 미국이 추진중인 다국적군은 이라크 내 미국의 점령군으로서의 지위는 포기하지 않은 채 편성되는 것입니다. 따라서 유엔 평화유지군과는 달리 다국적군의 군비는 유엔이 아닌 참전국의 분담으로 충당되게 됩니다. 만에 하나 유엔안보리가 이를 결의한다하더라도 미국 주도의 다국적군이 결코 이라크에 평화를 가져다줄 수 없습니다. 다국적군이 할 수 있는 유일한 일은 점령군 미군이 감당해야 할 군사적 위험과 경제적 부담을 나누어 떠맡는 일입니다.

점령국 미국의 지위가 변하지 않는 한 이라크에서 미군과 다국적군은 테러와 보복의 가장 손쉬운 목표물이 될 것입니다. 게다가 유엔에서 다국적군 파병을 동의한 국가들이 정작 자신의 군대를 파견할 지도 의문입니다. 사정이 이렇듯 불을 보듯 명확한 데 어떻게 우리 군인들을 이라크에 보낼 수 있겠습니까? 이라크 평화를 위해 유엔이 해야할 일은 미군과 영국군이 이라크에서 철수하도록 하고 민정이양의 시기를 명확히 밝힐 것을 요구하는 일입니다. 유엔은 더이상 미국의 패권정치에 활용되고 그들이 저지른 일방적 군사행동에 대해 명분을 세워주는 도구로 전락해서는 안됩니다.

국민여러분!

전투부대 파병에 반대하는 우리 모두의 의지를 실천해야 할 때입니다. 우리나라를 당당하고 떳떳한 진정한 주권국가로 바로 세워야 할 때입니다.

우선 옆자리의 동료들과 이웃사람들과 함께 이번 파병의 옳고 그름에 대한 토론을 시작합시다. 저자거리에서, 동네 사랑방에서, 학교 강의실에서 옹기종기 모여 머리를 맞대고 진정한 국익이 무엇인지 토론합시다. 초가을 단풍이 온 나라의 산과 강으로 번져나가듯 파병에 반대하는 범국민운동이 전국 각지로 퍼져나가도록 함께 합시다.

무엇보다 오는 9월 27일과 10월 11일에 열릴 '이라크 전투병 파병 반대 범국민대회'에 꼭 동참합시다. 어린아이들의 손을 잡고, 사랑하는 친구들과 가족들과 함께 시청 앞 광장과 각 지역별 모임 장소에 모여, 평화를 사랑하는 우리 시민들의 간절한 열망과 단호한 의지를 대내 외에 천명합시다. 그리고 각자가 살고 있는 지역의 지방의원들과 자치단체장, 국회의원에게도 이번 파병에 동참하지 말 것을 촉구함으로써 유권자의 권한과 의무를 행사합시다.

국민여러분!

평화를 사랑하는 전 세계의 시민들이 우리의 결정을 지켜보고 있습니다. 이들은 한반도에서 전쟁이 왔을 때 만사를 제쳐놓고 달려와서 온 몸으로 전쟁을 막아줄 우리의 벗들입니다. 이제 우리는 행동해야 합니다. 우리의 아이들에게만큼은 전쟁의 세기를 또 다시 물려주지 않기 위해서라도 우리는 행동해야 합니다. 평화를 사랑하는 시민여러분. 평화로운 한반도, 평화로운 세계를 만들기 위해 전쟁을 물리치고 평화를 실천하는 당당한 길로 다함께 나아갑시다.

2003년 9월 23일

이라크 파병반대 비상국민행동

참고문헌

1. 국문 단행본

고경태.『한마을 이야기 퐁니 퐁넛(1968-2016)』. 서울: 보림, 2016.

구영록.『한국의 국가이익: 외교정치의 현실과 이상』. 서울: 법문사, 1995.

구영록 외.『한국과 미국: 과거, 현재, 미래』. 서울: 박영사, 1983.

국방부.『국군 50년사 화보집』. 서울: 국방부, 1998.

국방부.『참여정부의 국방정책』. 서울: 국방부, 2002.

국방부 군사편찬연구소.『국군 이라크 자유작전 파병사: 서희·제마·자이툰·다이만부대』. 서울: 국방부 군사편찬연구소, 2014.

국방부 군사편찬연구소.『한미동맹 60년사』. 서울: 국방부 군사편찬연구소, 2013.

권헌익 지음. 유강은 옮김.『학살, 그 이후: 1968년 베트남전 희생자들에 대한 추모의 인류학』. 서울: 아카이브, 2012.

김병로·서보혁 편.『분단폭력: 한반도 군사화에 관한 평화학적 성찰』. 파주: 아카넷, 2016.

김승국.『이라크 전쟁과 반전평화 운동』. 파주: 한국학술정보, 2008.

김종대.『노무현, 시대의 문턱을 넘다』. 서울: 나무의숲, 2010.

김현명·주중철 외.『이라크, 재건30년 전쟁30년』. 서울: 책보세, 2013.

김현아.『전쟁의 기억, 기억의 전쟁』. 서울: 책갈피, 2002.

남궁곤 편.『네오콘 프로젝트』. 서울: 사회평론, 2005.

노무현.『성공과 좌절』. 서울: 학고재, 2009.

노엄 촘스키·하워드 진 외 지음. 김수현 옮김.『미국의 이라크 전쟁:

전쟁과 경제 제재의 참상』. 서울: 북막스, 2002.

로이드 젠슨 지음. 김기정 옮김.『외교정책의 이해』. 서울: 평민사, 1994.

리영희.『베트남 전쟁』. 서울: 두레, 1994.

마이클 매클리어 지음. 유경찬 옮김.『베트남: 10,000일의 전쟁』. 서울: 을유문화사, 2002.

문재인.『문재인의 운명』. 서울: 가교출판, 2011.

박동순.『한국의 전투부대 파병정책: 김대중 노무현 이명박 정부의 파병정책결정 비교』. 서울: 선인, 2016.

박태균.『베트남 전쟁: 잊혀진 전쟁, 반쪽의 기억』. 서울: 한겨레출판, 2015.

박태호.『조선민주주의인민공화국 대외관계사2』. 평양: 사회과학출판사, 1987.

북한연구학회 편.『북한의 통일외교』. 서울: 경인문화사, 2006.

서보혁.『유엔의 평화정책과 안전보장이사회』. 서울: 아카넷, 2013.

서보혁.『탈냉전기 북미관계사』. 선인: 서울, 2004.

서보혁·나핵집.『지속가능한 한반도 평화를 향하여』. 서울: 동연, 2016.

서보혁·정욱식.『평화학과 평화운동』. 서울: 모시는사람들, 2016.

송민순.『빙하는 움직인다: 비핵화와 통일외교의 현상』. 파주: 창비, 2016.

역사비평 편집위원회 엮음.『갈등하는 동맹: 한미관계 60년』. 서울: 역사비평사, 2010.

윌리엄 J. 페리 지음. 정소영 옮김.『핵 벼랑을 걷다: 윌리엄 페리 회고록』. 파주: 창비, 2016.

윤충로.『베트남 전쟁의 한국 사회사: 잊힌 전쟁, 오래된 현재』. 서울: 푸른역사, 2015.

이규봉.『미안해요 베트남: 한국군의 베트남 민간인 학살의 현장을 가다』. 서울: 푸른역사, 2011.

이근욱.『이라크 전쟁: 부시의 침공에서 오바마의 철군까지』. 파주: 한울아카데미, 2011.

이라크파병반대비상국민행동 정책사업단.『이라크 점령 및 자이툰 부대 파병의 실태와 이라크 철수의 근거』. 2006.

이라크파병반대비상국민행동 정책사업단 편.『이라크 파병 반대의 논리』. 반전평화 정책자료집①. 2003.

이라크파병반대비상국민행동 정책사업단 편.『이라크 파병 반대의 논리』. 반전평화 정책자료집②. 2005.

이라크 평화·재건사단.『2005 Zaytun, 당신이 대한민국입니다』. 서울: 이라크 평화·재건사단, 2006.

이수혁.『전환적 사건: 북핵문제 정밀분석』. 서울: 중앙북스, 2005.

이신재.『북한의 베트남전쟁 참전』. 서울: 국방부 군사편찬연구소, 2017.

이우탁.『오바마와 김정일의 생존게임』. 서울: 창해, 2009.

이종석.『칼날 위의 평화』. 서울: 개마고원, 2014.

제임스 재스퍼 지음. 박형신 이혜경 옮김.『저항은 예술이다: 문화, 전기, 그리고 사회운동의 창조성』. 파주: 한울아카데미, 2016.

조민·김진하.『북핵일지 1995-2009』. 서울: 통일연구원, 2009.

조인래·박은진·김유신·이봉재·신중섭.『현대 과학철학의 문제들』.

서울: 아르케, 1999.

클라이브 폰팅 지음. 김현구 옮김. 『진보와 야만- 20세기의 역사』. 서울: 돌베개, 2007.

한국인권재단 편. 『일상의 억압과 소수자의 인권』. 서울: 사람생각, 2000.

한국정신문화연구원 편. 『1960년대의 정치사회변동』. 서울: 백산서당, 1999.

후나바시 요이치 지음. 오영환 옮김. 『김정일 최후의 도박』. 서울: 중앙일보 시사미디어, 2007.

2. 국문 논문

강정구. "이라크 전쟁과 파병: 미국의 야만성과 한국의 자발적 노예주의." 『경제와 사회』, 제63호, 2004.

경계를넘어. "이라크, 그들이 떠난 후." 이라크 침공 10년 모니터보고서, 2014.

계운봉. "한국의 해외파병에 나타난 국가이익구조에 관한 연구." 경기대학교 정치전문대학원 박사학위논문, 2012.

구우회. "해외파병과 국가이익: 한국군의 이라크파병을 중심으로." 한국외국어대학교 정치행정언론대학원 석사학위논문, 2012.

국방부. 「비상, 2016 대한민국 해외파병 이야기」. 국방부 웹사이트. 2016. 검색일: 2017년 5월 2일.

권광택. "평화의 전파, 이라크 파병." 김현명·주중철 외. 『이라크, 재건 30년 전쟁30년』. 서울: 책보세, 2013.

김관옥. "베트남 파병정책 결정요인의 재논의: 구성주의 이론을 중심으로."『군사연구』, 제137집, 2014.

김관옥. "한국파병외교에 대한 양면게임 이론적 분석: 베트남파병과 이라크파병 사례비교."『대한정치학회보』, 제13권 1호, 2005.

김동욱. "해외파병과 점령법: 이라크 전쟁을 중심으로."『국제법학회논총』, 제52권 제3호, 2007.

김성한. "미국 부시 행정부의 대한반도 정책." 2001년 한국정치학회 춘계학술회의 발표논문, 2001년 4월 14일.

김성한. "이라크 파병과 국가이익." EAI 국가안보패널 연구보고서2, 2004.

김엘리. "여성주의적 관점에서 본 이라크 파병과 평화."『여성과평화』, 제3권, 2003.

김연철. "파병 거부가 국익이다." 이라크파병반대비상국민행동 정책사업단 편.『이라크 파병 반대의 논리』. 반전평화 정책자료집 ①. 2003.

김일성. "조선노동당창건 스무돐에 즈음하여."『김일성저작선집 4』. 평양: 조선로동당출판사, 1968.

김장흠. "한국군 해외파병정책 결정에 관한 연구: 통합적 모형의 개발 및 적용을 중심으로." 한성대학교 대학원 행정학과 박사학위논문, 2010.

김현미. "이라크파병반대운동의 전개와 그 동학에 관한 연구- 정치과정론적 관점에서." 성공회대학교 NGO대학원 석사학위논문, 2007.

마상윤. "한국군 베트남 파병 결정과 국회의 역할."『국제지역연구』, 제

22권 제2호, 2013.

박병주. "정책논변모형의 적용을 통한 한국군 이라크 파병정책에 대한 해석." 경기대학교 행정대학원 석사학위논문, 2005.

박원희. "이라크파병 결정과 국가자율성." 충남대학교 행정대학원 석사학위논문, 2006.

백승욱. "'해석의 싸움'의 공간으로서 리영희의 베트남 전쟁: 조선일보 활동시기(1965~1967)를 중심으로." 『역사문제연구』, 제32권, 2014.

백창재. "미국 신보수주의 분석." 『국가전략』, 제9권 3호, 2003.

서보혁. "결정의 합리성: 노무현 정부의 이라크 파병정책 재검토." 『국제정치논총』, 제55권 3호, 2015.

서보혁. "민주정부 10년의 외교정책 평가와 과제." 미발표 논문, 2009.

서보혁. "현실주의 평화운동의 실험: 한국의 이라크 파병반대운동 재평가." 『시민사회와 NGO』, 제12권 제1호, 2014.

서재정. "이라크 전쟁 이후 미국의 세계전략- 봉쇄에서 신 롤백으로." 한국인권재단 주최 2003 평화회의 발표문, 2003년 8월 22-25일.

성석호. 「국군의 해외파견활동에 관한 법률안(김영우의원 대표 발의) 검토보고서」. 2016년 11월. 국회 의안정보시스템. 검색일: 2017년 2월 1일.

오제연. "병영사회와 군사주의 문화." 오제연 외. 『한국현대 생활문화사, 1960년대』. 파주: 창비, 2016.

우경림. "노무현 정부의 1차 및 2차 이라크 파병정책 결정과정 분석: 앨리슨의 정책 결정 모델을 중심으로." 울산대학교 교육대학원 석사학위 논문, 2010.

이경주. "이라크 파병과 헌법." 『기억과 전망』, 제8권, 2004.

이명례. "1960년대 남북한 관계의 변화와 성격." 숙명여자대학교 사학과 박사학위 논문, 2001.

이병록. "한국의 베트남·이라크전 파병정책 결정요인에 관한 연구: 로즈노 이론을 중심으로." 경남대학교 대학원 박사학위 논문, 2015.

이인섭 유홍식 김능우 윤용수 장세원 황성연. "이라크 파병이 '한국이미지'에 미친 영향에 관한 연구: 중동지역 5개국을 중심으로." 『지중해지역연구』, 제8권 제2호, 2006.

임상순. "제3세계·유엔외교의 목표와 전략." 서보혁·이창희·차승주 엮음. 『오래된 미래? 1970년대 북한의 재조명』. 서울: 선인, 2015.

장율래. "탈냉전시기 해외파병 비교 연구: 한국과 일본의 이라크 파병을 중심으로." 고려대학교 대학원 석사학위 논문, 2008.

장재혁. "제3공화국의 베트남 파병 결정과정에 관한 연구: 파병 논의에서 국회의 역할을 중심으로." 『동원논집』, 제8집, 1995.

정여진. "한국의 외교정책 결정과정에서 NGO의 영향력 분석: 이라크 추가파병 사례를 중심으로." 숙명여자대학교 대학원 석사학위논문, 2005.

정욱식. "한반도 평화 위협하는 전투병 파병." 이라크파병반대비상국민행동 정책사업단 편. 『이라크 파병 반대의 논리』. 반전평화 정책자료집①. 2003.

최동주. "정치경제학 시각에서 본 한국의 베트남전 참전." 한국정치학회 연례학술회의 발표문, 1996.

하영선. "한미군사관계: 지속과 변화." 구영록 외. 「한국과 미국: 과거, 현재, 미래」. 서울: 박영사, 1983.

한관수. "한국군 베트남 파병의 영향과 남겨진 과제."『한국보훈논총』, 10권 3호, 2011.

홍석률. "위험한 밀월: 박정희-존슨 정부 시기."『역사비평』편집위원회 엮음.『갈등하는 동맹: 한미관계 60년』. 서울: 역사비평사, 2010.

황인성. "이라크 파병반대운동을 통해 본 한국 반전평화운동."『시민과 세계』, 제4호, 2003.

3. 영문 단행본

Allison, Graham and Philip Zelikow. *Essence of Decision: Explaining the Cuban Missile Crisis*. 2nd edition. Austin: Pearson Education Inc., 1999.

Ashford, Mary-Wynne and Guy Dauncey. *Enough Blood Shed: 101 Solutions to Violence, Terror and War*. Gabriola Island: New Society Publishers, 2006.

Brecher, Michael and Jonathan Wilkenfeld. *A Study of Crisis*. Ann Arbor: The University of Michigan Press, 1997.

Bush, George W. *Decision Points*. New York: Crown Publishers, 2010.

Caldicott, Helen. *The New Nuclear Danger: George W. Bush's Military-Industrial Complex*. New York: The New

Press, 2002.

Carr, Edward H. *The Twenty Years Crisis, 1919~1939*. London: Macmillan Company, 1956.

Chatfield, Charles and Robert Kleidman. *The American Peace Movement: Ideals and Activism*. New York: Twayne Publishers, 1992.

Chinoy, Mike. *Meltdown: The Inside Story of the North Korean Nuclear Crisis*. New York: St. Martin's Press, 2008.

Chollet, Derek H. and James M. Goldgeier. "The Scholarship of Decision-Making: Do We Know How We Decide?" In *Foreign Policy Decision-Making*. Revised by Richard C. Snyder et al. New York: Palgrave Macmillan, 2002.

Chomsky, Noam. *Rogue States: The Rule of Force in World Affairs*. Cambridge, MA: South End Press, 2000.

Cortright, David. *Peace: A History of Movements and Ideas*. Cambridge: Cambridge University Press, 2008.

Galtung, Johan. *Peace by Peaceful Means: Peace and Conflict, Development and Civilization*. London: SAGE, 1996.

Hermann, Charles F. "International Crisis as a Situational Variable." In *International Politics and Foreign Policy*. Edited by James N. Rosenau. New York: Free Press, 1969.

Jervis, Robert. *Perception and Misperception in International Politics*. Princeton, NJ.: Princeton University Press, 1976.

Johnson, Chalmers. *The Sorrow of Empire: Militarism, Secrecy, and the End of the Republic*. New York: Owl Books, 2004.

Lake, David and Robert Powell. "International Relations: A Strategic Choice Approach." In *Strategic Choice and International Relations*. Edited by David Lake and Robert Powell. Princeton, NJ.: Princeton University Press, 1999.

Moorehead, Caroline. *Troublesome People: The Warriors of Pacifism*. Bethesda, MD: Adler & Adler, 1987.

Morgenthau, Hans J. *In Defense of the National Interest: A Critical Examination of American Foreign Policy*. New York: Alfred A. Knof, 1951.

Murthy, Srinivasa B. ed. *Mahatma Gandhi and Leo Tolstoy Letters*. Long Beach, California: Long Beach Publications, 1987.

Nadin, Peter. *UN Security Council Reform*. New York: Routledge, 2016.

Osgood, Robert E. *Ideals and Self-Interest in America's Foreign Relations*. Chicago: University of Chicago Press, 1953.

Peace III, Roger. *A Just and Lasting Peace: The U.S. Peace Movement from the Cold War to Desert Storm*. Chicago: The Noble Press, 1991.

Pritchard, Charles L. F*ailed Diplomacy: The Tragic Story of How North Korea Got the Bomb*. Washington, D.C: The Brookings Institute, 2007.

Rice, Condoleezza. *No Higher Honor: A Memoir of My Years in Washington*. New York: Crown Publishers, 2011.

Schwartzstein, Stuart, J. D. *The Information Revolution and National Security: Dimensions and Directions*. Washington, D.C.: The Center for Strategic & International Studies, 1996.

Sigal, Leon V. *Disarming Strangers*. Princeton, NJ.: Princeton University Press, 1999.

Snyder, Glenn H. and Paul Diesing. *Conflict among Nations: Bargaining, Decision Making, and System Structure in International Crises*. Princeton, NJ.: Princeton University Press, 1977.

Snyder, Richard C., H. W. Bruck and Burton Sapin. "Decision-Making as an Approach to the Study of International Politics." In *Foreign Policy Decision-Making*. Revised by Richard C. Snyder et al. New York: Palgrave Macmillan, 2002.

Vickers, Geoffrey. *The Art of Judgment: A Study of Policy Making*. New York: SAGE Publications, 1995.

Waltz, Kenneth. *Theory of International Politics*. New York: McGraw-Hill, 1979.

Zeckhauser, Richard. "Strategy of Choice." In *Strategy and Choice*. Edited by Richard Zeckhauser. Cambridge: MIT Press, 1991.

4. 영어 논문

Fearon, James. "Domestic Politics, Foreign Policy, and Theories in International Relations." *Annual Review of Political Science* 1(1998).

Goldgeier, James M. and Philip E. Tetlock. "Psychology and International Relations Theory." *Annual Review of Political Science* 4(2001).

Hwang, Gwi-Yeon. "The Dispatch of Korean Troops to the Vietnam War: Motives and Process." *BUFS Theses Collection* 23(2001).

Levy, Jack. "Misperception and the Causes of War: Theoretical Linkage and Analytic Problems." *World Politics* 36(1983).

Putnam, Robert D. "Diplomacy and Domestic Politics: The Logic of Two-Level Games." *International Organization* 42:3(1988).

Ruggeri, Andrea, Theodora-Ismene Gizelis and Han Dorussen. "Managing Mistrust: An Analysis of Cooperation with UN Peacekeeping in Africa." *The Journal of Conflict Resolution* 57:3(2013).

Rumsfeld, Donald H. "Transforming the Military." *Foreign Affairs* 81:3(2002).

Senate Select Committee on Intelligence. "Committee Study of the Central Intelligence Agency's Detention and Interrogation Program: Executive Summary." Declassification Revisions. December 3, 2014.

Simon, Herbert A. "Human Nature in Politics: The Dialogue of Psychology with Political Science." *American Political Science Review* 79(1985).

Suh, Bo-hyuk. "The Inevitable Result of Immature Dialogue: A Discussion of the Failure of the Six-Party Talks." 『북한학연구(*North Korean Studies*)』 12:1(2016).

찾아보기

ㄱ

거버넌스　21, 270
건설공병　100, 117-118, 133, 150, 205, 265, 340
걸프전　21, 59, 61, 93, 102, 110, 228, 247, 289, 306
경수로　67, 68, 120, 180
고농축우라늄(HEU)　71-72
공산화　17, 63-64, 83-85, 157, 184, 186-187, 189, 217
구수정　41
국가안보　21, 37, 39, 59, 75, 93, 103, 121
국가안전보장회의(NSC)
　　국가안전보장회의 사무처　121-123, 127-128
국가이익　19, 22, 31-32, 45, 87, 93-94, 123, 128-129, 135-136, 143, 224, 230-231, 233, 237, 241, 245, 247, 273, 277, 305-306, 308, 310, 313, 315, 323
국가정보원　49, 145
국내정치　30-32, 50, 86, 123, 126, 137, 169, 284, 315
국무회의　116, 133, 250
국방부　59, 61-62, 64, 74, 67, 96, 108, 110-111, 120-121, 124, 131-132, 135, 145-147, 152, 156, 160, 166, 178-179, 181-182, 184, 205-209, 212-214, 216, 218, 223, 245, 250, 254, 259, 262, 266, 278-283, 286, 292-294, 300-301, 359
국제기구　20, 49, 65, 97-98, 149, 204, 350
국제여론　34, 101, 142, 160, 145
국제연합(유엔)　277-278, 287-288, 291, 294, 296-299, 301, 303-304, 307
국제원자력기구(IAEA)　71-72
국제정치　21, 43, 49-50, 58, 168, 224, 230, 235, 315
국회
　　국회 동의　22, 50, 52, 133, 140, 147, 195, 211, 215, 280, 282, 294, 297, 301, 304, 343
　　16대 국회　149, 287
　　17대 국회　148, 150, 287, 293, 303
　　18대 국회　287, 295

19대 국회 287, 299
20대 국회 301, 303-304
군사원조 74, 76, 82-83, 97-98, 152, 156, 182-183, 302, 336
군사혁신 78
군사화 184-185, 288, 317, 359
군 현대화 82-83, 91, 159, 161, 165, 313
권위주의 30-31, 37, 40, 97, 101, 104, 271, 307, 321
균형자 86
근본주의 58, 66, 110, 248
김대중 32, 42, 72-73, 100, 111-112, 114, 121, 137, 171, 173, 175, 286, 317
김선일 87, 149, 245, 262-263, 269
김원웅 238, 240, 246, 263
김일성 74-75, 136, 187-188
김정일 67, 70, 73, 108, 171, 178, 361-362
김현아 41-42, 153, 220-222, 359

ㄴ

낙선운동 143, 250-252
남베트남민족해방전선(베트콩) 63, 157-159, 163-164, 167, 218-220, 223
남북(한)관계 25, 66-67, 86

남북정상회담 66, 171-172, 174
네오콘 58, 61, 108, 110, 239, 248, 354, 359
노동당 74, 163, 187-188, 363
노무현 18, 26, 27, 29-30, 32, 34, 45, 51-52, 65, 73-74, 77-82, 86, 89, 92, 94-95, 99, 101-103, 107-109, 112-113, 115-116, 119, 121, 123-126, 128, 130, 136, 139, 140-143, 148, 150, 168-169, 171, 173-176, 180, 189, 207-208, 212, 229, 232-235, 237-238, 242-243, 248, 250-251, 258, 270, 273, 285-286, 309, 314-315, 317, 345, 359
닉슨 75, 165

ㄷ

다국적군 33, 129, 133-134, 147, 207-209, 211, 213, 240, 257, 278-280, 282, 287-292, 299-302, 305, 307-309, 318-319, 341, 343, 354-355
다이만 부대(제58항공수송단) 142, 146, 205, 207, 211, 215, 264, 278, 282, 359
대남 도발 74-75, 163-164, 189, 316

대량살상무기　57, 60, 66, 71, 112,
　　141-142, 211, 238, 243, 247-
　　248, 350, 352
대통령　18, 25, 27, 29, 32, 34, 49,
　　68, 74, 79, 86, 89, 91, 103-104,
　　109, 111, 115, 118, 121, 123,
　　127-129, 132, 158, 167, 169,
　　176, 234, 262-263
대테러전(쟁)　110, 114, 150, 173,
　　199, 208, 211, 280, 290, 295
도미노　63-64, 84, 90

ㄹ

럼즈펠드
　　럼즈펠드 독트린　78, 285
롤리스　120, 128, 135, 254
리영희　38, 152-153, 167, 217, 360-
　　361

ㅁ

모니터링　196, 201, 209, 211-213,
　　277, 362
무샤라프　132
무정부　31, 43, 230
미 중앙정보국(CIA)　200
민간인 학살　38, 41-42, 209, 219-
　　223, 316, 361

민사작전　94, 134, 206, 208, 343
민주노동당　77, 149, 260, 264, 266
민주주의　17, 20-21, 60 ,75, 104,
　　186, 196, 228, 270, 285, 316,
　　323, 346, 352, 355

ㅂ

바그다드　58-60, 62, 73, 120, 141,
　　190, 196, 208, 210, 253, 261
박정희　18, 26-27, 37, 40, 51, 65,
　　74-76, 82-85, 89-92, 95-98,
　　101-102, 104, 152-154, 156-
　　157, 159, 161, 164-169, 183-
　　184, 187, 189, 222, 224, 313-
　　314
반공주의　35, 101, 183, 223
반미　58, 61, 76, 81, 86, 138, 141,
　　164, 353
반인도적 범죄　200, 211, 220, 261
반전평화
　　반전평화비상시국회의　118
반테러리즘
　　반테러전(쟁)　57, 59, 61, 70, 77,
　　　109, 113, 138-139, 232,
　　　234, 285
백악관　60, 61, 200
보편가치　118, 229, 241, 247, 273,
　　323

부시(George W. Bush)　57-60, 62, 65-73, 77-80, 89, 92, 99-100, 107-110, 112-115, 125, 129, 137-139, 142, 147-148, 172-173, 178-180, 190, 192, 195, 197, 199-201, 211, 228, 232, 234-236, 238-244, 248-250, 253, 258, 264, 285, 345-346

북미관계　67-66, 172, 175, 178, 180, 235, 360

북베트남
    북베트남군　64, 218, 219

북폭　64, 85, 152, 155, 158, 164

북핵
    북핵문제의 평화적 해결　69, 72, 79-81, 94, 102, 113, 123, 125, 143, 150, 171, 173, 176, 178, 180, 189, 208-209, 235-236, 243, 272-273, 285, 313, 317
    북핵위기　26, 52, 70, 72-73, 78, 107, 139, 173, 235

불량국가　185

브라운
    브라운 각서　75, 91, 97-98, 161, 335

블레어　249

비동맹외교　186

비전투병　97, 101, 111, 116, 124, 126-127, 134, 140-141, 155, 210, 262, 313

비정부기구(NGO)　40, 32, 35-36, 204, 227, 364, 367

ㅅ

사우디아라비아　60

산업화　17, 96, 219

삼면전쟁　141

새천년민주당　236, 239, 246, 260

서희부대　205, 253

세계식량계획(WFP)　210

세계안보
    세계안보전략　185, 284, 313
    세계안보정책　185

수니
    수니(순니) 삼각지대　146, 210,
    수니파　61-63, 120, 132, 141, 190, 192-195, 198-199, 202, 209, 254, 264

시아파　61-63, 120, 141, 190, 192-195, 202, 209, 254

신보수주의 세력(네오콘)　58-59, 364

ㅇ

아랍에미리트(UAE) - 아랍에메리이트 278, 279, 300, 302, 306-307,

319, 321
아르빌 136, 145-147, 149, 178-179, 202, 204-206, 213-214, 262, 264, 271
아프가니스탄 57, 68-69, 99, 110-111, 114-115, 139, 173, 199, 280, 282, 284-286, 301-302, 319, 346
악의 축 59, 67, 71-72, 110, 114, 173, 180, 235
안보 공약 75, 82, 98
양면게임 29, 30, 32, 43, 49-50, 81, 103, 363
여중생 범대위 77-78, 100
연합군 임시행정청 62, 120, 192-193
열린우리당 149-150, 259-260
영국 61-62, 133, 140-142, 153, 161, 195-196, 199, 213, 249-250, 253, 261, 265, 355
오바마 195, 211, 286, 361
외교부 49, 111-112, 119, 124, 145, 293
외교안보정책 21, 34, 49, 57-59, 65-66, 68, 72, 78-79, 103-104, 121, 139, 173, 181, 217, 228, 230-232, 234, 243, 248, 251, 277, 285
용병 185, 223
월드컵 76, 246

월포위츠 62, 110
위기 25-26, 43-45, 48-49, 52-53, 65, 67-68, 70, 72-73, 78, 88, 92-93, 100, 107, 111, 113-114, 119, 138-139, 173-174, 176-181, 189, 235-236, 278, 281
윈셋 30, 50-53, 104, 137-141, 143-145, 157-159, 165-168, 309, 314-316
유엔
  유엔 대표부 62, 69
  유엔 안전보장이사회(안보리) 33, 62, 71, 73, 110-111, 129, 133, 135, 142, 192, 248-250, 254, 257-258, 278, 280, 282-283, 287-289, 296, 301, 305, 314
  UN PKO법 288, 295
육군사관학교 155
윤영관 79, 135, 143,
의료지원 100, 112, 114, 116-118, 133, 205, 210, 212, 265, 278
이라크
  이라크반전평화팀 248, 249
  이라크조사단 141
  이라크파병반대비상국민행동(국민행동) 35, 109, 125-126, 131, 143, 147, 194, 232, 240-241, 243, 255-256,

295, 361, 363, 365
이명박 32, 244, 286, 302, 360
이상주의 35, 37, 87, 227-229, 231-232, 240, 272-273
이승만 157, 313
이종석 107, 113, 119, 121-122, 125, 127, 133, 136, 243, 361
이탈리아 132, 253, 261
인간안보 322
인도차이나 17, 157-158, 189
일방주의 59, 65-69, 78, 88, 110, 138, 211, 228, 232, 234, 239, 248, 354, 355
임종인 149, 214, 265, 266

ㅈ

자유무역협정(FTA) 78-81
자이툰부대 94, 105, 136, 147, 149, 151, 178, 206-208, 212-215, 290-291, 307
자주국방 83, 88
재건지원 87, 94, 127, 131, 133-134, 147-148, 156, 173, 176, 190, 195, 202-206, 210-215, 265, 267-268, 278, 307, 317, 340-343
적극적 평화 23, 272
전략적 유연성 78, 80-81, 126, 234,

285
전략폭격기 159
전쟁범죄 211, 220
전투병 91-93, 95, 97-98, 101-102, 111, 116, 119-120, 124-128, 131, 134-135, 140-141, 143, 147, 155, 159-165, 257, 262, 264, 268, 270-271, 313-315, 354, 356, 365
정권교체 66, 88, 180
정권이익 313, 315, 318
정보위원회
  미 상원 정보위원회 200, 238
  이라크 정보위원회 142
제마부대 151, 175, 205-206
제헌의회 194
존슨 64-65, 74, 85, 91, 98, 152-153, 155, 158-159, 161, 163-165, 167, 182, 366
주한미군 65, 74, 78-81, 85-86, 97-98, 126, 139, 159, 161, 163-165, 167, 182, 234, 236, 243, 272, 284-285, 313, 348
중국 64, 70, 107, 119-120, 174, 217, 234-235

ㅊ

참여연대 249-250, 253, 255, 259,

295-303

참여정부 18, 35, 79, 87-88, 92, 99, 111, 125, 139, 168-169, 173, 235, 262, 270, 317, 359

청와대 49, 75, 85, 112, 115, 122, 124, 128, 132, 164, 188, 250

촉진자 178, 180, 308

침략전쟁 17, 22, 104, 185, 211, 232, 239, 245-246, 250, 254, 269-270, 281, 288, 300, 317, 321

ㅋ

케네디 89, 90, 152, 218

쿠르드족 149, 194, 199, 202-203, 206-207, 213-216, 247

쿠웨이트 110, 146, 203, 205-206, 215, 228, 262

클린턴 65-66, 70, 172

ㅌ

태권도 154-156, 205

터키 132, 210, 241, 249, 261

통일부 49, 172, 175, 178, 243, 293

통일운동 267, 272

통킹만 64, 152, 158

ㅍ

파발마 146

파월 36, 61, 72-74, 79, 96, 153-154, 160, 182, 184, 222, 224, 243, 248

팔루자 61, 132, 141, 148, 190, 193-194, 198-199, 210, 261, 265

평화운동 14, 36-37, 77, 99-100, 114, 118, 139, 192, .209, 211, 215, 227-228, 240-242, 249, 253, 257, 261, 265, 267-268, 272-273, 280, 287, 293, 299-303, 307, 360, 364, 366

평화유지활동(PKO) 278, 280-283, 287-292, 294-299

평화정착 67, 81, 87-88, 94, 103, 133-134, 138, 147, 176, 190, 195, 202, 206, 210-211, 214-215, 235

평화조약 71

평화주의 14, 27, 37-38, 128, 171, 217, 239, 269, 288, 292, 300, 303, 306, 309-310, 317-322

평화체제 13, 80, 177, 285, 345, 348

평화협정
　파리평화협정 167

표준행동절차 30, 45, 49, 121

푸에블로호 85, 164, 188

필리핀　64, 153, 160-161, 163, 166, 264, 278, 300, 306-307, 319, 321

ㅎ

한겨레21　219
한국국제협력단(KOICA)　203-204
한나라당　77, 93, 236, 238, 259, 260, 295
한미관계
　　한미 동맹관계　14, 21, 31, 76, 78-79, 81, 84-85, 87-88, 95, 124, 128, 130, 137-138, 144, 168-169, 208, 231, 234, 236-237, 242, 245, 254, 272, 284, 295-297, 309, 314, 345
　　한미 정상회담　74, 79-80, 119, 129, 159, 258, 285-286, 346
한미행정협정(SOFA)　76-78
한반도에너지개발기구(KEDO)　71, 120
한일국교정상화　40, 160
합리성　25, 43, 45-49, 102, 124, 128, 136, 137, 314, 364
핵선제공격　59, 72, 114, 173, 242
핵확산금지조약(NPT)　70, 72, 272
헌법　22, 33, 37, 101, 128, 147, 156, 160, 193-194, 199, 201, 217, 239, 252, 255, 262, 267, 269, 270-271, 277, 280-281, 288, 292, 294-295, 297, 300-302, 304, 309-310, 319, 322, 335, 341-342, 365
험프리　91, 161,
현실주의　35-36, 43-44, 49, 65, 87, 109, 168, 227, 229-232, 237, 240-241, 244, 246, 272-273, 364
협상전략　51, 53, 99, 140, 144, 315
호치민　63, 74, 83, 157-158, 185, 220, 316
후세인　57-62, 67, 73, 88, 110-111, 119, 141-143, 176, 190, 192, 194-195, 197, 199, 201-203, 208, 210-211, 228, 235, 238, 247-249, 253-254, 352
휴전선　165, 188
흡수통일　108

기타

6자회담　70, 80, 119, 120, 129, 136, 143, 173-177, 179-180, 235, 243, 317, 347-348, 350
6·15공동선언　171-172
9·11테러　138, 172, 284-285
9·19공동성명　174

베트남 지도